Mechanische Recyclingtechnik für Fluss- und Meeresplastik

Winfrid Rauch · Pierre Kamsouloum ·
Ruben Muller

Mechanische Recyclingtechnik für Fluss- und Meeresplastik

und die Gründe, warum wir zu wenig tun

Mit einem Grußwort durch Prof. Michael Braungart

Winfrid Rauch
Rauch GreenSolutions SARL
Pouilley-les-Vignes, Frankreich

Ruben Muller
Pouilley-les-Vignes, Frankreich

Pierre Kamsouloum
YICAPED
Maroua, Kamerun

ISBN 978-3-658-40777-3   ISBN 978-3-658-40778-0   (eBook)
https://doi.org/10.1007/978-3-658-40778-0

Die Deutsche Nationalbibliothek verzeichnet diese Publikation in der Deutschen Nationalbibliografie; detaillierte bibliografische Daten sind im Internet über http://dnb.d-nb.de abrufbar.

Planung/Lektorat: Eric Blaschke
Springer Vieweg ist ein Imprint der eingetragenen Gesellschaft Springer Fachmedien Wiesbaden GmbH und ist ein Teil von Springer Nature.
Die Anschrift der Gesellschaft ist: Abraham-Lincoln-Str. 46, 65189 Wiesbaden, Germany

Das Papier dieses Produkts ist recyclebar.

Geleitwort von Prof. Dr. Braungart: Weniger schlecht ist nicht gut, aber immerhin ein Anfang!

Herzlichen Glückwunsch!

Das vorliegende Buch ist sicher der umfassendste Überblick darüber, was man tun kann, wenn Plastik in die Gewässer gelangt ist, um es aus dem Wasser wieder zurückzuholen.

Viele ausgeklügelte Technologien werden beschrieben. Wie kann Plastik zurückgewonnen werden? Wie können Technologien weiterentwickelt werden?

Was ist der Stand von Wissenschaft und Technik in diesem Bereich?

Dieses Buch verdient internationale Anerkennung und Verbreitung.

Noch nie haben sich Wissenschaftler und Wissenschaftlerinnen so gründlich Gedanken gemacht, wie das bestehende Plastikproblem in Gewässern gelöst werden könnte.

Und dennoch macht dieses Buch mich nachdenklich.

Warum kommt so viel Plastik in die Gewässer? Warum wird das Problem nicht gelöst? Viele Dinge gingen mir dabei durch den Kopf.

BEISPIEL ÄGYPTEN

Ich war unlängst in Ägypten. da liegt meterhoch Plastik herum.

Etwas leicht rassistisch sagen Menschen aus Europa dann, dass die Menschen in Ägypten kein Umweltbewusstsein hätten. Dies ist aber nicht der Fall.

Sie leiden unter der Plastikverschmutzung genauso wie wir. sie schämen sich auch dafür.

Durch unser Nachhaltigkeitsdenken und unser Bemühen, Recyclingplastik zu verwenden und die Plastikmengen pro Verpackung zu reduzieren, werden die Plastikgegenstände immer leichter und immer weniger recycelbar. Es entstehen minderwertige Mischungen.

Inzwischen sind die Plastikverpackungen so leicht, dass es sich dort nicht mehr lohnt sie zu waschen und sie zurückzugewinnen. Da sie so leicht sind, weht der Wind sie in die Wüste und schließlich landen sie im Nil.

Dazu sind in den Verpackungen nach unseren Untersuchungen 5 % Halogenverbindungen enthalten. Überwiegend PVC. Damit kann man das Zeug noch nicht einmal verbrennen oder Treibstoffe draus machen.

Das Waschen dieser Kunststoffe kostet dreimal mehr als der Wert des Plastiks! Deshalb bleibt es liegen. Denn so kann jemand am Tag höchstens 1.50 $ erwirtschaften, bei zehn Arbeitsstunden: Man hat das Falsche perfekt gemacht.

LÖSUNGEN

Wenn man das Plastikproblem wirklich lösen wollte, müsste man als erstes PVC verbieten und als zweite Mineralölsteuer auf Neuplastik erheben. Es kann doch nicht sein, dass für Treibstoffe und Heizöl Mineralölsteuer fällig ist, aber für die Verwendung von Öl für Plastik gibt es keine Mineralölsteuer. Sobald eine Mineralölsteuer für Plastik etabliert wäre, würde es sich lohnen, die richtigen Kunststoffe zu recyceln.

Jetzt macht man das Falsche perfekt und damit perfekt falsch!

Wir glauben wir schützten die Umwelt, wenn wir sie etwas weniger zerstören; das wäre so, wie ich das sagen würde. Ich schützte mein Kind, in dem ich es jetzt nur fünfmal schlage, anstatt zehnmal.

Ich schütze nicht die Umwelt, wenn ich weniger Müll mache, wenn ich weniger Wasser verbrauche. Ich zerstöre nur etwas langsamer. Die DDR hat in dieser Logik, trotz lokaler Hotspots die Umwelt besser „geschützt" als der Westen. Einfach durch

Ineffizienz. Sie konnte viele Feuchtgebiete nicht zerstören, da sie
das Geld nicht dafür hatte.
Es sind viele Aspekte zu betrachten, die im Vorfeld angewandt
werden müssen, um das Falsche nicht noch zu perfektionieren.

WENIGER SCHLECHT IST NICHT GUT

Autoreifen zum Beispiel mit etwa 470 Chemikalien halten heute
doppelt so lange wie vor 30 Jahren und jeder denkt das sei gut,
da man damit weniger Autoreifen brauchen würde. Unsere Untersuchungen zeigen in der Elbe, dass 54 % des Microplastiks
Reifenabrieb sind. Vorher blieb Reifenstaub auf der Straße, jetzt
wird der Staub eingeatmet oder in die Gewässer ausgewaschen.
Man hat das Falsche perfekt gemacht und damit perfekt falsch.
Doch sollte man die Notwendigkeit für grundsätzliche Änderungen der Rahmenbedingungen und der gesetzlichen Grundlagen
nicht gegen die direkten Maßnahmen ausspielen, die dazu führen
können, wenigstens etwas von dem Unheil von Plastik in aquatischen Systemen abzumildern.

Wer einmal die verzweifelten Schreie eines ertrinkenden Delfins
hören musste, der sich wie unzählige Robben und Schildkröten in
einem solchen Netz verfangen hat, muss doch etwas tun!
Aus diesem Grunde hatten wir bei Greenpeace bereits vor mehreren Jahrzehnten eine Treibnetz Kampagne begonnen, um diese
Mordinstrumente aus den Meeren zurückzuholen. wer einmal
den Mageninhalt eines beliebigen toten Seevogels an der Nordsee
untersucht hat, und erkennen musste, dass ein solches Tier bei
vollem Magen verhungern musste, weil dutzende von Plastikteilen sich im Magen verfangen hatten, der muss doch Hilfe leisten!

OCEAN PLASTIK

So haben wir vor über 20 Jahren die Fischer in San Francisco dafür bezahlt, den Plastikabfall, den sie mit den Fischen aus dem Meer geholt hatten, nicht wieder zurückzuwerfen und haben stattdessen daraus unter dem Namen „Ocean Plastik" Verpackungen gemacht.

Der Erfolg war magisch. Mit jedem Produkt hatte man das Gefühl aus den Meeren aus dem Maul einer kleinen Schildkröte gerade dieses Plastikteil herausgeholt zu haben!

Trotzdem sollte man bei allen diesen Rettungsanstrengungen einige Aspekte nicht übersehen.

NEBENWIRKUNGEN

Viele der Geräte und Maschinen setzen für Ihre Herstellung selbst Unmengen an Neuplastik ein und deren Verbleib ist später absolut nicht geklärt.

Ein Perpetuum Mobile entsteht vor allem durch die gigantischen Maschinen, die das Plastik aus dem Ozean wieder zurückholen sollen. Außerdem sollte nicht übersehen werden, dass viele dieser Plastikinseln in den Weltmeeren zwar schädlich für den Planeten sind, lokal aber inzwischen wertvolle Lebensräume für bedrohte Meerestiere gebildet haben.

So wie an Land auch viele alte Deponien inzwischen zu wertvollen Lebensräumen für bedrohte Arten geworden sind. Eine Entfernung dieser Biotope könnte ebenso riesige ökologische Schädigungen verursachen.

Es gibt also keine Patentrezepte, aber man könnte so viel tun, wenn der Gesetzgeber endlich wollte. So erscheint das Ganze eher als eine moderne Sisyphusarbeit.

SOFORTMASSNAHMEN
Bis heute ist kein einziger gefährlicher Kunststoff verboten worden. Auch viele Kunststoffadditive, Weichmacher und Pigmente,
die für die Ökosystemen große Gefahren darstellen, sind nach wie
vor nicht verboten.

Seit der Einführung des Grünen Punktes hat sich die Verpa-
ckungsmenge in Deutschland mehr als verdoppelt. In Ländern
wie Kambodscha oder Vietnam, stolpere ich immer wieder über
riesige Mengen an Abfällen aus Deutschland, überwiegend Plastikabfälle, die unter dem Vorwand des Recyclings Top Ten aus
Deutschland exportiert worden sind, die dann mit der nächsten
Überschwemmung in die Flüsse und Meere eingetragen werden.
Man müsste diese gigantischen Abfallmengen endlich zurückholen, sie sind nichts anderes als eine neue Form des Kolonialismus.
Eine der wichtigsten Maßnahmen wäre es, endlich auf alle Verpackungen ein Pfand zu erheben, so dass es nicht länger attraktiv
wäre, diese einfach so in die Landschaft zu werfen.
Auch müssten die Kunststoffe standardisiert werden. Man
könnte, so wie es aus wirtschaftlichem Mangel in der DDR nötig
war, Verpackungen überwiegend aus einem Monomaterial herstellen.
Wir haben nun einen drastischen ökologischen Mangel, dem es
geboten erscheinen lässt, ebenso nur einen Standardkunststoff
für Verpackungen zu verwenden, dass sich das Recycling lohnen
würde.
Bei einer Untersuchung in einem Discountsupermarkt haben wir
allein bei den Eigenmarken 52 verschiedene Plastiksorten identifiziert. Da ist kein Recycling möglich!
Im Einigungsvertrag der Bundesrepublik mit der DDR steht, dass
das Zero System der DDR zu übernehmen sei, hat leider nur nie-
manden im Westen später interessiert!

Umso wichtiger ist das vorliegende Buch. Es beschreibt die technische Machbarkeit von Prozessen, Plastik aus den Bächen, Flüssen und Meeren zurückzuholen, es zeigt gleichzeitig die Ohnmacht, das Microplastikproblem lösen zu können mit technischen Methoden und es veranschaulicht, wie wichtig es wäre, dass die Gesetzgeber national und international endlich handeln, um den Eintrag von Plastik in die Gewässer zu stoppen. Ist das nicht eine Bankrotterklärung für unser Wirtschaftssystem, wenn Skiwachs hergestellt wird, das zum Beispiel nach unseren Untersuchungen in Vorarlberg alle Gewässer mit Microplastik verseucht? Wenn Schuhe hergestellt werden und wir pro Person und Jahr 110 g Microplastikabrieb haben, obwohl längstens biologisch abbaubare Schuhsohlen möglich wären?

Aber wir können etwas tun: Essen wir alle Muscheln und Austern, soviel wir können. Wir finden in Austern bis zu 40.000 Micro Plastikteile pro Auster. Wenn wir also nur genügend Austern essen, können wir das Microplastik wieder aus den Meeren zurückholen, oder?

Es ist dringend notwendig, zu handeln, auf allen Ebenen mit allen möglichen Technologien und gleichzeitig mit dem Wissen um die Begrenztheit nachgeschalteter Methoden.

Letztlich kommt es auf die Prävention an. Aber wir müssen auch handeln, wenn das Kind bereits in den Brunnen gefallen ist, und versuchen, es aus dem Brunnen herauszuholen.

Dieses Buch liefert uns dafür einen umfassenden Überblick und ist deshalb für alle, die an der Lösung des Plastikproblems ernsthaft interessiert sind, eine unverzichtbare Lektüre!

Hamburg, den 27. Juli 2023

Professor Dr. Dr. h.c.   Michael Braungart

Vorwort

Liebe Leserin, lieber Leser,

wir stellen fest, dass sich die Öffentlichkeit enorm für Meeres-
plastik-Sammelprojekte interessiert. Internetsuchen sind sehr
leicht zu diesem Thema. Jedoch ist es schwer zu verstehen, was
mit dem eingesammelten Fluss- und Meeresplastik anschließend
passiert. Das öffentliche Interesse dafür ist schwach (1).

Exporte des „Recycling-Weltmeisters" in der Vergangenheit
Ich komme nicht darum, den Vergleich mit dem DSD-Recycling-
Skandal zu ziehen: Jahrzehntelang glaubte die Öffentlichkeit, dass
Materialien, die in der Wertstoffsammlung, also im gelben Sack
oder in der gelben Tonne, gesammelt werden, auch wirklich recycelt würden. Das war leider nicht so. Später erfuhren wir, dass
viele Plastikabfälle nach Afrika und Asien exportiert worden waren.
Auch heute werden immer noch insgesamt weniger als 10 % aller
Kunststoff-Verpackungen werkstoffgerecht, das heißt ohne Verschlechterung des Werkstoffs (Engl.: Downcycling), recycelt (2)
(3). Dieses Buch soll dazu beitragen, dass sich ein solcher Wahr-
nehmungsskandal nicht wiederholt.

Fehlender Stand der Technik
Es gibt noch keinen Stand der Technik zur Meeresmüll-Bearbei-
tung und -Sortierung. Gäbe es einen solchen Standard, wäre dieser Leitfaden nicht der erste in diesem Bereich.
Aus diesem Grund bitte ich nachsichtig zu sein, wenn wir neue
technische Entwicklungen zu kurz beschreiben oder ihrer Bedeu-
tung nicht immer gerecht werden.
Weil es diesen Stand der Technik nicht gibt, erlauben wir uns, be-
nachbarte und vergleichbare Techniken zu Rate zu ziehen, um

uns besser vorzustellen, wie ein künftiger Stand der Technik aussehen könnte.

Ähnliche und vergleichbare Techniken zum Fluss- und Meeresplastik-Recycling gibt es natürlich in anderen Bereichen der Abfallaufbereitung und des mechanischen Recyclings[1]. Wir nennen konkret z. B. die Wasch- und Extruderlinien von Postconsumer-Kunststoffen.

Vergleich mit der Braunalgen-Plage

Der Vergleich des Fluss- und Meeresplastiks zur Braunalgen-Plage (im Engl.: Sargassum) liegt auf der Hand: Die Braunalgen-Plage ist ein Jahrzehnte altes Problem, das durch fehlende oder zu schwache Umweltauflagen (Überdüngung der Landwirtschaft, Erwärmung der Meere) begünstigt worden ist. Wäre das Problem früher und entschiedener behandelt worden, wären die gesellschaftlichen Gesamtkosten wesentlich geringer. Die Leidtragenden (hier: Anrainer) können die Symptome (hier: durch Aufsammeln der Braunalgen-Schwemme an Stränden bzw. Abfischen des schwimmenden Meeresmülls) im besten Fall mindern, aber nicht mehr lösen. Die Braunalgen sind Teil der Strandwirklichkeit z. B. in der Bretagne, wie das Bild unten zeigt.

Abb. 1 Braunalgen in der Bretagne

---

[1] Die Thematik des chemischen Recyclings von Kunststoffen und dessen technischen Potenzials wird in diesem Leitfaden nicht behandelt.

Fehlende Müllabfuhr
Wie bei der Braunalgenplage, kommt der Betrachter nicht um die Feststellung herum, dass eine Lösung des Problems unmöglich erscheint, wenn nicht die Gründe für die Meeresplastik-Problematik gelöst werden.
Nach Ritchie (4) werden 81 % des Meeresplastiks durch asiatische Flüsse in die Weltmeere eingeleitet, weil oft eine Müllabfuhr und eine systematische Bearbeitung der eingesammelten Landabfälle fehlen (5).

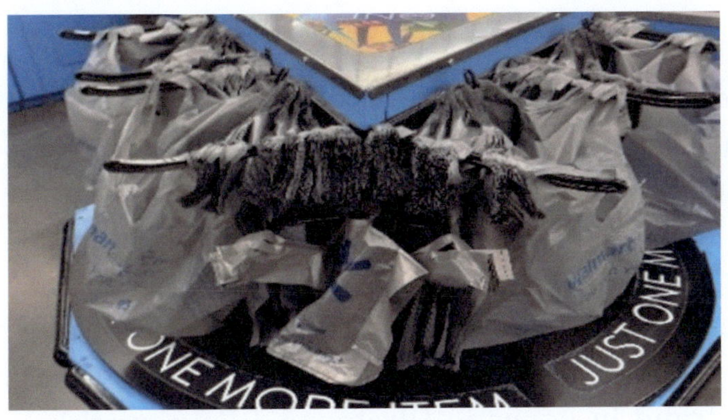

Abb. 2 Plastiksack-Karussell in einem U.S.-Supermarkt

U.S.-Verpackungsplastik
Als Beispiel sei hier die Situation der U.S.-amerikanischen Verpackungsabfälle genannt. Die obige Abbildung zeigt ein typische Einkaufsituation in einem US-amerikanischen Supermarkt. Die beiden Abbildungen unten zeigen ein typisches Frühstücksbesteck und ein Label auf einer US-amerikanischen Plastikflasche. In der Europäischen Union gehören Plastik-Einweggeschirr, -besteck, Plastik-Strohhalme und Plastiksäcke der Vergangenheit an. Jedoch haben einzelne U.S.-amerikanische Staaten und Städte bereits Initiativen ergriffen, ohne auf bundesstaatliche Entscheidungen zu warten: Plastiksäcke sind verboten (6). Auch haben

einzelne Staaten angefangen, ein Pfandsystem für Plastikflaschen einzuführen.

Abb. 3 Pfandsystem in einzelnen U.S. Staaten

Abb. 4 Frühstück in einem 2-Sterne-Hotel

Schließung der Badestrände

In Frankreich gibt es für die Badestrände jetzt neben den bekannten, grünen, gelben und roten Fahnen auch die violette Fahne. Für den Badestrand in Pénestin (Bretagne / Frankreich) wurde am 24.7.2023 nach starken Regenfällen die violette Fahne gehisst (wie das nebenstehende Fotos zeigt), weil das städtische Entwässerungs-system übergelaufen war und so das küstennahe Meerwasser verschmutzt hatte.

Also selbst an den fast plastikfreien Badestränden der Bretagne kann der Benutzer hautnah miterleben, wie die Wassereinleitungen vom Land her das Meer verschmutzen können.

Abb. 5 Violette Fahne in Pénestin am 24.7.2023

Abb. 6 Präventive Schließung der Badestrände (7)

Dies sind Beispiele, die zeigen, dass es Entwicklungen gibt. Jedoch muss die systematische Benutzung von Kunststoffartikeln auf ein unbedingt notwendiges Niveau weiter reduziert werden. Die in diesem Leitfaden vorgestellten Techniken und Prozesse sind und bleiben End-of-Pipe-Technologien. Die richtig und vollständig angewendete Kreislaufwirtschaft sollte Fluss- und Meeresplastikprobleme in unserer Zukunft vermeiden.-
Wir müssen Lösungen finden: Je früher, desto besser. Deshalb ist z. B. der Plastic Summit vom 29.5-2.6.2023 in Paris ein weiterer Schritt gewesen (8).

Begrüßen ist sicher auch z. B. die Finanzierung von Filterdamm-Technologien für Meerabfälle (Engl.: Marine Debris Inperception Technologies) in den USA (9).

Ich möchte ausdrücklich dem Springer Vieweg Verlag und Herrn Eric Blaschke danken für ein Jahr an Betreuung und Lektorat.
Auch meinen Freunden, meiner Familie und meiner Frau möchte ich danken für ihre Unterstützung, dieses Handbuch aus der Taufe zu heben.
In der Hoffnung, den Stand der Technik ein wenig strukturiert und illustriert zu haben, wünsche ich Ihnen viel Spaß beim Lesen.

Pouilley les Vignes, den 31. August 2023

Winfrid Rauch

Abkürzungsverzeichnis

Kunststoff-Abkürzungen

Abkürzung	Bedeutung
EPS	Extrudiertes PS / Aufgeschäumtes PS
PA	Polyamid
PE	Polyethylen
PEHD	Polyethylen High Density sind Hartkunststoffe o. Ä.
PELD	Polyethylen Low Density sind Folien o. Ä.
PET	Polyethylen Terephthalat
PO	Polyolefine umfassen alle PE und PP
Polymere	Synthetische Polymere können nach ihrer Monomerart eingeteilt werden wie z. B. PE, PP oder PVC.
PP	Polypropylen
PS	Polystyren
PU	Polyurethan
PVC	Polyvinylchlorid
rPET	PET-Rezyklat

Anglizismen

Anglizismus	Deuscher Begriff bzw. Erklärung
Cradle to Cradle	Von der Wiege zur Wiege-Kreislaufwirtschaft (Abwandlung des engl. Begriffs „From cradle to grave": Von der Wiege bis ins Grab)
Input	Eingangsstoff
Green Washing	Marketing mit dem Ziel, der eigenen Firma ein ökologisches Image zu geben
High-Tech	Komplexe, industrielle Hochtechnologie
Low-Tech	Handwerkliche Einfachtechnologie
Nurdles	Pellets oder Granulat
Ocean Bound Plastic	Ozean gebundenes Plastik
Output	Ausgangsstoff
Smartphone-App	Anwendungssoftware für modernes Handy
Tray	Hohlverpackung/Box
Virgin Plastic	Reines Primärkunststoff

Inhaltsverzeichnis

Autoren und Mitwirkende dieses Buchs

Jean-Francois Cerf

Mechanische Versuche von Schubboden-Anwendungen, vom hydraulischen Austrag von Plastikflaschen usw.

**Pierre Kamsouloum
(Co-Autor)**
Rue Funke 2401, Maroua,
Kamerun

Er ist Präsident des Vereins Yicaped in Kamerun. Er ist technischer Experte und Schulungsleiter für Recyclingprodukte. Seine Innovationen für Plastikabfall-Produkte wie Pflastersteine und Mauerwerk sind anerkannt.

Er ist Co-Autor in mehreren wissenschaftlichen Forschungs- und technischen Aktivitätsberichten (12), (13), (14), (15), (16).

Pierre Kamsouloum ist Co-Autor der Kapitel 1.1.4, 1.2.1, 1.4.2, 1.4.3, 2.13, 2.15, 4.3.1 und 9.3.3.

Lena Koberg

Interne Lektorin der Fa. RGS

**Ruben Muller
(Co-Autor)**
25115 Pouilley les Vignes,
Frankreich

Er hat sein Studium im Fach Indone-
sisch der Université La Rochelle mit
dem Bachelor abgeschlossen.

Er ist Co-Autor der Kapitel 1.4.3, 2.8,
2.13, 2.15, 9.2.1, 9.3.1 und 9.3.3

Leonhard Rauch

Laboruntersuchungen zur Wasch-
barkeit von DSD-, Fluss- und Meeresplastik

Dr.-Ing. Winfrid Rauch (Autor)
25115 Pouilley les Vignes, Frankreich

Er hat während seiner zwanzigjährigen Tätigkeit in der Recyclingindustrie technische Maschineninnovationen (10) und seine Doktorarbeit zur verfahrenstechnischen Modellierung von Altpapier (11) eingebracht.

Er ist seit 2019 Geschäftsführer von Rauch GreenSolutions SARL und seit 2020 Projektmanager bei der Fa. Herbold Meckesheim GmbH.

Im Springer Vieweg hat er den Leitfaden „Schubbodentechnik" 2020 veröffentlicht. Seit 2022 arbeitet er mit seinen Kollegen und Partnern an dem vorliegenden Leitfaden.

Grégory Soupe

Konstruktionszeichnungen

1 Abfalldefinitionen, Einflussfaktoren & Waschaufwand

1.1 Abfall-Definitionen

Die hier vorgestellten Definitionen zeigen auf, warum es einen Unterschied gibt zwischen Abfall, der in Hausmüll- und Getrenntabfall-Sammlungen regelmäßig durch einen Dienstleister eingesammelt wird, und Fluss- und Meeresplastik, das eine andere Nutzungs- und Logistikhistorie hat.

1.1.1 Landabfälle

Landabfälle sind Abfälle, die nicht durch Regen, Überschwemmungen, Hochwasser oder natürliche Wasserläufe wie Bäche, Flüsse oder Seen weitergetragen werden können. Landabfälle sind stationär und bleiben so lange an derselben Deponierstelle, bis sie von Hand oder mit einer geeigneten Maschine an eine andere, zentralisierte Stelle verlagert werden in Hinblick nach Kreislaufwirtschaftsgesetz (17) auf:

0. Vermeidung von Abfallstoffen: Dieser Punkt sollte in der umweltbezogenen und finanziellen Analyse zur notwendigen Infrastruktur von Müllentsorgungssystemen nicht vergessen werden.
1. Vorbereitung zur Wiederverwendung (der produzierten und/oder benutzten Abfallstoffe),
2. Recycling (das heißt wertstoffgerechte Wiederverwendung, die aber nicht identisch mit der Erstverwendung ist, also qualitätsmäßig niedriger anzusiedeln ist)
3. sonstige Verwertung, insbesondere energetische Verwertung und Verfüllung,
4. Deponierung oder Verbrennung ohne Wärmeverwendung.

© Der/die Autor(en), exklusiv lizenziert an
Springer Fachmedien Wiesbaden GmbH, ein Teil von Springer Nature 2024
W. Rauch et al., *Mechanische Recyclingtechnik für Fluss- und Meeresplastik*,
https://doi.org/10.1007/978-3-658-40778-0_1

Müllentsorgungssystem
Wenn dies institutionalisiert passiert, spricht man von der Müllentsorgungswirtschaft.

Informeller Sektor
Wenn dies ohne industrielle oder staatliche Organisation passiert, spricht man vom informellen Sektor. Menschen ohne feste Anstellung sammeln, transportieren und sortieren Abfälle meist nur mit der Hand.

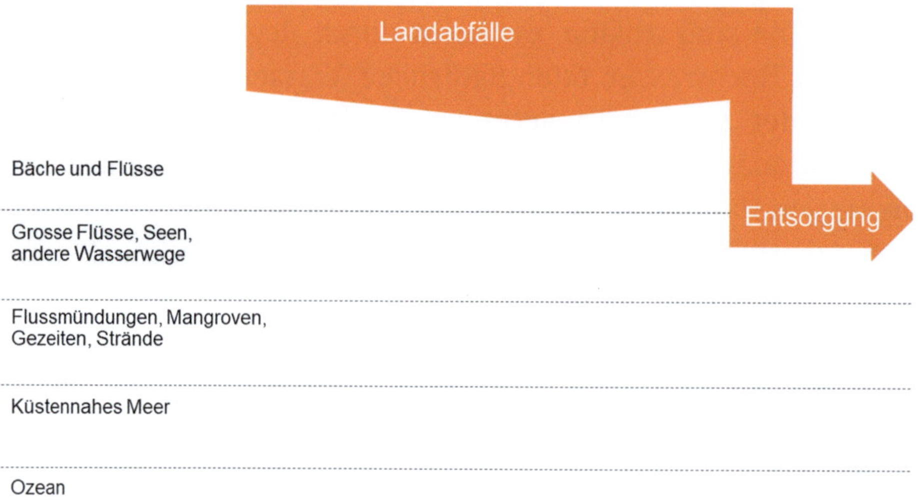

Abb. 7 Landabfälle

Kreislaufwirtschaft
Werden die eingesammelten und bearbeiteten Land-abfälle durch die Müllentsorgung oder durch den informellen Sektor in einen Kreislauf zum wertstoffgerechten Recycling überführt, kann man von einer Kreislauf-wirtschaft sprechen. Dieser Stoffstrom wird in der nebenstehenden Abbildung als brauner „Ent-sorgungs"- Pfeil dargestellt. Leider geschieht das nur für einen Teil der Wertstoffe und nur für einen Teil des Gesamtaufkommens.

Während Glasrecycling bei sehr hohen Recyclingquoten liegt, z. B. in der BRD 2019 bei 84,1 % (18), sagen verschiedene Quellen (2) (3), dass Kunststoffrecycling weltweit bei weniger als 10 % liegt.

1.1.2 Landplastik

Im Sinne der vorherigen Definition beschreibt Landplastik also Abfälle, die durch ein Abfallentsorgungssystem gesammelt, sortiert und recycelt werden.

Die in vielen europäischen Ländern benutzte Wertstoffsammlung (in Deutschland „Gelbe Tonne" genannt) ermöglicht, dass die Postconsumer-Kunststoffe mit anderen Verpackungsabfällen getrennt gesammelt werden.

Verschiedene Quellen (2) (3) geben an, dass ein wirkliches Recycling von Kunststoffen in weniger als 10 % aller Kunststoffabfälle (Landplastik) passiert.

EMF (19) präzisiert, dass 14 % aller Kunststoffe insgesamt für Recycling-Zwecke zurückgeführt werden, und davon:

- 2 % wirklich recycelt werden, auf derselben Ebene wie beim Ersteinsatz
- 8 % im Kaskaden-Recycling, also auf einer niedrigeren Stufe der wertstofflichen Wiederverwendung, z. B. mit mehr Fremdstoffen oder schlechteren Eigenschaften als beim Ersteinsatz, auch „Downcycling" genannt.
- 4 % Recycling-Verluste, was bei 14 % Gesamt-Recyclingstrom (4/14=) 28,6 % sind.

Die folgenden Abbildungen zeigen typische Abfälle aus einer „Gelben Tonne" sowie Ballen von gemischten Plastikabfällen, die in eine thermische Verwertung gehen.

Abb. 8 Vorsortierte Restkunst-stoff-Ballen als Ersatzbrenn-stoff (EBS)

Abb. 9 „Landplastik" in der „Gelben Tonne"

In den typischen Sortieranlagen der Wertstoffsammlungen werden die verschiedenen Kunststoff-Fraktionen sortenrein (z. B. 99 % Reinheit) getrennt, hier die Recyclingklassen nach (20):

- #1 PET: Polyethylen-Terephthalate
- #2 HDPE: High-Density Polyethylen
- #3 V/PVC: Vinyl/Polyvinyl Chloride (PVC).
- #4 LDPE: Low-Density Polyethylene
- #5 PP: Polypropylene
- #6 PS: Polystyrene
- #7 Andere Polymer-Arten, z. B. Polykarbonat (PC), Polyamid (PA) oder Komposit-Verpackungen wie „Tetrapack".

Oft werden noch die Farb- und Stoff-Untergruppen bestimmt:

- PEHD transparent, blau oder grün;
- PELD (Folien);
- PP weiß oder bunt;
- PET-Gebinde „Trays" oder „Flaschen";
- nicht für das Wertstoff-Recycling verwendbare Restplastikabfälle, die z. B. als Ersatzbrennstoffe genutzt werden.

1.1.3 Flussabfälle

Definition und äußere Kennzeichen von Flussabfällen
Flussabfälle bezeichnen Abfälle, die in Berührung mit Flusswasser waren. Flussabfälle entgehen also dem Müllentsorgungssystem und stellen so ein großes Problem für die Umwelt dar.
Flussabfälle haben ein spezifisches Erscheinungsbild, in dem sie Spuren von Erde, Sand und sonstigen Verschmutzungen aufzeigen, die von einem Aufenthalt im Flussbett oder am Flussufer herrühren.
Grundsätzlich können sie natürliche Abfälle wie Äste und Steine sein oder vom Menschen erzeugte wie Reifen, Metallteile, Möbel, Verpackungsabfälle etc.

Fluss- oder Landeintrag
Dabei werden von Land eingetragene Flussabfälle von Flusseintrag unterschieden. Als Flusseintrag können Abfallarten verstanden werden, die durch die Flussschifffahrt, durch den Flusstourismus oder ähnliches entstanden sind.
Von Land eingetragene Flussabfälle bezeichnen demnach alle Abfälle, die vom Land her in den Fluss hineingefallen, hineingegeben oder hineingeschwemmt werden.
Durch diese sprachliche Unterscheidung können die Ursachen nämlich Sturm, Unwetter, Überschwemmung, absichtliches Einleiten oder zufälliges Fallenlassen beschrieben werden.

In der Abbildung 10 wird deshalb grafisch mit dem blauen Pfeil ausgedrückt, dass Flussabfälle zum Großteil vom Land eingetragen worden sind:

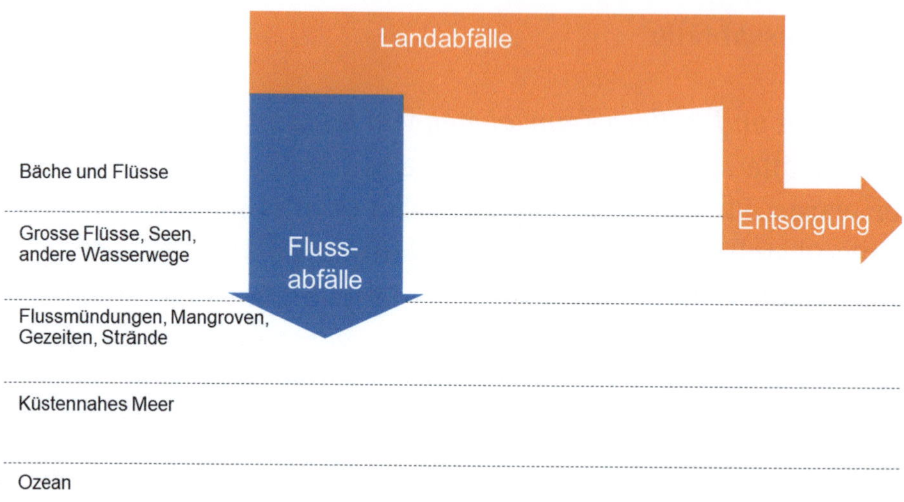

Abb. 10 Flussabfälle

Die Grenze zwischen Flussabfällen und nicht gesetzlicher also „wilder" Abfalldeponie ist dann erreicht, wenn die Abfälle nicht mehr im jahreszeitlich geprägten Hochwassergebiet des Flusses liegen, und so niemals vom Flusswasser bewegt werden können. Ein Abfallobjekt, das nicht in Berührung mit Flusswasser war, obwohl es nah am Fluss liegt, ist demnach kein Flussabfall, sondern Landabfall. Hier wird nur die Umgebung eines Flusses als wilde Abfalldeponie benutzt.

Abb. 11 Flussabfälle in einem Stausee in Tennessee

Unter dem Begriff Flussabfälle werden auch Abfallarten zusammengefasst, die sich in anderen Wasserläufen wie Bächen, Seen und Kanälen wiederfinden. Durch die Wasserkraft und die damit zusammenhängende Erosion der Flussufer und Flussbetten kann davon ausgegangen werden, dass jeder Flussabfall langfristig zu Meeresabfall und jedes Flussplastik zu Meeresplastik wird.

1.1.4 Flussplastik

Flussplastik ist ein Teil der Flussabfälle. Deshalb ist jede Art von Flussplastik immer in Kontakt mit dem Flusswasser gewesen. Plastikabfälle, die sich zwar nahe am Fluss befinden, aber nicht in Kontakt mit Flusswasser war, kann also nicht als solches bezeichnet werden. Es handelt sich dann immer noch um Landplastik.

Unterscheidung der schwimmenden und sinkenden Fraktion
Es ist sowohl schwimmendes als auch abgesunkenes Flussplastik zu beobachten. Oft dringt Wasser und Schlamm in einen Plastikbehälter ein, der vorher schwamm, so aber zu abgesunkenem Flussabfall wird. In der folgenden Abbildung 12 sind gestrandete und abgesunkene Plastikflaschen erkennbar:

Abb. 12 Flussplastik an einer Bootanlegestelle in Kamerun

Die folgende Abbildung 13 zeigt ein typisches Bild von im Fluss treibenden Plastikflaschen. Es ist vorstellbar, dass diese Flaschen durch verschiedene Wasserläufe irgendwann ins Meer gelangen.

Abb. 13 Schwimmendes Flussplastik in Kamerun

Alle Experten von Meeresplastik sind sich einig, dass das eigentliche Problem darin besteht, Flussplastik zu verhindern. Meeresplastik ist meist nur eine Folge von nicht systematisch verhindertem bzw. nicht eingesammelten Flussplastik.

1.1.5 Unwetter-, Hochwasser- und Überschwemmungsabfälle

Landabfälle können durch starke Regenfälle, Sturm, Unwetter, Überschwemmungen und Hochwasser kontaminiert und in natürliche Wasserläufe verschleppt werden.

Dieser wetterbedingte, ereignisbegründete Eintrag wird durch den zweiten, blauen „Unwetter & Überschwemmungs"-Pfeil in der Abbildung 14 dargestellt:

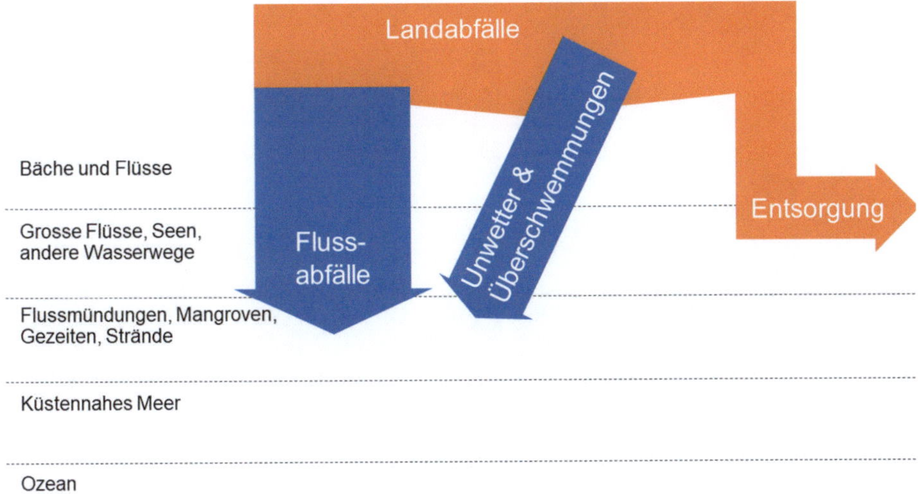

Abb. 14 Unwetter- und Überschwemmungsabfälle

Dabei ist schon das tägliche, wetterunabhängige Mitnehmen oder Einschwemmen von weggeworfenen Abfällen in die Wasserläufe als erster, blauer „Landabfälle"-Pfeil grafisch erfasst worden.
Das Hochwasser verschleppt dabei einen typischen, lehmigen Schlamm in die Überschwemmungsgebiete.

Am Beispiel der Überschwemmungskatastrophe von Emilia Romagna (21) vom 16.-19.5.2023 seien diese Verschmutzungen illustriert in den Abbildungen 15 und 16 des Umlands und des Stadtgebiets von Faenza am 20.5.2023.

Diese Verschleppung in die natürlichen Wasserläufe ist auf Abfälle begrenzt. Oft führen schon starke Regenfälle dazu, dass Abwassersysteme überfüllt werden und Abwasser Wasserläufe kontaminieren. Siehe Vorwort (Beispiel des kontaminierten Meereswasser durch starke Regenfälle, das zur präventiven Schließung der Badestrände (7) geführt hat).

Abb. 15 Überschwemmte Weinstöcke bei Faenza

Abb. 16 Beschädigte Gegenstände auf einer Straße in Faenza

1.1.6 Unwetter-, Hochwasser- und Überschwemmungsplastik

Dabei wurden auch Verpackungsabfälle durch das Überschwemmungswasser mitgerissen und im Schlamm begraben, wie die beiden folgenden Bilder einer umgeworfenen Mülltonne in Faenza und der dort gefundenen Plastikflaschen zeigen:

Abb. 17 Plastikflaschen aus Faenza

Abb. 18 Umgeworfene Mülltonnen in Faenza

Das Überschwemmungsplastik wird dadurch charakterisiert, dass seine Verweilzeit im schlammhaltigen Hochwasser relativ kurz ist. Diese Art von Schlamm kann schnell und problemlos abgewaschen werden.

Aufgrund der kurzen Verweilzeit im Wasser sind die Verwitterung und Beschädigungen relativ gering.

Für einen Sortier- und Waschprozess ist diese Form von Überschwemmungs-plastik relativ leicht verwert- und recycelbar. Nach einer Beseitigung des oberflächlichen Schlamms ähneln diese Plastikabfälle denen aus der „Gelben Tonne".

Natürlich muss diese Form von Plastikabfall abgegrenzt werden von Gebrauchsgegenständen, die durch das Eindringen von Hochwasserschlamm vollkommen unbrauchbar gemacht worden sind und auch nicht mehr recycelt werden können.

1.1.7 Meeresabfälle

Definition und äußere Kennzeichen von Meeresabfällen
Meeresabfälle sind dadurch gekennzeichnet, dass sie schwimmende oder herabgesunkene Abfälle in Meeren und Ozeanen oder angeschwemmte Abfälle an Küsten und Stränden meinen, die verschiedener Herkunft sein können.

Meeresmüll hat ein Erscheinungsbild, das dadurch gekennzeichnet wird, dass das jeweilige Objekt Spuren von Salz, Sand, Algen oder anderer Meeresflora und -fauna besitzt.

Land- und Meereintrag
Als Meereintrag werden Abfälle bezeichnet, die vom, auf oder im Meer entstehen oder produziert werden, wie z. B. durch die Fischerei, den Meerestourismus, den Schiffsverkehr und so weiter.

Als Landeintrag werden Abfälle bezeichnet, die vom Land, von den Flüssen und von den Stränden ins Meer eingetragen werden.

Dieser Landeintrag wird in der folgenden Grafik durch den braunen „Tourismus & Wirtschafts"-Pfeil symbolisiert:

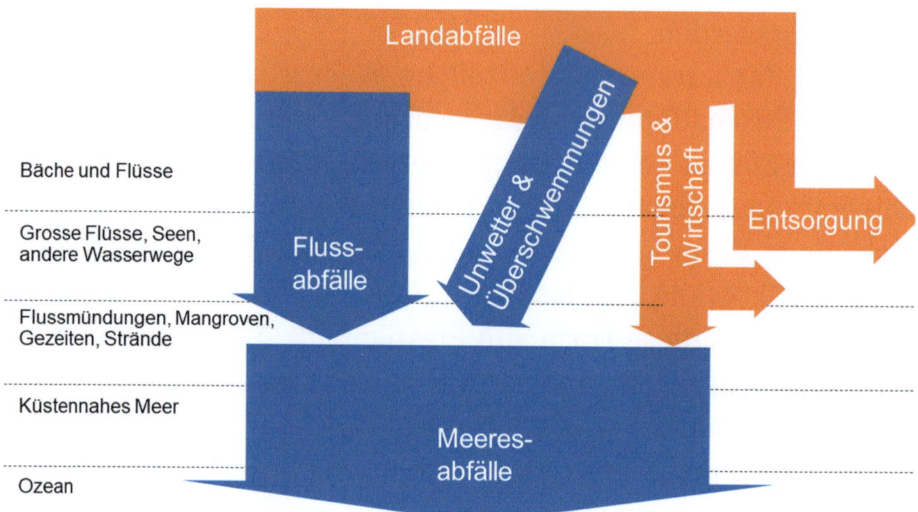

Abb. 19 Meeresabfälle

Insofern kann der Landeintrag ins Meer mit drei Vektoren benannt werden:

- Der ständige, tägliche und wetterunabhängige Eintrag durch die Flüsse und anderen Wasserwege.
- Der besondere, wetterbedingte Eintrag durch die Wasserwege.
- Der Landeintrag durch Besucher am Strand und an der Küste.
- Natürlich werden nicht alle Flussabfälle zu Meeresabfällen. Sie stranden oft am Flussufer und verbleiben dort. Dasselbe gilt für Überschwemmungsabfälle, die in den Wasserläufen stecken bleiben, bevor sie das Meer erreichen.

Der vierte Eintrag, der nicht vom Land her passiert, also der Meereseintrag, wird hier nicht grafisch dargestellt.

1.1.8 Meeresplastik

Meeresplastik ist ein Teil des Meeresmülls. Deshalb ist jede Art von Meeresplastik immer mit dem Meerwasser in Kontakt gewesen. Meeresplastik besitzt demnach Spuren von Salz, Sand, Algen oder anderer Kunststoffe.
Meeresplastik, das nicht in Kontakt mit Meereswasser war, sollte nicht als solches bezeichnet werden, weil typische Einflussfaktoren außerhalb des Meereswasser nicht vorliegen.

Strandplastik
Eine definitorische Grenze ist das Strandplastik. Wenn es mit Meeres- oder Brandungswasser in Berührung war, kann man es noch als Meeresplastik bezeichnen. Im Fall von Plastikabfall oberhalb der Gezeitengrenze, also außerhalb des Brandungswassers, kann man nicht von Meeresplastik sprechen, weil diese Abfallart nie im Kontakt mit Salzwasser war.
In den folgenden Bildern sieht man Strandplastik in Kamerun – die milchig-opake Oberfläche der Plastikflaschen deutet auf eine längere Verweildauer hin – und in Indonesien, wo die zerborstene Plastikflasche ebenfalls länger im Wasser und auf dem Strand gelegen haben könnte, weil die Brüchigkeit mit zunehmender Verweildauer in UV-Licht zunimmt:

Abb. 20 Strandplastik – Beispiel aus Kamerun

Abb. 21 Strandplastik – Beispiel aus Indonesien

Meeresplastik wird dadurch definiert, dass der Kunststoff aus dem Meer kommt (22). Deshalb ist die Verunreinigung durch Sand, Mikroalgen und andere Off-Shore-Stoffe charakteristisch. Auch werden die ursprünglichen Werkstoffeigenschaften durch Sonnenlicht, Wärme, Hydrolyse, Bio-Verwitterung und Reibung etc. verschlechtert, wo bei schwimmende Plastikabfälle von abgesunkenen unterschieden werden.

Abb. 22 Schwimmender Meeresmüll (177)

Abb. 23 Gesunkener Meeresmüll (177)

Die Mengen werden laut einer Studie von IDDRI (23) mit insgesamt ca. 86 Mio. Tonnen an Meeresplastik pro Jahr angegeben. Die Meeresaktivitäten sind für 0,05 Mio. t/Jahr (< 0,05%) verantwortlich. Für 86 Mio. wäre die Verteilung, wie in Tabelle 1 vorgestellt:

Tabelle 1 Verteilung des Meeresplastiks nach Verweilort

Bei Gesamtmenge von ca. 86 Mio. t/Jahr (100 %)	In küstennahen Gewässern [in Mio. t/Jahr]	Im offenen Ozean [in Mio. t/Jahr]
An Wasseroberfläche schwimmend	< 0,2 (0,2 %)	< 0,3 (0,3 %)
Unter der Wasseroberfläche schwebend (ca. 66 %)	Ca. 23 (26,6 %)	Ca. 34 (39,3 %)
Auf Meeresboden abgesunken (ca. 34 %)	Ca. 12 (13,9 %)	Ca. 17 (19,6 %)

1.1.9 Strandabfälle

Definition
Strandabfälle sind Strandgut oder Abfälle, die von Besuchern, Restaurant- oder Imbissbesitzern, Sportlern und Touristen am Strand verloren oder liegen gelassen wurden. Sie sind aber in keinem Fall automatisch als Meeresabfall zu bezeichnen.

Strandsäuberungsaktionen
Natürlich stellen die Aufrufe, die Strände zu säubern eine notwendige und sinnvolle Initiative dar, aber nur ein Teil der eingesammelten Abfälle am Strand sind wirklich Meeresmüll. Doch sollte ein herkömmliches Sammelsystem auch am Strand funktionieren. Interessanterweise werden in Staaten mit funktionierendem Sammelsystem aus optischen und ökologischen Gründen Strandsammeltage durchgeführt. In Ländern, in dem es keine flächendeckenden Entsorgungssysteme gibt, tritt neben den ökologischen Gründen noch ein wirtschaftlicher Grund zu Tage: Die Sammler können eingesammeltes Strandplastik zu festgelegten Tarifen in Wertstoffhöfen abgeben (24) (25). Die beiden nachfolgenden Bildern zeigen am selben Strand in Casal Borsetti verschiedene Strandmülleimer:

Abb. 24 Strandabfälle in Mülleimern in den Dünen

Abb. 25 Strandabfälle im Mülleimer am Strand

Als zehn häufigste Strandabfälle werden z. B. bei Strandreinigungen im Jahr 2018 zusammengefasst und nach Häufigkeit gelistet (26):
1. Zigarettenfilter
2. Nahrungsmittelverpackung
3. Plastikflaschen
4. Plastikflaschenkappen
5. Supermarktsäcke
6. Andere Säcke
7. Strohhalme und Rührer
8. Plastikteller und -Boxen
9. Becherdeckel
10. PS-Schaum-Verpackungen

Abgrenzung zwischen Land- und Meeres-Strandabfällen
Nur Strandabfälle, die unterhalb der Gezeitengrenze liegen und so mit dem Meerwasser sicher in Berührung kommen und von diesem ins Meer verschleppt werden, können als Meeresabfälle bezeichnet werden. Oberhalb der Gezeitengrenze sind es immer noch Landabfälle.

1.1.10 „Ocean Bound Plastic" oder „Ocean Impact Plastic"

Definition
Ozeangebundenes Plastik (Engl.: „Ocean Bound Plastic") ist ein Begriff, der keine eindeutige Zuordnung erlaubt.
„Ocean Bound Plastic" ist Plastikabfall, der auf Stränden, in Flüssen und an Flussufern, in Feldern und Mangrovenwäldern in 50 km Umkreis des Meeres zu finden ist. Diese Abfallmengen entstehen, weil in vielen Staaten ein geregeltes Müllabholsystem nicht existiert und die Anrainer ihren Abfall eben in die Flüsse, Felder und Wälder abgeben (22).

Experten (27) gehen davon aus, dass diese Definition so schlecht ist, dass eine begriffliche Abgrenzung von anderen Plastiktypen nicht möglich ist.

Eigenschaften
Da dieser Abfall noch nicht im Meer war, haben seine Verunreinigung und seine werkstofftechnische Abnutzung durch Sonnenlicht, Wärme, Hydrolyse und Reibung in der Meeresströmung etc. noch nicht stattgefunden. Deshalb ist das Recycling von „Ocean Bound Plastic" sehr viel einfacher als das von Meeresplastik und eher zu vergleichen mit Plastikabfällen wie z. B. in der Wertstoffsammlung, den sogenannten „Gelben Tonnen" der DSD-Sammlung (28).
Die Strandabfälle im Bild unten sind deshalb potenziell schwerer zu recyceln das die Flussabfälle, wie unten abgebildet:

Abb. 26 Flussuferabfälle am Tijuana River (177)   Abb. 27 Strandmüll auf Hawaii (177)

Weil wirkliches Fluss- und Meeresplastik eben schwerer zu reinigen ist als „Ocean Bound Plastic", werten Journalisten (29) und Verbraucherorganisationen (30) die bewusste Begriffsvermischung von Meeresplastik und „Ocean Bound Plastic" als Marketingeffekt. Dieser Marketingeffekt wird als „Greenwashing" bezeichnet.

Der technische Vorteil besteht also darin, Kunststoffe, die als „Ocean Bound Plastic" bezeichnet werden, aber als Post-Consumer-Abfällen den Spezifikationen des „Grünen Punkts" (31) genügen, mit verwittertem, verschmutzten oder beschädigten Plastik, das von Stränden gesammelt oder aus dem Meer gefischt wird, so zu mischen, dass im Endprodukt eine hohe Werkstoffqualität vorliegt. Wie hoch der Anteil des Inputmaterials tatsächlich mit Meerwasser in Kontakt war, ist durch die Definition des „Ocean Bound Plastic" nicht mehr ermittelbar.

1.1.11 Primär-Mikroplastik

In industriellen Verarbeitungsprozessen werden Flakes (dt. Flocken, hier: Kunststoff-Flocken) oder Granulat systematisch erzeugt.

Flakes sind Endprodukte, die bei einer normalen Mahlung entstehen. Sie sind z. B. zwischen 10 und 20 mm groß. Sie haben ein Stückgewicht, das sehr gering ist und natürlich vom Eingangsprodukt abhängt.

Ihre Dichte kann nur 20-100 kg/m3 betragen. Bei einem solchen Schüttgewicht würde ein normaler 12 m langer, 2 m breiter und 2 m hoher LKW mit 48 m3 nur 48 x 100 kg = 4.800 kg statt der möglichen Zuglast von 20.000 kg transportieren. Das ist für eine Logistikfirma nicht rentabel.

Aus diesem Grund werden die Flakes weiterverarbeitet zu Granulat. Das können teilgeschmolzene oder repolymerisierte Kügelchen sein, die das industriell erzeugte Mikroplastik ausmachen.

Abb. 28 Durch Produktion er-   Abb. 29 Aus Meeresplastik
zeugtes Mikroplastik   entstandenes Mikroplastik

Abb. 29 zeigt durch Abrasion entstandenes Mikroplastik, während Abb. 28 industrielle erzeugtes Mikroplastik aufzeigt. Für beide Fälle gibt es industrielle Lösungen. Die Dichte des Granulats steigt durch Agglomerieren auf einen Wert, der meist größer ist als 200-400 kg/m3. Granulat ist i. A. ca. 5-15 mm groß, aber 2 bis 20-mal so schwer wie die ursprünglichen Flocken.

Dieses industrielle Zwischenprodukt muss transportiert werden. Leider sind Fälle bekannt, in denen volle Containerladungen von Granulaten auf hoher See verloren gegangen sind und so eine Mikroplastik-Verschmutzung ausgelöst haben.

Das BMBF (32) sieht neben der Pellet-Erzeugung folgende Quellen für Mikroplastik an Land: Abrieb von Reifen, Emissionen bei der Abfallentsorgung, Abrieb von Polymeren und Bitumen in Asphalt, Pellet-Verluste, Verwehungen von Sport- und Spielplätzen, Freisetzung auf Baustellen, Abrieb von Schuhsohlen, Kunststoffverpackungen, Fahrbahnmarkierungen und Faserabrieb bei der Textilwäsche.

1.1.12 Sekundär-Mikroplastik

Der Begriff Mikroplastik wurde in der breiten Öffentlichkeit bekannt durch die Verschmutzung der Weltmeere. Der Begriff Mikroplastik bezieht sich auf Größenklassen in der Tabelle 2:

Tabelle 2 Größenklassen zitiert nach (33)

Makroplastik	> 5 mm
Mikroplastik	< 5 mm
Nanoplastik	< 0,001 mm

Bei der Zusammensetzung von Mikroplastik sind zwei Entstehungsmöglichkeiten auseinander zu halten: Die primäre bei Produktion und Benutzung. Die sekundäre bei Verwitterung.

Die zweite und wahrscheinlich wichtigere Ursache zur Entstehung von Mikroplastik ist die natürliche Entstehung von Mikroplastik durch die Meeresströmung und die Verweilzeit im Meer, die zur Zersetzung eines Makroplastik-Produkts führt.

Ein weiterer natürlicher Grund in der Entstehung des Mikroplastiks ist der Abbau des Makroplastiks durch Oxidierung. Siehe Einfluss durch UV-Licht, Wärme, Hydrolyse etc. Durch diese Oxidation werden Moleküle aus den Polymerketten herausgelöst und die Polymer-Kunststoffe verspröden. Wenn man eine Kunststoffflasche nimmt, die sich längere Zeit im Sonnenlicht befand, kann man sie nicht mehr verbiegen oder verdrehen. Sie zerbricht wie in Abb. 30 dargestellt:

Abb. 30 Versprödete Flasche bricht

1.2 Verwitterungs- und Einflussfaktoren

Die Wissenschaft (34) (35) beschreibt die Verwitterung und den Abbau von Kunststoffen im Meer mit vier chemischen Schritten:

- Verwitterung durch UV-Licht (Photolyse)
- Thermo-oxidative Verwitterung
- Hydrolytische Verwitterung (Hydrolyse)
- Bio-Verwitterung
- Zwei Zusatzfaktoren seien genannt:
- Verwitterung durch Meeressalz (pH-Wert)
- Verwitterung durch Ozon-Einfluss

Je nach Kunststoffart verwittert Meeresplastik auf unterschiedliche Weise und unterschiedlich schnell.

Deshalb werden in Tabelle 3 alle Prozesse nach Kunststoff-(KS-) Art aufgeführt dargestellt:

Tabelle 3 Chemische und mechanische Gründe für Verwitterung

Kunst-stoff (KS)-Arten	UV-Licht	Wärme	Hydro-lyse	Bio-Verwit-terung	Salz/pH-Wert	Ozon
PET	Ja	Ja	Ja	Ja	Ja	
PEHD	Ja	Ja		Ja	Ja	
PVC	Ja	Ja		Ja	Ja	
PELD	Ja	Ja		Ja	Ja	
PP	Ja	Ja		Ja	Ja	
PS	Ja	Ja	Ja	Ja	Ja	
PC	Ja	Ja	Ja	Ja	Ja	
Andere Kunst-stoffe	Ja	Ja	PU, PC, PA und andere	Ja	KS mit Additiven, die auf Salz reagieren (36)	Gummi u. ä. (37)

Diese Tabelle erklärt die Vielschichtigkeit der Reaktions- und Verwitterungsformen auf der chemischen Ebene. Die Wechselwirkung des chemischen Abbaus mit mechanischen Beanspruchungen sei im Anschluss illustriert werden.

Als hauptsächlicher, mechanischer Einflussfaktor soll die Verwitterung durch Reibung mit Wasser oder durch abrasive Stoffe genannt werden.

1.2.1   Verwitterung durch UV-Licht (Photolyse)

Im Allgemeinen beginnt die natürliche Verwitterung von Kunststoffen durch Einfluss des Lichts. Das ultraviolette (UV-)Licht gibt die nötige Energie, um Wasserstoff-Atome mithilfe von Sauerstoffmolekülen in den Polymerketten abzuspalten (38). Dadurch wird das Molekulargewicht des Polymers geringer. Falls der Kunststoff vollständig von Wasser eingehüllt ist und der Zugang zu Sauerstoff abgeschnitten ist, wird diese Art von Oxidierung mit Sauerstoff im Sonnenlicht sehr verzögert (39).

Durch UV-Licht-Zersetzung werden Polymere spröde und brüchig (40). So zerbrechen sie in kleinere Stücke und zerfallen mit der Zeit in Mikroplastik.

Die Oxidierung der Polymerketten erhöht auch die Möglichkeit, dass sich Mikroorganismen an der Oberfläche ansiedeln (41).

Diese Mikroorganismen können den Kohlenstoff der Polymerketten in Kohlendioxid oder in ein Bio-Molekül verwandeln (42). So wird chemisch der Übergang eines Polymers hin zu einem integrierten Teil der Biosphäre möglich.

Je mehr Mikroplastik sich bildet, desto mehr verteilen sich diese feinen Partikel in Pflanzen und Tieren und kommen per Nahrungskette auch in den menschlichen Körper.

Der vollständige Abbau von Kunststoffen kann 50 Jahre oder länger dauern (40).

Bsp.: Zersetzung durch milchig undurchsichtiges Erscheinungsbild
Die Zersetzung durch UV-Licht ist natürlich kein Phänomen, das
nur Fluss-, Strand- oder Meeresplastik betrifft.
Ein Beispiel für Landplastik, das sich unter UV-Licht zersetzt, sei
hier genannt. Die Reisenden, die den Flughafen von Douala nehmen, hinterlassen auch in der Umgebung Landplastik. Dieses
Landplastik bleibt mehrere Wochen bzw. Monate dem Sonnenlicht ausgesetzt. Auch dieses Landplastik nimmt das typische,
milchig-undurchsichtiges Erscheinungsbild von Plastikflaschen
an, die längere Zeit dem UV-Licht ausgesetzt waren.

Bsp.: Zersetzung durch Verlust der Wanddicke der Plastikflaschen
In den Proben, die von indonesischen Stränden entnommen wurden, fiel auf, dass diese Plastikflaschen leichter waren als die, die
sich in europäischen Wertstoffsammlungen wiederfinden. In der
Tat ist die Gewichtsabnahme, z. B. von der Plastikwandstärke, typisch für den molekularen Abbau durch UV-Licht, Wärme und andere Einflussfaktoren.
In dem hier genannten Beispiel liegt der Wandstärkenrückgang
bei über 20 %. Die Abb. 31 und 32 zeigen dieses opake Erscheinungsbild lange ausgesetzter Plastikflaschen in UV-Licht.

Abb. 31 Milchig-undurchsichtige
Plastikflaschen in Kamerun

Abb. 32 Flasche mit
dünneren Wandstärke
auf indones. Strand

1.2.2   Thermo-oxidative Verwitterung

Polymere verändern sich besonders stark unter Wärmeeinfluss. Arkatkar (43) hat eine PP-Folie 10 Tage lang bei 80 °C vorgewärmt. Im Vergleich zu Folien, die nicht mit Wärme vorbehandelt wurden, nahm die Zugfestigkeit viel deutlicher ab.

Diese Temperatur ist deshalb interessant, weil Sand diese Temperatur bei Windstille und wolkenlosem Himmel am Äquator nach zehn bis zwölf Stunden erreichen kann2.

Deshalb sind Wärmeschwankungen besonders außerhalb des Wassers ein wichtiger Einflussfaktor bei der Verwitterung von Fluss- und Meeresplastik.

1.2.3   Hydrolytische Verwitterung

PET, PA, PS, PU, PC u. a. Kunststoffarten kennen das besondere Phänomen, dass sie für Hydrolyse besonders angreifbar sind. Das ist nicht der Fall von PE oder PP.

In der Tat ist in einer Umgebung, in der die Luftfeuchte bei 100 % liegt, der Abbau von PET fünf Mal so schnell wie in einer Atmosphäre bei 45 % relativer Luftfeuchtigkeit (34).

1.2.4   Bio-Verwitterung und Einbettung in Biosphäre

Als Bio-Verwitterung können Mikroorganismen bezeichnet werden, die sich anlagern und je nach Verwitterungszustand in den Kunststoff eindringen können und den Abbau beschleunigen (42).

Offenkundig ist die Besiedlung von verlorenen Fischernetzen (Engl.: Ghost gears), die von Meeres-Biosphären besiedelt

---

2 Im Anhang findet sich eine vereinfachte Berechnung zur Frage, warum sich der Sand am Strand deutlicher schneller erhitzt als das Meerwasser.

werden. Das zeigen die nächsten beiden Abbildungen an zwei Beispielen, besiedelte Fischernetze und von Flussmuscheln bewachsene Plastikflaschen:

Abb. 33 Von Mikroorganismen besiedelte Fischernetze (177)

Abb. 34 Von Flussmuscheln bewachsene Plastikflasche

1.2.5 Abbau durch Reaktion mit Luft-Ozon

Auch wenn der bodennahe Ozonanteil in der Luft gering ist, gehen Experten (35) davon aus, dass Ozon ebenfalls zum Abbau von Kunststoff beiträgt, speziell bei Elastomeren wie Gummi oder PS (44). Dieser Abbau durch Ozon wird in Abb. 35 gezeigt:

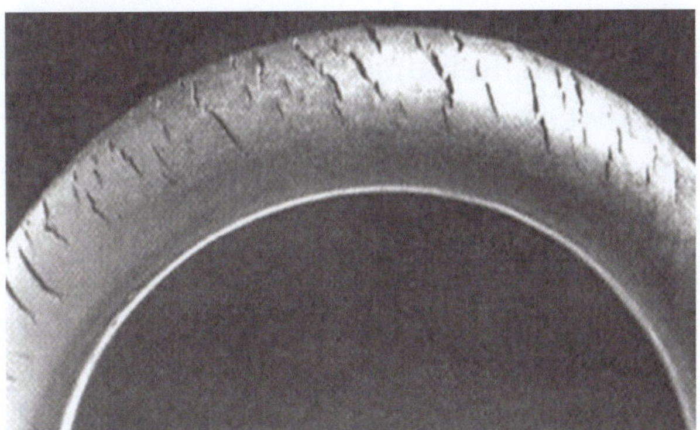

Abb. 35 Reifen mit Ozon-Abbauspuren als Risse (178)

1.2.6   Salzwasser (pH-Wert)

Salzwasser hat natürlich einen Einfluss auf die Verwitterung des
Meeresplastiks.
Der Salzgehalt schwankt und damit auch die Wirkung auf die
Kunststoffe. Im Mittelmeer ist der Salzgehalt ca. 38 g/kg Wasser,
im Atlantik ist er 35 g/kg Wasser (45).
Es muss daran erinnert werden, dass Kunststoffe aufgrund ihrer
Säure- und Laugenbeständigkeit gerne als Containerwerkstoff
genutzt werden. Deshalb haben sie natürlich auch eine gewisse
Beständigkeit gegenüber Salzen.
Eine Untersuchung der Kunststoffbeständigkeit z. B. gegenüber
Chloriden etc. darf dabei ebenfalls nicht vergessen werden.

1.2.7   Reibung durch Wasser und abrasive Stoffe

In Kontakt mit Fluss- und Meerwasser werden die verschiedenen
Abfallsorten mit Kies, Sand und Muscheln (46) verschmutzt.
Wenn die Einschätzung richtig ist, dass mehr als 99 % allen Mee-
resplastiks nicht an der Wasseroberfläche schwimmt (3), son-
dern im Wasser unter der Oberfläche schwebt, heruntersinkt
oder schon abgesunken ist, dann sollte mechanische Beanspruchung durch Kollision, Reibung und Haftung mit und an anderen
Stoffen und Lebewesen durchaus als wesentlicher Grund für den
Abbau von Kunststoffabfällen in den Meeren anerkannt werden.
In der Tat ist die mechanische Beanspruchung von Plastikteilen
auf ihrem Weg durch die Weltmeere nicht zu unterschätzen.
Ein Beispiel dafür ist eine in einem Sturm verloren gegangene
Frachtladung an Badeentchen, die seit 1992 tausende Kilometer
durch die Weltmeere schwammen (47). Ein anderes Beispiel ist
ein Stück an Plastikfolie, das mit Muscheln an den Strand ge-
schwemmt wird, wie in Abbildung 36 gezeigt wird:

Abb. 36 Beispiel einer Plastikfolie zwischen Muscheln am Strand

1.2.8 Zusammenfassung: Einflussfaktoren an Plastikflasche

Die dargestellten Verwitterungs- und Einflussfaktoren wirken zum Teil zeitgleich und in Wechselwirkung.

Am konkreten Beispiel einer Plastikflasche in der nächsten Abbildung sei erläutert, welche Wirkungen in welchem Moment auftauchen:

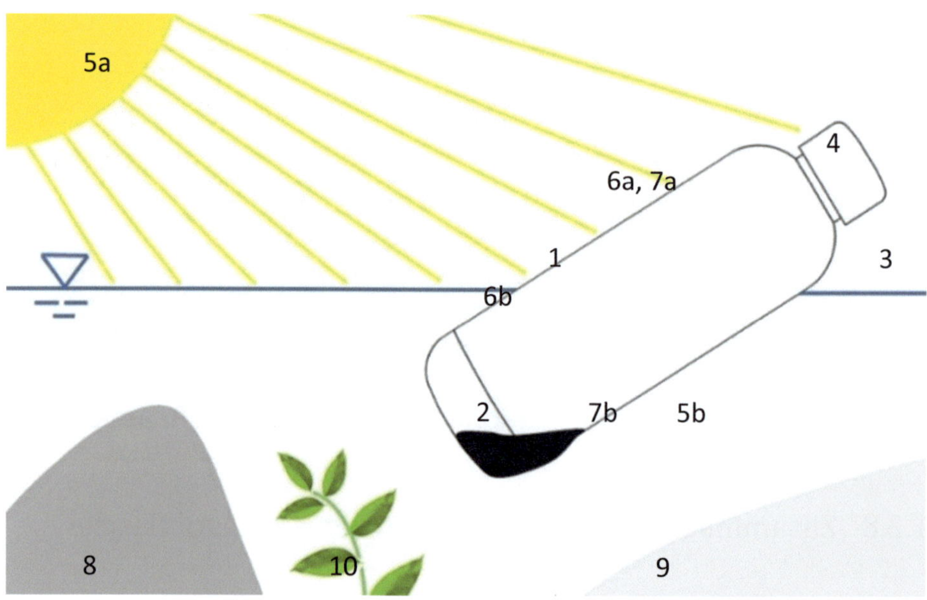

Abb. 37 Beispiel der Einflussfaktoren anhand einer Plastikflasche

Die Legende der Grafik findet sich in der folgenden Liste:

Nr.	Bedeutung
1	Flasche leer
2	Flaschenfüllung
3	Welle (von Seite)
4	Flaschenverschluss
5a	UV-Lichtwirkung außerhalb des Wassers
5b	UV-Lichtwirkung innerhalb des Wassers

6a	Temperaturschwankung außerhalb des Wassers
6b	Temperaturschwankung innerhalb des Wassers
7a	Kein Hydrolyse-Effekt für den Teil der Plastikflasche, der aus dem Wasser herausragt
7b	Hydrolyse-Effekt für den Teil der Plastikflasche, der sich im Wasser befindet
8	Felsen
9	Sand
10	Pflanzen / Mikroorganismen

Schwimmt die Flasche oder schwimmt sie nicht?

Je nach dem Schwimmverhalten der Plastikflasche sind die Wirkungen unterschiedlich. Oft ist der Zeitfaktor wichtig.
Das gilt für die UV-Lichtwirkung, der Hydrolyse-Effekt und die Wärme.
Aber auch die Waschwirkung des Wassers ist bei einem längeren Zeitraum nicht vernachlässigbar.

Die Einflussfaktoren und ihre gegenseitigen Abhängigkeiten werden in der Tabelle 4 dargestellt:

Tabelle 4 Einflussfaktoren am Beispiel einer Plastikflasche

Faktor	Flasche schwimmt	Flasche schwimmt nicht
Kunststoff-Typ	PE- und PP-Flaschen schwimmen, selbst wenn sie mit Wasser gefüllt werden, weil ihre Dichte < 1 kg/l ist.	PET-Flaschen schwimmen nicht, wenn sie mit Wasser gefüllt werden, weil ihre Dichte > 1 kg/l ist.
Leer	Alle Flaschen schwimmen, wenn sie leer [1] sind.	Durch Regen, Strömung oder Wellen können sich leere Flaschen befüllen [2].
Flaschenhals	Alle leeren Flaschen schwimmen, wenn ihr Flaschenhals aus dem Wasser heraussteht.	Wenn eine Welle [3] kommt, kann der Flaschenhals überspült werden.
Verschluss	Alle leeren Flaschen schwimmen, wenn ihr Verschluss [4] dicht ist.	Falls der Verschluss [4] undicht ist oder fehlt, füllen sich alle Flaschen.
UV-Licht	Außerhalb des Wassers ist das UV-Licht [5a] sehr stark. Die Flasche wird spröde und brüchig.	Unter der Wasseroberfläche wird die UV-Lichtwirkung [5b] stark abgeschwächt.
Wärme	Eine schwimmende Flasche ist den Temperaturschwankungen [6a] in der Sonne ausgeliefert.	Eine nicht schwimmende Flasche [6b] muss sehr viel weniger Temperaturschwankungen unter der Wasseroberfläche aushalten.
Hydrolyse	Der Teil der PET-Flasche, der aus dem Wasser herausragt [7a], ist nicht der Hydrolyse unterworfen.	Der Teil der PET-Flasche, der sich unter der Wasseroberfläche befindet, ist der Hydrolyse [7b] unterworfen.

Felsen, Metalle o. Ä.	Etiketten werden abgerissen. Etikettenreste und Leimspuren werden abgerieben.	Spitze oder kantige Gegenstände wie ein Fels [8] können die Flasche aufreißen, schlitzen oder schneiden.
Wasserbewegung (Flussströmung, Seegang, Gezeiten)	Etikettenreste und Leimspuren werden abgespült. Bei offenen Flaschen wird der Inhalt geleert.	
Sand, Schilf, Algen o. Ä.	Etikettenreste und Leimspuren werden abgerieben.	Abrasive Stoffe wie Sand [9] reiben, schürfen und kratzen.
Mikroorganismen	Durch UV-Licht und Wärme beginnt der Abbau des Polymers außerhalb des Wassers.	Deshalb können sich Mikroorganismen [10] leicht besonders unter Wasser anlagern. Die Bio-Moleküle erhöhen das Gewicht der Flasche, die absinkt.

1.2.9 Zusammenfassung: Einflussfaktoren an Fischernetz

Die bereits genannte Bioverwitterung wirkt je nach Situation unterschiedlich. Am Beispiel von Fischernetzen soll dieses Phänomen in Abb. 38 illustriert werden:

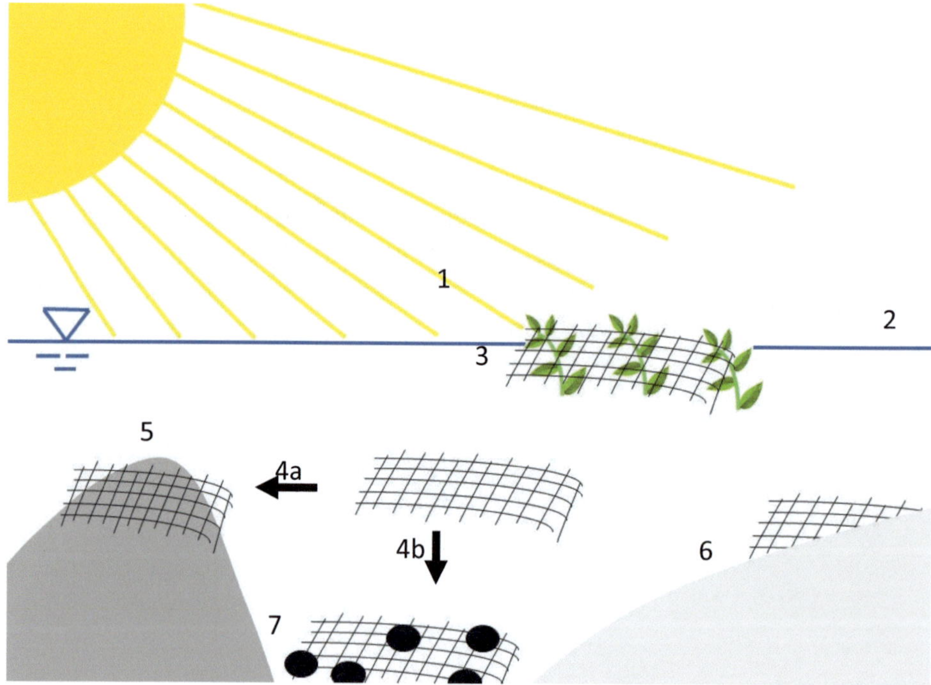

Abb. 38 Beispiel der Einflussfaktoren an Fischernetzen

Die Legende der Grafik findet sich in der folgenden Liste:

Nr.	Bedeutung
1	UV-Licht und Wärmeänderungen an Wasseroberfläche
2	Meeresströmung (inkl. Gezeiten, Wellen von der Seite)
3	Fischernetz mit Algen an Wasseroberfläche schwimmend
4	Fischernetz treibt im Meer
5	Fischernetz verhakt an Muscheln, Steinen, Felsen oder Korallenriff
6	Fischernetz im Sand oder Schlamm festgehalten
7	Fischernetz mit Muscheln, Steinen oder anderen Lasten beschwert, abgesunken

Die beiden folgenden Abbildungen zeigen Fischernetzstücke, wie sie in Pénestin (Frankreich) auf dem Strand bzw. an einem Felsen verhakt aufgefunden wurden.

Abb. 39 Fischernetz am Strand

Abb. 40 Fischernetz an Felsen verhakt

Schematisch kann unterschieden werden zwischen unterschiedlichen Einflussfaktoren, siehe in der folgenden Tabelle 5:

Tabelle 5 Einflussfaktoren am Beispiel eines Fischernetzes

Faktor	Fischernetz schwimmt	Fischernetz treibt	Fischernetz schwimmt nicht
Dichte	(Schwimmende) Algen [3] geben dem Fischernetz Auftrieb.	Durch die Meeresströmung [2] treiben Fischernetze [4a] im Wasser.	Fischernetze bestehen meist aus Polyamid. PA hat eine Dichte von 1,14 kg/l (48) (49). Meerwasser hat eine Dichte von 1,02-1,03 kg/l (50). In einer strömungslosen Situation sinkt also ein

			PA-Fischernetz [4b].
Netze verhakt, beschwert, abgesunken	Auch schwimmende Fischernetze können sich an der Meeresoberfläche an Felsen, Muscheln usw. verhaken.	Durch Meeresströmung und Wellen können Netze [6] in Schlamm und Sand etc. begraben werden.	Durch Muscheln, Steine, Fischreste usw. werden Netze [7] so beschwert, dass sie definitiv absinken.
Mikroorganismen	Mikroorganismen lagern sich an.	Mikroorganismen lagern sich an.	Am Meeresgrund werden die Netze langsam zum Teil der Biosphäre.
UV-Licht und Wärme, Hydrolyse	Natürlich wirken diese Faktoren auf schwebende bzw. schwimmende Fischernetze [3]. Ihre Auswirkungen sind nur weniger sichtbar.	Im Wasser wirkt der Hydrolyse-Effekt.	Im Wasser wirkt der Hydrolyse-Effekt.

1.3 Fremdstoff-Definitionen

Die Fremdstoffe können unterschieden werden in ihrer Qualität, wie sie auf den Kunststoff einwirken: Mechanisch (konstruktiv) hinzugefügt, haftend (als Verschmutzung), klebend, den chemischen und mechanischen Aufbau des Kunststoffes angreifend oder eindringend.

1.3.1 Addition: Hinzugefügte Fremdstoffe

Hinzugefügte Stoffe sind Zusatzprodukte, die in einem Kunststoff-Produkt vom Hersteller mechanisch integriert worden sind. Das können Verschlüsse, Etiketten, Sprayeinrichtungen, Folien, Deckschichten, Verstärkungen usw. sein (51). Für das Recycling sind diese Stoffe aber zum Teil schwer voneinander zu trennen.

Beispiel: Hinzugefügte Stoffe an einer Plastikflasche
Am Beispiel einer Plastikflasche (51) sei die Gewichtsverteilung erklärt. Typischerweise hat der PET-Flaschenkörper z. B. 88 % Gewichtsanteil am Gesamtgewicht, der PP-Verschluss 9 % und das PE-Folien-Etikett 3 %.
Um sortenreine Kunststoffarten – hier also: eine PET-Fraktion - zu erzeugen, müssen der Verschluss und das Etikett vom Flaschenkörper getrennt werden.

Typische Zusatzstoffe werden in folgender Tabelle 6 angegeben:

Tabelle 6 Zusatzstoffe verschiedener Verpackungsabfälle

Hauptprodukt	Zusatzprodukt: 1	2	3	4
Flasche	Verschluss	Etikett / Label	Leim	
Trinkbecher	Deckel	Wärmebande	Stroh-halm	Rührer
Reinigungs-spray	Verschluss	Feder	Kugel	Ventil
Nahrungsbe-hälter / Tray	Folie	Füllstoff / Polster	Zusatzbe-hälter für Sauce	

Hinzugefügte Stoffe in Fluss- und Meeresplastik
Diese Zusatzstoffe sind im Fluss- und Meeresplastik zum Teil verschwunden.
Entweder sind während des Gebrauchs Folien, Verschlüsse usw. abgenommen worden, oder es sind während des Aufenthalts in den Gewässern diese Zusatzstoffe abgespült, abgerieben und weggetrieben worden.

Diese Situation wird mit zwei Beispielen in den folgenden Abbildungen veranschaulicht:

Abb. 41 Strandplastik-Flasche ohne Verschluss

Abb. 42 Strandplastik-Flasche ohne Etikett

1.3.2 Adhäsion: Haftende Stoffe

Haftende Stoffe sind dadurch geprägt, dass sie bei niedriger Friktion oder niedrigem Waschaufwand von der Materialoberfläche abgerieben, abgelöst und abgewaschen werden können.

Beispiel: Hochwasser in Emilia Romagna[3]
Diese Stoffe können z. B. lehmartiger Schlamm sein, der durch Hochwasser herangetragen wird und sich von außen an allen Materialien anlagert.
Als Beispiel (siehe Abb. 44 unten) seien Plastikflaschen genannt, die mit dem Hochwasser in Emilia Romagna im Mai 2023 in Berührung gekommen sind.

Beispiel: Mangrovenwälder in Kamerun
Ähnliche Ablagerungen, die sich leicht entfernen lassen, können in Flussabfällen gefunden werden. Am Flussufer und im Flussbett finden sich natürlich nur schwere Plastikflaschen, die gefüllt, abgesunken bzw. liegengeblieben sind. Wären sie leer geblieben, wären sie durch die Wasserkraft weitergetrieben worden.
In diesen Plastikflaschen finden sich Ablagerungen, die aus Sand, Erde und Pflanzenresten bestehen. Auch hier gibt es an der Innenoberfläche eine leicht lösbare Schicht, die durch niedrigen Reibaufwand abgelöst werden kann (siehe Abb. 43 unten).

Beispiel: Kribi-Strand in Kamerun
Bei der Sammlung am Kribi-Strand findet man Sand und Salz in den Plastikflaschen (siehe Abb. 45 unten).
Auch diese Fremdstoffe lassen sich relativ schnell abwaschen, jedoch passiert dies verzögert in der hier benutzten Versuchsanordnung[4] nach ca. 12 sec.

---

[3] Die Fundstellen der Probenentnahmen werden im Anhang dokumentiert.
[4] Die Versuchsanordnung wird im Anhang beschrieben.

Abb. 43 Haftende Stoffe an der Innenseite (Fundort: Mangroven)

Abb. 44 Haftende Stoffe an der Außenseite (Fundort: Faenza)

Vergleich mit Wertstoffsammlungen
Diese oberflächlichen Verunreinigungen sind nach Expertenmeinung (52) vergleichbar mit leicht lösbaren Verschmutzungen, die in Postconsumer-Verpackungen z. B. aus Essensresten, ausgelaufenen Flüssigkeiten oder Anhaftungen von Störstoffen bestehen können und sich in Verpackungsabfällen in der Wertstoffsammlung (in Deutschland oft „Gelbe Tonne" genannt) wiederfinden.

Abb. 45 Haftende Stoffe (Innenseite)/ Kribi-Strand

Der einfachen Haftung (Adhäsion) von Schmutzstoffen kann mit niedrigem Waschaufwand abgeholfen werden .
Beim zeitlich begrenzten Waschen und Reiben mit einem Finger ergaben sich schnell gute Wascherfolge.
Nach einem ersten Waschzyklus von 6 Sekunden hatte die Lichtdurchlässigkeit der Plastikflasche

- ca. 50 % im Fall des Überschwemmungsplastiks (siehe Beispiel in Abb. 44),
- ca. 30 % im Fall des Flussplastiks aus den Mangroven (siehe Beispiel in Abb. 43) und
- ca. 25 % im Fall des Strandplastiks (siehe Beispiel in Abb. 45) zugenommen.

In den weiteren Waschzyklen[5] von 18 oder 60 sec ist bei allen drei Beispielen keine Verbesserung der Lichtdurchlässigkeit zu beobachten.

In diesen drei Beispielen[6] ist sie nach 6 bzw. 12 Sekunden schon nahe am idealen Lichtdurchgang einer transparenten Plastikflasche.

Dieses schnelle Abwaschen der haftenden Stoffe ist charakteristisch für das qualitative Verhalten bei Adhäsion dieser Fremdstoffe.

Die Abbildungen 46, 47 und 48 beschreiben deshalb qualitativ aufschlussreiche, aber quantitativ nicht repräsentative Beispiele für Flussplastik, Überschwemmungsplastik und Meeresplastik:

---

[5] Die Versuchsdurchführung wird im Anhang A3 beschrieben.
[6] Dieses Beispiel ist charakteristisch für das Waschverhalten dieser Schmutzstoffe. Jedoch stellt es keinesfalls einen quantitativen Durchschnittswert der jeweiligen Fluss- oder Meeresplastikkategorie dar.

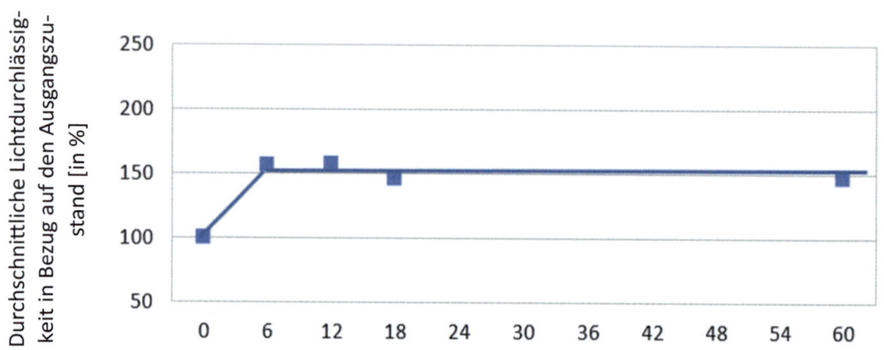

Abb. 46 Lichtdurchlässigkeit nach 6 sec bei Überschwemmungs-plastik

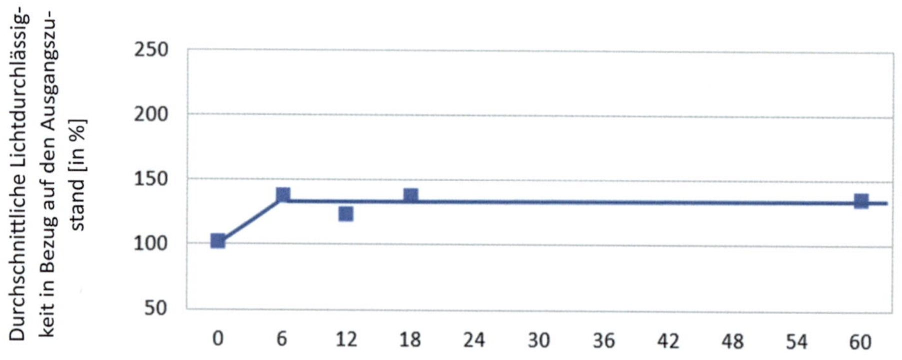

Abb. 47 Lichtdurchlässigkeit nach 6 sec bei Flussplastik

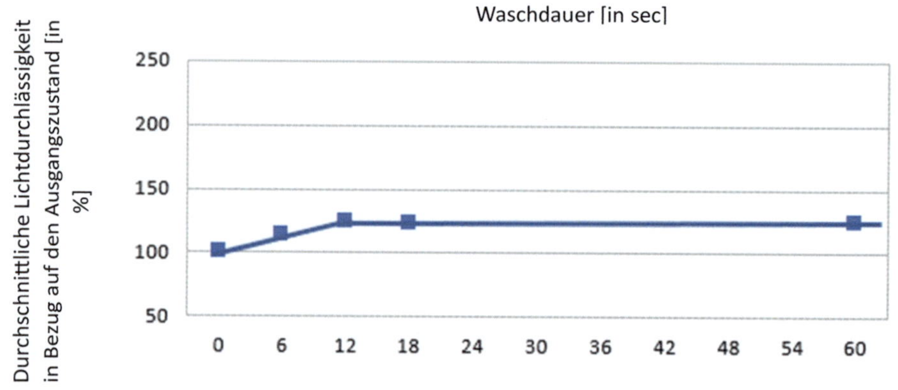

Abb. 48 Lichtdurchlässigkeit nach 12 sec bei Strandplastik

1.3.3 Kohäsion: Festklebende Stoffe

Abgrenzung: Verschmutzung durch kohäsive Stoffe gegenüber der durch adhäsive

Festklebende Stoffe sind dadurch geprägt, dass sie bei mittlerer Friktion oder mittlerem Waschaufwand von der Materialoberfläche mit Mühe abgerieben, abgelöst und abgewaschen werden können. Dieser gesteigerte Reibaufwand kann sich verschiedenartig erklären lassen.

Natürlich spielt die Verweilzeit eine wichtige Rolle. Wenn haftende Stoffe teils antrocknen und sich aufkonzentrieren, fangen sie an, höhere Haftungskräfte zur Materialoberfläche auszubilden.

Durch das UV-Licht wird die Oberfläche der Kunststoffflaschen porös. Dadurch wird die Kohäsion mit den herangetragenen Stoffen vereinfacht.

Durch Abschürfen an Steinen, durch Rutschen auf einem sandigen Untergrund und durch Reibung im Wasserlauf wird die Oberfläche des Flussplastiks abrasiv bearbeitet, geriffelt, geknickt und eingerissen. Auch diese Friktionsarbeit erleichtert das Festkleben von fremden Stoffen.

Diese Stoffe können z. B. teilgetrockneter Schlamm sein, der an Flussplastik entsteht, wie beispielhaft in Abb. 47 dargestellt. Im Meeresplastik können es Verkrustungen sein, die aus Sand, Algen und Salz bestehen.

Waschverhalten

Das Waschverhalten kohäsiver Stoffe ist dementsprechend anders. Im Gegensatz zu adhäsiven Stoffen, die sich relativ leicht und schnell von der Plastikoberfläche lösen, braucht es mehr Zeit und einen höheren bzw. längeren Reibaufwand.

Im Test[7] mit dem Eintauchverfahren kann festgestellt werden, dass eine Verbesserung der Lichtdurchlässigkeit kontinuierlich auch nach 12, 18 und 60 sec Waschzeit eines Beispiels von Flaschen in Abb. 49 erfolgt[8], wie die Testergebnisse in Abb. 50 veranschaulichen.

Abb. 49 Festklebende Stoffe an Flussplastik in Douala

Trotz der hier erfolgten begrifflichen Abgrenzung zwischen adhäsiven und kohäsiven Stoffen liegen natürlich in der Natur beide Verschmutzungsarten parallel vor und eine eindeutige Abgrenzung bleibt schwierig. Der Übergang zwischen adhäsiver und kohäsiver Verschmutzung bleibt fließend.

---

[7] Der Versuchsaufbau wird im Anhang erklärt.
[8] Die Versuchsdurchführung wird im Anhang erklärt. Die Versuchsergebnisse bleiben beispielhaft und spiegeln keine quantitativen Durchschnittswerte wider.

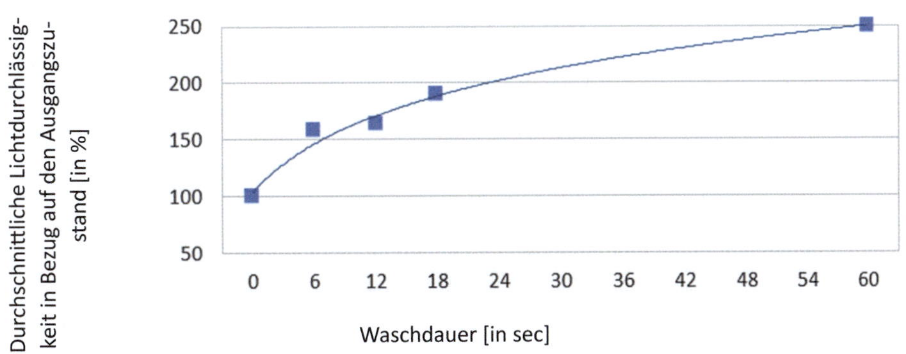

Abb. 50 Waschkurve desselben Flussplastiks

1.3.4   Destruktion: Chemischer und mechanischer Abbau

Durch UV-Lichtstrahlen, für Nicht-Polyolefine durch Hydrolyse im Wasser, durch extreme Wärmeschwankungen, in Präsenz von Salz und durch Reaktion mit Flüssigkeiten und Feststoffen, die sich in den Flüssen, am Strand und im Meer befinden, verändern Fluss- und Meeresabfälle ihre stoffliche Struktur. Dies ist ersichtlich aus den Probenahmen in Abhängigkeit der Verweildauer im UV-Licht und im Wasser.

Porosität und Sprödigkeit
Moleküle werden aus den Polymeren gelöst. So wird die jeweilige Polymerstruktur gestört und geschwächt. Die ursprünglich glatte Oberfläche wird porös.
Die Elastizität des Kunststoffs geht verloren. Leicht werden Plastikstrukturen durch Verdrehen oder Drücken zerbrochen. Diese mit der Verweilzeit fortschreitende Materialsprödigkeit ist mitverantwortlich für die Ausbreitung von Mikroplastik.

Verlust an Lichtdurchlässigkeit
Durch UV-Licht u. a. Faktoren geht auch der transparente Charakter von Plastikflaschen, -Trays oder -Behältern verloren. Die Kunststoffe werden lichtundurchlässig: siehe Abb. 51.

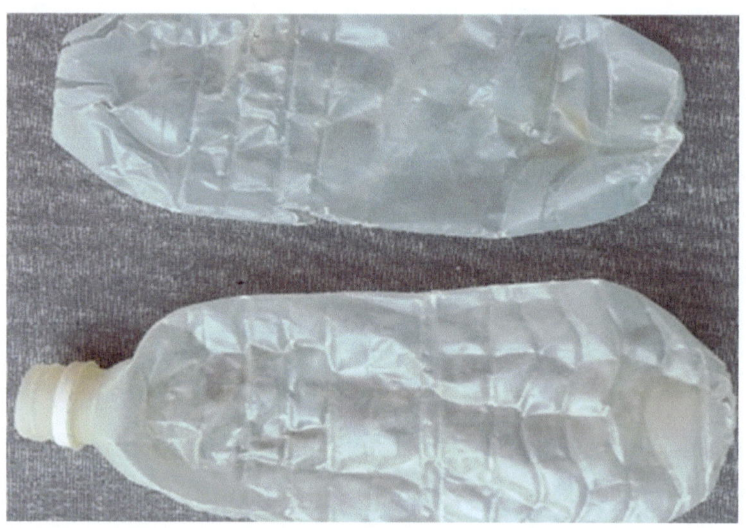

Abb. 51 Strandplastik in Indonesien

Testbeobachtungen
Die Proben werden dem Eintauchversuch[9] unterzogen. Die Waschzyklen ergeben immer eine nahezu konstante Lichtdurchlässigkeit. Der Reibversuch, der mithilfe von Schmirgelpapier durchgeführt wird, ergibt eine ähnliche nahezu konstante Lichtdurchlässigkeit[10]. Zusätzlich wird die Beobachtung gemacht, dass im Gegensatz zur adhäsiven oder kohäsiven Verschmutzung bei diesen Proben keinerlei Verschmutzungspartikel abgelöst werden.

---

[9] Der Eintauchversuch wird im Anhang erklärt.
[10] Dieses Verhalten einer nahezu konstanten Lichtdurchlässigkeit trotz Wäsche oder Schmirgeln wird als Versuchsaufbau im Anhang erklärt. Das hier dargestellte Produktverhalten der nahezu konstanten Lichtdurchlässigkeit ist repräsentativ für bestimmte Proben, stellt aber keinen quantitativen Durchschnittswert dar.

Die folgende Abbildung 52 zeigt eine solche nahezu konstante Lichtdurchlässigkeit:

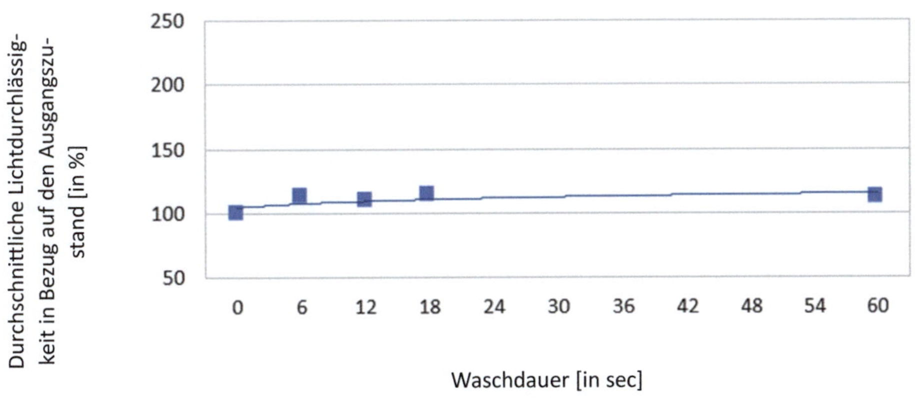

Abb. 52 Waschkurve desselben Strandplastiks

1.3.5 Intrusion: Eindringende Stoffe

Begriffliche Abgrenzung: chemischer und mechanischer Abbau
Eindringende Stoffe werden dadurch geprägt, dass sie bei hoher Friktion oder hohem Waschaufwand von der Materialoberfläche nicht oder kaum abgerieben, abgelöst oder abgewaschen werden können. Die veränderte Molekülstruktur des Fluss- und Meeresplastiks produziert z. B. eine Porosität der Oberfläche und erleichtert das Eindringen von Fremdstoffen. Auch wird das Eindringen von Mikroorganismen von Experten (42) als weitere Ursache des strukturellen Abbaus von Fluss- und Meeresplastik genannt.

Testbeobachtungen
Es kann beobachtet werden, dass verschiedene Pigmentierungen vorliegen:
Bei Meeresplastik sind helle, milchige Oberflächen typisch.

Das Eindringen von Sand und Salz in die Materialstruktur ist anzunehmen.

Bei Flussplastik weist die Materialoberfläche eine typische braune Pigmentierung (siehe Abb. 50) auf, die von Flussablagerungen wie Erde oder Lehm stammt. Auch eine grünliche Färbung (siehe Abb. 49) ist festzustellen, die auf das Eindringen pflanzlicher Komponenten schließen lässt. Das Eindringen von Fremdstoffen soll hier nur anhand der auffälligen Pigmentierung veranschaulicht werden. Den Grad bzw. die Tiefe des Eindringens von Fremdstoffen soll hier nicht quantifiziert werden[11].

Abb. 53 Braun pigmentierte Oberfläche im Flussplastik

Abb. 54 Grün pigmentierte Oberfläche im Flussplastik

---

[11] Die Fundstellen der Probenentnahmen werden im Anhang dargestellt.

1.4 Waschaufwand

Es ist schwer, den Waschaufwand beim Kunststoff-Recycling zu bewerten. Nicht nur die Menge, sondern auch die Art der zu beseitigenden Verschmutzungen werden wichtig.

1.4.1 Fremdstoff-Klassierung und -Frachtgewicht

Fremdstoff-Klassen in DSD-Plastikabfällen
Der Anteil der Fremdstoffe in vorsortierten DSD-Plastikabfällen ist äußerst gering. Neben anderen, unabhängigen Störstoffen wie Metalle, Pappe und Papier können die Fremdstoffe integrierte Teile des Kunststoffprodukts sein wie Folien- und Papier-Etiketten, Leim, Dicht- und Verschlusselemente und Metallteile, die sich im Verschluss (Federn, Kügelchen, Ringe) einer speziellen Flasche mit Öffnungs- oder Sprayfunktion befinden.
Nach einer fachgemäßen Sortierung kann der Trockensubstanzanteil (TS) dieser integrierten Fremdstoffe problemlos weniger als 5 % betragen. Diese Proportion ist wichtig bei der Auslegung der Waschanlage. Wenn z. B. diese Proportion bei 10 % statt bei 5 % liegt, muss das Abwasserbehandlungssystem kapazitätsmäßig verdoppelt werden.
Die Fremdstoffe können nach den verschiedenen Klassen an Störstoff-Fracht analysiert werden. Der Grüne Punkt (31) beschreibt diese Fremdstoff-Maximalanteile je nach Kunststoff-Produkt.
Folgende Tabelle 7 gibt einen Überblick für ausgewählte Beispiele der hinzugefügten Stoffe in DSD-Kunststoffverpackungen:

Tabelle 7 Hinzugefügte Stoffe in DSD-Kunststoffverpackungen

Spezifikation (31)	Produkt-name	Max. Anteil an Fremd-stoffen ≤ [%]	Max. Anteil an Me-tallen ≤ [%]	Max. Anteil an Kunst-stoffen und andere Fraktionen ≤ [%]	Max. An-teil an Reststof-fen ≤ [%]
DSD 321	Polyole-fin-Fla-schen[12]	6	0.5	3	3
DSD 324	(Form-stabile) Poly-pro-pylene	6	0.5	Polyethy-len 1 EPS[13] 0,5	3
DSD 329	(Form-stabile) Poly-pro-pylene	6	0.5	PP 3 EPS 0,5 Folien[14] 5	3
DSD 331	Polysty-ren (PS)	6	0.5	EPS 1 Andere Kunststoffe 4	2
DSD 352	Misch-Kunst-stoffe	10	2	PET 3 PVC 0,5 Papier 5	3
DSD 365	Ersatz-brenn-stoff-Vor-produkt (EBS)	10	2	PVC 0,5 Elekt-roteile 0,5 Textilien, Schuhe 2	7

[12] Polyolefine sind entweder Polyethylen (PE) oder Polypropylen (PP)
[13] Extrudiertes PS (PS-Schaum)
[14] Folien ist hier der Begriff, der im Gegensatz zu formstabilen Kunststoffen genannt wird

Der Reinheit des gewünschten Kunststoffes liegt bei 90 % oder höher. Der Gesamtanteil an Fremdstoffen ist bei 10 % oder kleiner. Andere Kunststoffe sind nach dieser Spezifikation benennbar. Ihre Fraktion ist sehr klein. Die Reststoffe können nach dem Grünen Punkt (31) z. B. Glas, Steine, Aluminium bedampfte Kunststoffe und organische Abfälle sein. Wie die hier dargestellten Beispiele ist dieser Reststoff-Anteil für wertstofftechnisch zu recycelnde Produkte sehr gering und bleibt deutlich unter 10 %.

Fremdstoff-Klassen in Fluss- und Meeresplastik
Die Fremdstoff-Fracht in Fluss- und Meeresplastik kann vor jeglicher Sortierung sehr hoch sein. Durch den Aufenthalt im Wasser sind die oben genannten, integrierten Teile wie Etiketten, Leim, Verschlüsse etc. weggewaschen bzw. weggetragen worden. Doch andere äußere Störstoffe wie Schlamm, Sand, Algen, Schilf etc. haften sich und kleben sich am Fluss- und Meeresplastik an. Nach einer fachgemäßen Trocknung kann der Trockensubstanzanteil (TS) dieser Fremdstoffe problemlos mehr als 80 % betragen. Diese Proportion ist wichtig bei der Auslegung der Waschanlage. Hier sind einige extreme Beispiele zu den Proportionen. Die folgenden Abbildungen zeigen eine Folie und ein Fischernetz:

Abb. 55 Flussplastik-Folie aus der Essonne (Frankreich)

Abb. 56 Fischernetz aus der Bretagne

Die folgenden Tabellen gibt einen Überblick für sechs verschiedene Beispiele:

Tabelle 8 Anhaftende Stoffe in Folien und Flaschen

Kunststoff-Produkt	Bruttogewicht nach Strandsammlung [g]	Gewicht nach Trocknung [g]	Gewicht nach Wäsche [g]	Haupt-Fremdstoff-Anteil	Maximaler Anteil an Reststoffen ca. [%]
PE-Folie	26	16	5	Sand (ohne Abb.)	80
EPS-Folie	10	8	1	Sand (Bsp. siehe Abb. 55)	90
PET-Flasche	145		23	Schlamm (siehe Abb. 57)	85
PET-Flasche	306		20	Schlamm (siehe Abb. 57)	95

Das folgende Bild zeigt typische Plastikflaschen, die als Flussplastik gefunden wurden:

Abb. 57 Flussplastik aus der Seine (Frankreich)

Auch bei Fischernetzen bleiben Fremdstoffe hängen. In den folgenden Beispielen ist ihr Anteil bei 40 % oder höher:

Tabelle 9 Anhaftende Stoffe in Fischernetzen

Kunststoff-Produkt	Brutto-gewicht nach Strand-sammlung	Gewicht nach Zerschneidung auf 60 x 60	Nettogewicht nach Zerschneidung auf 20 x 20	Haupt-Fremd-stoff-Anteil	Maximaler Anteil an Reststoffen ca.
	[g]	[g]	[g]	[g]	[%]
PA-Fischernetz	19	13	8	11	55
PA-Fischernetz	17	11	10	7	40

Für Fischernetze sind der hohe Anteil an unabhängigen und integrierten Fremdstoffen ein wesentlicher Grund, warum die späteren Recyclingmöglichkeiten beschränkt sind (53).

Künftige Auslegung der Abwasseraufbereitung
Für die künftige Auslegung von Abwassersystemen in Waschanlagen von Fluss- und Meeresplastik müssen Eigenschaften der Inputmaterialien bekannt sein:

- Gewicht der Trockensubstanzanteil (TS-Gehalt) der Fremdstoffe,
- Zusammensetzung dieser Fremdstoffe,
- Haftende (adhäsive) oder klebende (kohäsive) Verbindung mit dem Produkt.

Besonders der Trockensubstanzanteil dieser Fremdstoffe ist entscheidend, der in der folgenden Tabelle 10 angegeben wird:

Tabelle 10 Fremdstoff-TS-Gehalt vs. Waschanlagenauslegung

Typ von Fluss- und Meeresplastik	Fremd-TS-Anteil an Gesamtgewicht [%]	Auslegung der Waschanlage
Die Plastikabfälle sind sauber und leer.	< 10	Einfache Kaltwäsche und einfache Abwasseraufbereitung.
Sie tragen starke Schlamm-, Sand- und Organik-Verschmutzungen.	< 50	Vor- und Kaltwäsche und verstärkte Abwasseraufbereitung.
Sie haben mehr Fremd-TS als Eigengewicht.	> 50	Vervielfachte Vor- und Kaltwäsche und eventuelle Heißwäsche sowie massive Abwasseraufbereitung.

1.4.2 Parameter: Wassereinsatz, Temperatur, Chemikalien

In Waschanlagen für Postconsumer-Verpackungskunststoffe werden im Allgemeinen zwei Verfahrensebenen mit verschiedenen Betriebsmitteln eingesetzt:

Erstes Verfahren: Die Kaltwäsche
Die Kaltwäsche wird als industrielles Standardverfahren für alle normal verschmutzten Postconsumer-Kunststoffarten benutzt.
Das Trink- oder Brunnenwasser wird bei Umgebungstemperatur eingesetzt.
Als Chemikalie wird Entschäumer eingesetzt, um die typischen Seifenreste der Postconsumer-Kunststoffe zu neutralisieren.
Das Klarwasser wird im geschlossenen Kreislauf immer wieder gesiebt und mit handelsüblichen Flockungsmitteln behandelt, um Schlamm auszuscheiden. Der Schlamm wird kontinuierlich durch Klarwasser ersetzt.

Zweites Verfahren: Die Heißwäsche
Die Heißwäsche wird für stark verschmutzte Materialien eingesetzt. Dazu zählen z. B. Folien oder Big Bags je nach Einsatzgebiet.
Das Klarwasser wird auf ca. 85 °C erhitzt. Bei dieser begrenzt hohen Temperatur wird vermieden, dass die Kunststoffe anfangen, weich zu werden. Dieses Aufweichen kann z. B. bei Polyolefinen ab 90 °C ein Problem sein (54) (52).
Als Chemikalien werden Entschäumer, Reiniger und Laugen eingesetzt.
Auch hier ist der geschlossene Kreislauf Stand der Technik.

Für Fluss- und Meeresplastik werden andere Waschrezepte nötig. Als Beispiel wird die Arbeit von Yicaped zur Produktion von Pflaster- und Mauersteinen aus Fluss- und Meeresplastik herangezogen (55).

Wassertemperatur
Ähnlich wie bei der Standard-Waschtechnik für Postconsumer-Kunststoffen werden je nach Verschmutzungsgrad verschiedene Temperaturlevels eingesetzt.

Waschdauer
Je nach Verschmutzungsgrad muss die Waschdauer angepasst werden.

Chemikalien
Der Einsatz von Chemikalien spiegelt ebenfalls den Verschmutzungsgrad wider.

Die Auslegungsbeispiele der folgenden Tabelle 11 reflektieren die Erfahrung des Vereins Yicaped und sollen nur das Zusammenspiel zwischen Inputmaterial-Qualität und Waschprozess-Parameter erläutern:

Tabelle 11 Waschprozess-Parameter vs. Input-Qualität

Herkunft der Samml.	Stadt-Sammlung	Flussufer- oder Felder	Strand- oder Mangroven	Strand- oder Mangroven
Zustand vor Wäsche	Nahezu sauber	Dreckig	Dreckig und beschädigt	Sehr dreckig & beschädigt
Gewählter Prozess	Kaltwäsche	Heißwäsche	Starke Natronlauge	KaCl-Lauge (Kalilauge)
Fotos vor der Wäsche				
Wasserverbrauch/50 kg Flaschen	110 Liter Wasser	110 Liter Wasser	110 Liter Wasser	110 Liter Wasser
Wassertemperatur	10-30 °C	90 °C	95 °C	100 °C
Reinigungsmittel-Konz.	2,5 %	2,5 %	2,5 %	3,5 %
Natronlauge-Konz.	1,5 %	2,5 %	3,0 %	2,0 %
Kalilauge-Konz. (56)				1,0 %
Urprüng-liche Lichtdurchlässigkeit (Subjektive Einschätzung)	Die Flaschen erreichen ca. 95 % der ursprüngl. L.	Um ca. 90 % zu erreichen, muss man die Flaschen 2,5 Std. lang waschen.	Um ca. 85 % zu erreichen, muss man 50 % weniger & 50 % dreckige Flaschen mischen.	Um ca. 85 % zu erreichen, muss man 60 % weniger & 40 % dreckige Flaschen mischen.

1.4.3 Unterschiedliche Annahmepreise nach Verschmutzung

Manche US-Staaten sowie manche Länder Europas und anderen Staaten verfolgen eine Politik der Rücknahmegebühr oder des Pfandsystems für Plastikflaschen und andere Behälter.
Dabei wird vorausgesetzt, dass die Behälter entleert und sauber sind. Kann der Rücknahmeautomat aufgrund von Verschmutzung oder Verwitterung die Flasche nicht erkennen, wird die Flasche nicht angenommen und kein Pfand ausgezahlt.

In Staaten wie Kamerun oder Indonesien richten sich die Rücknahmepreise nach dem Verschmutzungsgrad.

Kamerun
Der Verein Yicaped benutzt Sammler, die im informellen Sektor arbeiten, um die eigene Produktion von Mauer- und Pflastersteinen aus Fluss- und Meeresplastik aufrecht zu erhalten.

Diese Produkte müssen von großer Qualität sein, wie aus Abb. 58 ersichtlich wird.

Abb. 58 Legung von Kunststoff-/Sand-Pflastersteinen

Deshalb bezahlt der Verein die Sammler nach einem Tarif, der sich nach dem Verunreinigungs- und Beschädigungsgrad der eingesammelten Plastikflaschen richtet, wie in Tabelle 12 dargestellt ist:

Tabelle 12 Rücknahmepreise in Kamerun (24)

Nr.	Plastikzustand	Menge* (kg)	Preis 1 [CFA**]	[€]	Preis 2 [CFA**]	[€]	Preis 3 [CFA**]	[€]
1	Flasche „post consumer" (sauber)	1	90	0,14	80	0,12	75	0,11
2	Dreckige Flasche	1	65	0,10	60	0,09	50	0,08
3	Sehr dreckige Flasche	1	50	0,08	40	0,06	35	0,05
4	Überaus dreckige und beschädigte Flasche	1	25	0,04	20	0,03	20	0,03

*Ein Kilogramm an Plastikflaschen entspricht ca. 36 Flaschen (57)
**100 CFA / XFA (Hundert Francs Centrafricans) = 0,15 €
(Währungsumrechnung am 02.07.2023) (58)

Indonesien

Als Beispiel für ein informell organisiertes Abfallsammelsystem sei die Stadt Bandung (2,5 Millionen Einwohner) genannt. Die tägliche Abfallproduktion betrug 1.600 Tonnen/Tag im Jahr 2022. Trotz hunderter LKWs, Pickups mit Ladeflächen und Motorräder, die die verschiedensten Arten an Müll transportieren, gibt es Müllfeuer am Straßenrand und in den Reisfeldern.

Es ist eine tägliche Gewohnheit, die man beobachten kann, wenn z. B. ein Busfahrer einen Trinkbecher aus dem Fenster seines Fahrzeugs wirft (59).

Die Müllberge, die sich z. B. am Straßenrand auftürmen, können durch tropischen Regen in die Flüsse gespült werden. Der Fluss Citarum hat einen traurigen Ruhm dafür erworben (60).

In Bandung gibt es ca. 20 Wertstoffhöfe (Engl.: Waste Banks), die Rücknahmepreise zahlen, um das Flussplastik zu vermeiden.

Die Abb. 59 und 60 zeigen jeweils Transport und Lagerung eingesammelter Land- und Flussabfälle:

Abb. 59 Abfalltransport in Bandung

Abb. 60 Gestapelte Abfälle in einer „Waste Bank"

Die folgenden Preise der Tabelle 13 sind Auszüge aus den offiziellen Annahmepreisen (25):

Tabelle 13 Rücknahmepreise durch die Bank Sampah (25)

Plastikzustand	Menge (kg)	Preis bei Barbezahlung [RP***]	[€]	Preis bei Banküberweisung [RP***]	[€]
Trinkbecher, sauber	1	3500	0,21	4000	0,24
Trinkbecher, dreckig	1	2500	0,15	3000	0,18
PET-Flasche, sauber	1	3200	0,195	3300	0,20
PET-Flasche, dreckig	1	1800	0,11	2000	0,12
Gemischte Plastikabfälle / PET-Flaschen, Sehr dreckig	1	1000	0,06	1800	0,11

***10.000 RP (zehntausend indonesische Rupien) = 0,61 € (Währungsumrechnung am 2.7.2023) (58)

2 Erfassen und Sammeln

Einleitung

Die Sammlung von Fluss- und Meeresplastik geschieht an verschiedenen Orten auf verschiedene Weisen. Dieses Kapitel soll die Einzeloperationen jeweils in der Anwendung darstellen: Im Hafen, an der Flussoberfläche, am Flussufer, im Flussbett, am Strand, an der Meeresoberfläche und auf dem Meeresgrund.

Beispiele von Innovationen

Auch wenn es Firmen gibt, die für diese Anwendungen Werkzeuge und Maschinen seit einigen Jahrzehnten herstellen, ist die öffentliche Wahrnehmung von Startups und ihren sehr nahe in der Vergangenheit liegenden Erfolgen beherrscht (61).
Beispiele dieser Innovationen werden nachfolgend vorstellt:

Abb. 61 Schwimmender Hafeneimer der Fa. Searial Cleaners

Abb. 62 Schwimmender Flussdamm der Fa. River Cleaning

2.1   Erfassen abhängig von jährlicher Wettervorhersage

Beim Einsammeln von Abfällen spielt die Jahreszeit eine wichtige
Rolle. Weil die städtische Müllabfuhr fehlt, sammeln sich Abfälle
an, bis sie durch Starkregen weggespült werden.

In Guatemala hat die Regenzeit begonnen, als The Ocean Cleanup
im Juni 2022 anfängt, den Abfallstrom, der durch den Regen los-
gelöst wird, mit einem Drahtzaun aufzuhalten (62). In der Regenzeit rächt sich die fehlende Einsammlung der Verpackungsabfälle
in der Trockenzeit. Wie in 2022 wiederholt sich auch 2023 der
„Abfall-Tsunami". Diesmal scheinen effizientere Flussabfall-Sam-
melsysteme eingesetzt zu werden sowohl im Fluss Las Vacas (63)
als auch im Fluss Motagua (64).

In der Tat ist auch in Asien jedes Jahr in der Monsunzeit der Moment, in denen Regenmassen die Abfälle z. B. auf die Strände Balis
schwemmen (65) (66).

2.2   Erfassen von Flussabfällen durch Drohnen/Flugzeuge

Beim Einsammeln von Abfällen am Flussufer können Drohnen
eingesetzt werden.
Das hat z. B. die Fa. Vito am Fluss Scheldt gemacht (54), (67):
Dazu werden alle 5 sec hochauflösende JPEG-Fotos vom Wasserweg gemacht. Eine Drohnenflughöhe von 15 Höhenmetern erscheint empfehlenswert.
Die Auswertung durch künstliche Intelligenz (KI) soll Orte aus-
wählen, an denen Säuberungsaktionen Sinn machen oder nicht.
Diese Säuberungsaktionen werden gemeinsam von VITO und River Cleanup durchgeführt.

Parallel dazu arbeitet die Fa. Everwave an der automatischen Auswertung der Messdaten durch die KI (68) (69), um Kunststoffabfälle z. B. an einer Seenoberfläche oder nach Großveranstaltungen auf einem großen Gelände zu erkennen.
Dazu erfasst eine Kamera, die an einem Flugzeug installiert ist, das überflogene Gelände bzw. den inspizierten Wasserweg. Die Auswertung durch die künstliche Intelligenz soll die Orte erscheinen lassen, an denen sich Abfälle befinden.
Da Plastikabfälle in allen Farben vorliegen und durch Umwelteinflüsse verändert bzw. beschädigt sein können, ist die Auswertung der Messdaten eine Herausforderung.

2.3 Erfassen abgesunkener Meeresabfälle durch Radar

Beim Einsammeln von Abfällen auf dem Meeresgrund wird nach Angabe des WWF (70) ein Radarsystem benutzt. Die Abfälle wie Geisternetze und Seile am oder nahe dem Meeresgrund werden per Radar erkannt. Die notwendige Kommunikation über solche Fundstellen kann per Smartphone-App geschehen. (71)

Radarsysteme können grundsätzlich benutzt werden, Plastikabfälle in Gewässern aufzuspüren. Es könnte eine zielorientierte Technik werden, schwimmendes Meeresplastik einzusammeln (72).
Dazu werden Testobjekte an der Meeresoberfläche ausgesetzt und überprüft, inwieweit sie durch das Radarsystem sichtbar sind.
Jedoch sind die bisherigen Forschungsergebnisse nur positiv ausgefallen, solange Wind und Seegang schwach waren.

2.4 Hafen-Sammlung durch schwimmenden Mülleimer

Wirkweise

Der schwimmende Mülleimer kann in stehenden Gewässern wie Seen oder Häfen eingerichtet werden. Dank des konstanten Wasserspiegels kann das Gerät zum Abschöpfen der an der Oberfläche treibenden Abfälle, auch von treibendem Öl, eingesetzt werden. Das Gerät wird an der Hafeneinrichtung fest installiert.

Abb. 63 Einbau im Hafen (74)

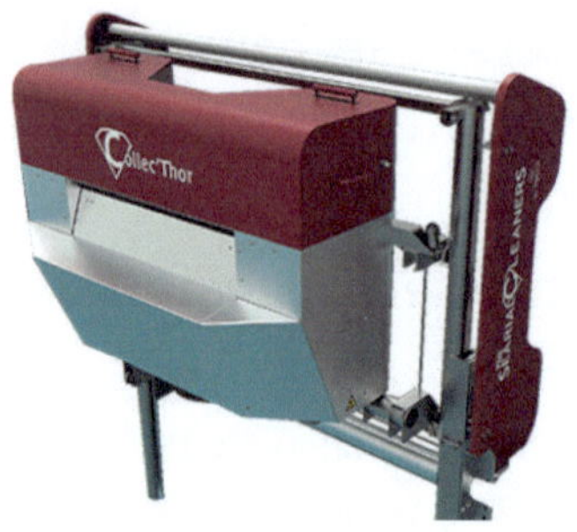

Abb. 64 Bauteile des schwimmenden Mülleimers

Der Mülleimer besteht aus einem äußeren Eimer und einem inneren, herausnehmbaren Filterkasten. Die an der Wasseroberfläche schwimmenden Abfälle werden über die Eimerkante dekantiert.

Abb. 65 Der Dekantiereffekt an der Wasseroberfläche (74)

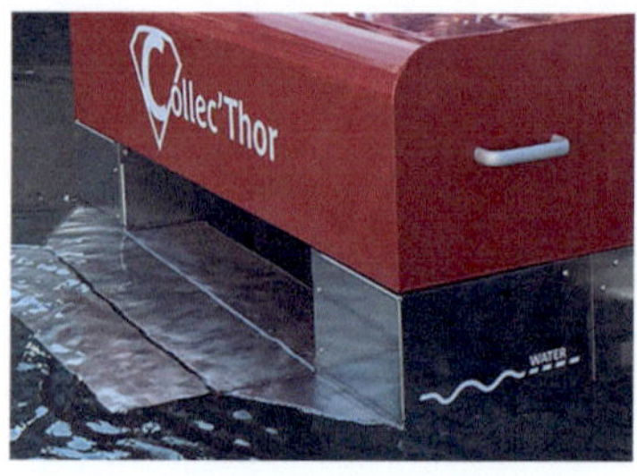

Abb. 66 „CollecThor": Aufstellung (74)

Die Abbildungen 65 und 66 zeigen eine solche Installation und die Bauteile.

Die Abfälle bleiben im Filterkasten hängen, während das Wasser nach unten abfließen kann und abgesaugt wird. Der saubere Filterkasten wird gereinigt und danach wieder in Mülleimer eingesetzt.

Der Übergang in den Filterkasten und der Dekantiereffekt werden in den nächsten Abbildungen gezeigt:

Die folgende Tabelle fasst die wichtigsten Informationen zu diesem System und seiner Anwendung mit Fluss- und Meeresplastik zusammen:

Tabelle 14 Schwimmender Mülleimer

Schwimmender Mülleimer	
Effekt &Funktion	Dekantieren von schwimmenden Abfallstoffen. Abpumpen des überschüssigen Wassers.
Einsatz bekannt	Ja, seit 2017 hat Fa. Seabin diese Technik marktreif gemacht. Der schwimmende Mülleimer ist ein patentiertes Gerät, das von Pete Ceglinski beantragt wurde (73). Er wurde bis 2023 von der Fa. Seabin vermarktet. Die Fa. Searial Cleaners vermarktet ein ähnliches Gerät. (74) Der Verein River Cleanup (75) schlägt ein ähnliches Gerät auch für die Flussoberflächenreinigung vor.
Durchsatz	Es gibt eine Pumpleistung, die mit 25.000 l/h. (75) bzw. 32.000 l/h (74) angegeben wird.
Leistungsbedarf	Die Geräteleistung ist mit 500 W (76) bzw. 750 W (74) angegeben.
Platzbedarf	Der Platzbedarf ist gering. Die Nähe zu einem Ufer oder einer Hafeninfrastruktur ist für die Installation notwendig.

Schnittstellen	Die Eingangs-Schnittstelle ist der Eintrag in den schwimmenden Mülleimer. Die Größe der schwimmenden Abfallsorten ist dabei entscheidend. Der Wasserauslass mit der Pumpe ist ebenfalls wichtig, wenn Ölteppiche abgesaugt werden müssen. Der Abfallaustrag muss von Hand mit dem Filterkasten gemacht werden. Das Füllvolumen wird mit 320 Liter (74) angeben.
Sensoren & Aktoren	Es gibt von den Herstellern keine notwendigen Sensoren. Als Aktor ist die Pumpe zu nennen.
Vorteile	Die Lösung ist platzsparend und kann in allen ruhenden Gewässern wie an Schiffsanlegestellen, in Hafengebieten und in Seen installiert werden. Das System ist effizient aufgrund des bekannten Dekantiereffekts.
Nachteile	Die Größe des schwimmenden Mülleimers und das händische Herausnehmen und Entleeren des Filterkastens sind die begrenzenden Kriterien. Bei strömenden Gewässern wie Flüssen oder am Strand können die unterschiedlichen Wasserhöhen ein Problem für die Einstellung der Position der schwimmenden Mülleimer sein.

2.5 Fluss-, Bach- oder Kanaleinlaufrechen

Wirkprinzip
Der Einlaufrechen ist ein Grobfilter für Wasserläufe. Er wird beim Einlauf oder mitten im Wasserlauf installiert. Durch die Rechenweite wird dem Wasser erlaubt, weiterzufließen. Dabei bleibt es mit Kleinteilen befrachtet, die nicht durch die Rechenweite zurückgehalten werden. In der Abwassertechnik wird zwischen Grobrechen, Mittel-Rechen und Feinrechen unterschieden.

Einsatz
Die Rechentechnik wird weltweit erfolgreich in der Kanal-, Fluss- und Abwassertechnik eingesetzt. Bei schwach belasteten Wasserläufen können systematisch und frühzeitig Plastikabfälle in kleinen Wasserläufen wie Bächen, Kanälen und kleinen Flüssen zurückgehalten werden. Siehe Abb. 67.
Eine Abreinigungseinrichtung kann systematisch aufgestaute Flussabfälle entfernen. So kann eine stabile Betriebssituation erzeugt werden, in der ein vollkommenes Verstopfen des Wasserlaufs vermieden wird: Siehe Abb. 68.

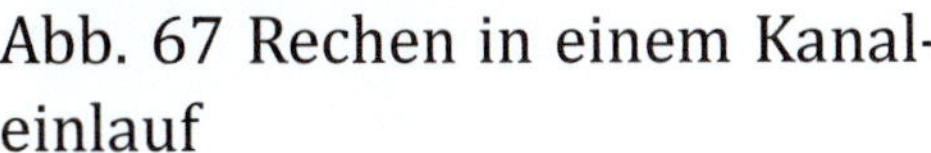

Abb. 67 Rechen in einem Kanaleinlauf

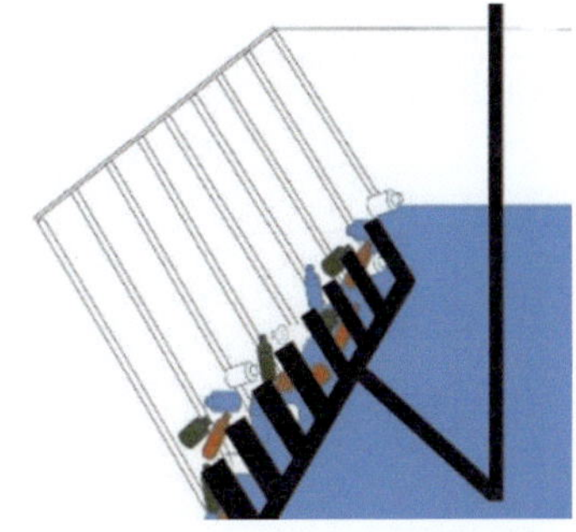

Abb. 68 Abreinigungseinrichtung (Schema)

Die folgende Tabelle fasst die wichtigsten Informationen zu diesem System und seiner Anwendung mit Fluss- und Meeresplastik zusammen:

Tabelle 15 Rechen

Rechen	
Effekt & Funktion	Siebeffekt
Einsatz bekannt	Ja, Stand der Technik in Fluss- und Abwassertechnik.
Durchsatz	Der Durchsatz hängt von den Flussgegebenheiten ab.
Motorleistung	Keine
Platzbedarf	Ein solcher Rechen benötigt wenig Platz.
Schnittstellen	Einlass: Zufluss. Auslass: Die Durchströmung.
Sensoren & Aktoren	Keine
Vorteile	Das Wirkprinzip ist einfach und kostengünstig, aber eine regelmäßige Abreinigung von Hand wird nötig.
Nachteile	Bei großer Fracht mit Plastikabfällen setzt sich der Rechen zu. Der Wasserlauf läuft über.

2.6 Feststehender Flussstaudamm

Wirkprinzip
Feststehende Flussstaudämme sind dadurch gekennzeichnet, dass sie durch eine undurchlässige Struktur die Flussströmung aufhalten. Durch einen Wasserstand, der etwas größer ist als die Dammhöhe, wird der Damm ständig leicht überflutet. So entsteht ein Dekantiereffekt, bei dem Wasser kontinuierlich abfließen kann, während alle Störstoffe zurückgehalten werden, die knapp unter der Wasseroberfläche schwimmen.

Abb. 69 Zusätzliche Nutz-
breiten durch Kammern

Abb. 70 Zurückgehaltene Störstoffe am Damm

Je größer die Überflutungshöhe über der Dammhöhe ist, desto mehr werden schwimmende Störstoffe dekantieren. Um die Überflutung des Damms gering zu halten, müssen zur

Nutzbreite des Flusses zusätzliche Abflussmöglichkeiten gefunden werden. Das kann durch weitere Damm-Nutzbreiten erreicht werden, die nicht im rechten Winkel zur Strömungsrichtung liegen, wie in Abb. 69 dargestellt. Das kann durch Kammer-Dämme (Abb. 70) erzielt werden, die an drei Seiten Nutzbreiten haben. Jedoch erscheint dieses Wirkprinzip für Flussplastik nicht sinnvoll.

Die Überströmhöhe H oberhalb des Damms wird durch schwebendes Flussplastik blockiert.
Dadurch staut sich das Flusswasser leicht an, bis die Überströmung mit dem Wasserdurchsatz des Flusses wieder in Gleichgewicht steht.
Dabei wird die Überströmhöhe H so weit erhöht, dass auch Plastikflaschen den Damm überwinden können:

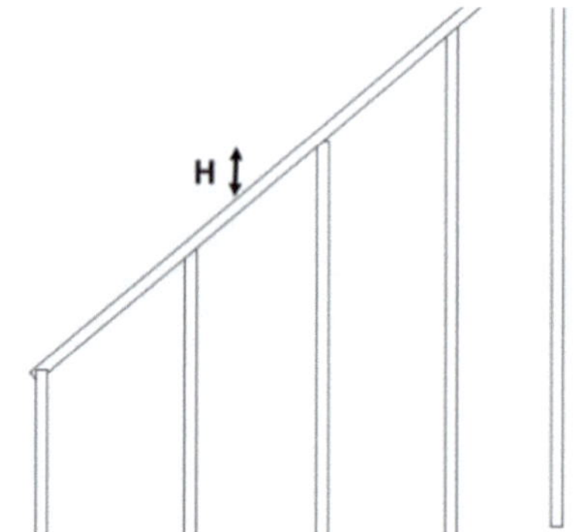

Abb. 72 Überströmhöhe H

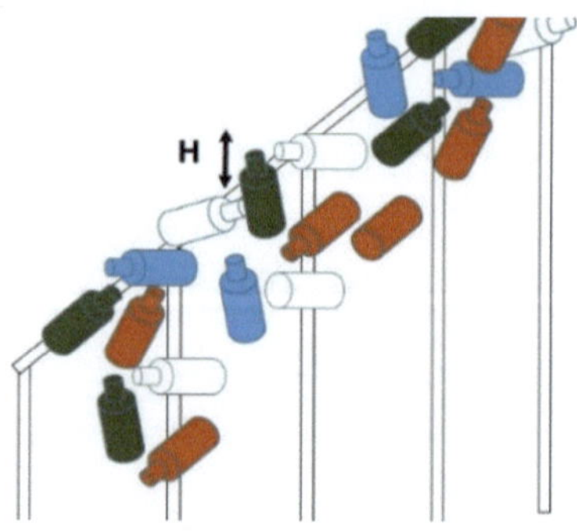

Abb. 71 Vergrößerte Überströmhöhe H durch Flussplastik

Die folgende Tabelle fasst die wichtigsten Informationen zu diesem System und seiner Anwendung mit Fluss- und Meeresplastik zusammen:

Tabelle 16 Feststehender Flussstaudamm

Feststehender Flussstaudamm	
Effekt & Funktion	Von Flusswasser überströmter Damm (Dekantiereffekt).
Einsatz bekannt	Nein, das Flussplastik wird über den Damm gespült.
Durchsatz	Der Durchsatz hängt von den Flussgegebenheiten ab.
Leistung	Keine
Platzbedarf	Ein solcher feststehender Damm benötigt wenig Platz. In der Einbaubreite sind es die Verstärkungsanker, -rippen und –stützen die Elemente, die am meisten Platz einnehmen.
Schnittstellen	Einlass: Die Eingangs-Schnittstelle ist der Zufluss zum Damm. Auslass: Die Überströmung.
Sensoren & Aktoren	Keine
Vorteile	Das Wirkprinzip ist einfach und kostengünstig.
Nachteile	Die Überströmung stellt kein Wirkprinzip dar, mit dem Flussplastik zurückgehalten wird. Die Abreinigung des vor dem Damm angestauten Flussmülls passiert nicht automatisch. Schifffahrtsverkehr ist in der Dammzone unmöglich. Diese Nachteile legen die Einschätzung nahe, dass der feststehende Flussstaudamm grundsätzlich keine Lösung ist, um Flussplastik zurückzuhalten.

2.7 Feststehender Filterstaudamm

Feststehende Filterstaudämme sind dadurch gekennzeichnet, dass sie durch eine verankerte oder statisch installierte Struktur Flussmüll zurückhalten.

Dabei erlaubt ein Filterelement, beispielsweise ein Gitter, Lochblech o. Ä., dass eine ausgesuchte Partikelgröße zurückgehalten wird. Bei einem normalen Gitterzaun handelt es sich dabei um Abfallarten, die größer sind als die Maschenweite, z. B. 80 mm.

Das Flusswasser kann demnach ständig abfließen, egal wie hoch das Wasser am Damm steht. Für Flussläufe, in denen während verschiedenen Jahreszeiten unterschiedliche Wasserstände erwartet werden, muss eine geeignete Dammhöhe gewählt werden, die über den Wasserstand hinausgeht. Insofern ist der Wasserstand um den Abstand ΔH meist niedriger als die Dammhöhe.

Die Filterelemente müssen abgereinigt werden, damit die Filterfläche frei bleibt. Jedoch ist im vorgesehenen Betrieb immer ein Teil der Filterelemente von Abfällen verstopft. Je höher Partikeldichte im Wasser ist, desto schneller müssen die Filterelemente abgereinigt werden. In einem Fluss, in dem wenig Flussmüll strömt, kann demnach ein einfacher Maschendrahtzaun ausreichen, das Flusswasser zu entfrachten.

Folgende Eigenschaften müssen aufeinander abgestimmt sein:
- Maschenweite des Filterelements,
- Anzahl der Partikel des Flussmülls,
- Eigenschaften des Flussmülls, wie viele Partikel an der Oberfläche treiben und wie viele Teile unter der Wasseroberfläche im Wasser strömen,
- Flusstiefe,
- Wassergeschwindigkeit.

Beim langsamen Verstopfen der Filterelemente nimmt die Anzahl der Maschen ab, durch die das Flusswasser strömen kann. Das Material, das sich nun vor dem Filterstaudamm anstaut, baut mit der Kraft des anströmenden Wassers auf der verstopften Fläche einen Druck auf, der auf die Dammstruktur wirkt. Im nachfolgenden Anschauungsbeispiel wird dieser Saturier-Effekt erzeugt trotz Abstand Δ H zum oberen Dammrand (siehe Abb. 77) durch schnell herantreibendes Flussplastik (siehe Abb. 78):

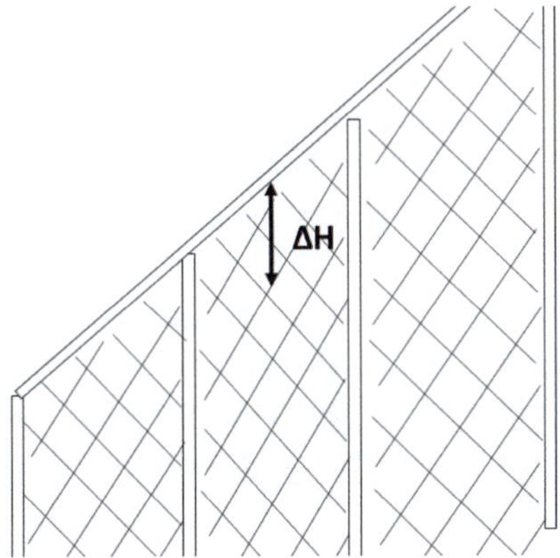

Abb. 73 Wasserstandshöhe ΔH unterhalb der Dammhöhe

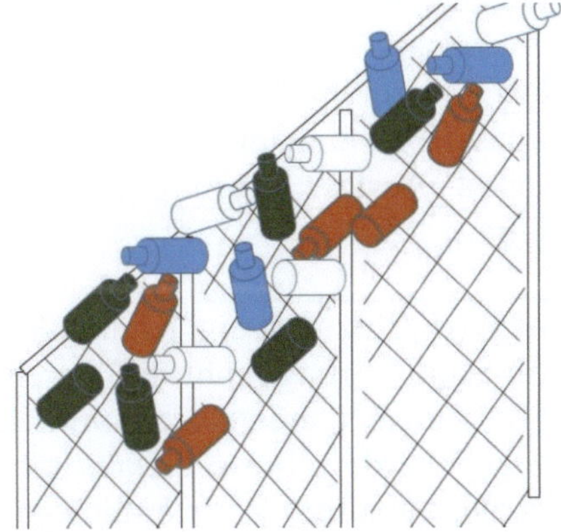

Abb. 74 Saturier-Effekt durch Flussplastik

The OceanCleanup berichtet genau von einem solchen Ereignis auf einen Flussstaudamm in Guatemala. Das herantreibende Flussplastik lässt den Maschendrahtzaun so schnell und so vollständig saturieren, dass die Struktur des Filterstaudamms nachgibt und der Zaun einknickt (77). Die folgende Tabelle fasst die wichtigsten Informationen zu diesem System und seiner Anwendung mit Fluss- und Meeresplastik zusammen:

Tabelle 17 Feststehender Filterstaudamm

Feststehender Filterstaudamm	
Effekt & Funktion	Von Flusswasser durchströmte Filterelemente eines feststehenden Damms.
Einsatz bekannt	Ja, Stand der Technik in Fluss- und Abwassertechnik. Aber die Erfahrung des feststehenden Filterstaudamms in Guatemala (77) legt die Vermutung nahe, dass das Wirkprinzip auch in Zukunft keinen beständigen Betrieb für Flussplastik ermöglicht, wenn Starkregen oder Unwetter sehr viel Flussplastik an den Damm herantreiben.
Durchsatz	Der Durchsatz hängt von den Flussgegebenheiten ab.
Leistungsbedarf	Keine
Platzbedarf	Ein solcher feststehender Filterstaudamm benötigt wenig Platz. In der Baubreite stellen die Verstärkungsanker, -rippen und -stützen die Elemente dar, die am meisten Platz einnehmen.
Schnittstellen, Betriebsfluide	Einlass: Die Eingangs-Schnittstelle ist der Zufluss zum Damm. - Auslass: Die Filterelemente.
Sensoren & Aktoren	Keine
Vorteile	Das Wirkprinzip ist einfach und kostengünstig. Der Schifffahrtsverkehr ist durch die Dammzone hindurch möglich, indem die Dammelemente kurzzeitig abgebaut werden. Diese Flexibilität stellt natürlich einen Vorteil gegenüber festinstallierten Dämmen darstellt.
Nachteile	Die Filterelemente verstopfen im Laufe des Betriebs. Der Schifffahrtsverkehr ist durch die Dammzone hindurch unmöglich, weil die Dammelemente kurzfristig nicht abgebaut werden. Diese Flexibilität stellt natürlich einen Vorteil der schwimmenden Dämme gegenüber den hier vorgestellten festinstallierten Dämmen dar. Die Abreinigung passiert nicht automatisch. Eine Abreinigung durch einen am Flussufer installierten Sammelkäfig oder durch ein Sammelboot ist nötig.

2.8 Fluss-Sammlung durch schwimmenden Filterstaudamm

Schwimmende Filterstaudämme (Engl.: Booms) erlauben eine Fluss- oder Seeströmung, wobei gleichzeitig Störstoffe zurückgehalten werden. Diese Störstoffe können natürliches Treibgut sein oder aus verschiedenen Abfallarten bestehen.

Gründe für das Installieren der schwimmenden Flussstaudämme sind nicht nur Flussmüll-Sammlungen und Wassersäuberung im Allgemeinen, sondern auch der Schutz der Einlaufzone von Wasserkraftwerken gegen blockierende Störstoffe (78), zum Eisschutz, zur Bootsfahrweg-Begrenzung und auch zur Fischwegsicherung (78).

Aus diesem Grund sind die Auslegungseigenschaften sehr unterschiedlich:

- Bojen-Ende als Flansch, als Schraubenverschluss oder als durchgehende Kette zur Verbindung mehrerer Bojen (79)
- Bojen-Form rund oder rechteckig (80)
- Stabil im Wasser liegend oder um ihre eigene Achse drehend
- Bojen-Inhalt hohl oder gefüllt mit Polystyrol (81)
- Bojen-Durchmesser, -Länge, -Hülldicke, -Farbe usw.
- Mit Eingriffsmöglichkeit bei Schwimmunfällen (81)
- Als Ponton begehbar.

Von schwimmenden Filterstaudämmen gibt es viele Bauart-Ausführungen wie z. B. bei (82), (83), (84), (85), (86), (87) (88), (89), (90) (91) oder (78). Sie sind alle dadurch charakterisiert, dass sie eine schwimmende Barriere quer durch das Flussbett, das Kanalbett, die Seenoberfläche oder durch einen Teil des Flussbetts darstellen.

Die Absammlung der schwimmenden Flussabfälle passiert durch
geeignete Boote, Sammelkäfige am Flussufer oder Handabreini-
gung. Ein schwimmender Filterstaudamm besteht aus

- einer Boje (siehe Vorder- und Seitenansicht in Abb. 75 und
  76) und
- einer sogenannten „Schürze" (engl. Skirt) oder einem Filter, der ein einfaches Gitter sein kann und der von der Boje
  an der Wasserkante gehalten wird:

Abb. 76 Bojen-Einheit mit da-
runterliegendem Gitter

Abb. 75 Gitterfilter der
Boje

Gitterformen, hier: Karo-Gitter (Abb. 75 und 76) der Marke „Tuffboom", können benutzt werden, um das Flusswasser durchzulas-
sen.

Am Beispiel des Wasserkraftwerks London Hydro Power Plant, in
London, Kanawha County, WV, USA wird erklärt, wie der schwim-
mende Filterstaudamm den Einlauf des Wasserkraftwerks
schützt:
Die linke Flussseite (in Abb. 77) stellt den Einlaufbereich des
Wasserkraftwerks.
Der begehbare Ponton ist Teil des Filterstaudamms.
Der angelaufene Flussmüll (siehe Abb. 78) kann jederzeit vom
Kraftwerk her abgeschöpft werden.

Abb. 77 Angelaufener Flussmüll

Abb. 78 Abtrennung des Flusslaufs zum Schutz der Einlaufzone

Am Beispiel einer „Trash Boom"-Einheit der Fa. Plastic Fischer (89) in einer Anwendung in Indonesien (92) wird das Wirkprinzip beschrieben:

Der schwimmende Filterstaudamm muss über die Flussbreite eingerichtet werden.

Soll die Flussströmung die Flussabfälle in einer kontinuierlichen Fließbewegung zu einer Sammeleinrichtung an der Uferböschung liefern, muss der Aufstellwinkel des Damms beachtet werden.[15]

Durch den modularen Aufbau können die schwimmenden Filterstaudämme den verschiedenen Flussbreiten angepasst werden, z. B. 6 m breit in Bojongsoang (Bandung Regency, West Java, Indonesia) oder 20 m breit in Baleendah (Bandung Regency, West Java, Indonesia).

---

[15] In den Kapiteln 2.9 und 2.10 werden auch die Varianten des Luftblasen-Damms (93) und des Drehscheiben-Damms (94) beschrieben, die ebenfalls eine solche Ausrichtung brauchen.

Diese schwimmenden Flussdämme (siehe Abb. 79 und 80) müssen tropischen Regenfällen und Sperrgut (z. B. Möbelstücken) trotzen.

Abb. 79 6-m-Damm in Bojongsoang *(75)*

Abb. 80 20-m-Damm in Baleendah (75)

Deshalb hat River Cleanup einen wöchentlichen Wartungsdienst eingesetzt (75).
Die Absammlung wird in einem wöchentlichen Rhythmus durch ein Sammelboot absolviert.

Die Absammlung kann auch durch einen Bagger durchgeführt werden, der am Flussufer steht und von dort die aufgestauten Abfälle abschöpft.

So verfährt ebenfalls The Ocean Cleanup mit dem auf dem Fluss Las Vacas installierten Interceptor 06 (96) in Guatamala.

Nach dem Abschöpfen z. B. durch ein Sammelboot beginnen die Sortiertätigkeiten, um kompostierbare Abfälle von Kunststoffen u. a. zu trennen:

Abb. 81 Sortierte Materialballen (75)

Abb. 82 Sammelboot (75)

Die folgende Tabelle fasst die wichtigsten Informationen zu diesem System und seiner Anwendung mit Fluss- und Meeresplastik zusammen:

Tabelle 18 Schwimmender Filterstaudamm

Schwimmender Filterstaudamm	
Effekt & Funktion	Auftrieb durch Bojen, Verhinderung des Weitertreibens von schwimmenden Flussabfällen durch die „Schürzen" (Filter-Gitter), die unter den Bojen montiert sind.
Einsatz bekannt	Ja, die verschiedenen Hersteller bestücken weltweit schwimmende Filterstaudämme mit Bojen-Modulen, wie z. B. (78), (82), (83), (84), (85), (86), (87), (88), (89), (90) oder (91).
Durchsatz	Der Durchsatz hängt von den Flussgegebenheiten ab.
Leistung	Keine
Platzbedarf	Eine solche „Trash Boom"-Einheit ist ca. 1400 mm breit und ca. 850 mm hoch, wobei die Boje ca. 200 mm hoch und die „Schürze" ca. 600 mm hoch ist. (75). Die Aufbauhöhen können je nach Modell (88) variieren: 		Boje	„Schürze"
---	---	---
Modell 18"	11" / 27,5 mm	7" / 17,5 mm
Modell 24"	11" / 27,5 mm	13" / 32,5 mm
Modell 36"	12" / 30 mm	24" / 60 mm | Bojen-Durchmesser und die -Länge können ebenfalls dem Fluss angepasst werden: |	Durchmesser	Länge
---	---	---
Tuffboom Original	16" / 40 mm	120" / 300 mm
Tuffboom XL	24" / 60 mm	180" / 450 mm	
Schnittstellen	Einlass: Die Eingangs-Schnittstelle ist der Damm. Auslass: Der Damm muss z. B. 1-mal /Tag gereinigt werden.
Sensoren	Keine
Vorteile	Die natürliche Flussströmung ermöglicht eine ausreichende Bewegung, um die schwimmenden Abfälle zu sammeln.
Nachteile	Die Abreinigung passiert nicht automatisch, sondern muss z. B. in einem Sammelkäfig oder einmal pro Tag von Hand oder von einem Sammelboot aus passieren.

2.9 Fluss-Sammlung durch Luftblasen-Damm

Luftblasen können mithilfe von Düsen vertikal in ein Wasservolumen eingeblasen werden. In einem Flusslauf ermöglicht eine solche Luftblasen-Wand (siehe Abb. 83 und 84) die Trennung von einer Zulauf- und einer Ablaufseite.

Abb. 83 Luftblasen-Wand im Flussbett (97)

Abb. 84 Luftblasen-Wand im Flussquerschnitt (97)

Verschiedene Bauweisen werden von unterschiedlichen Fabrikanten angeboten (97) (93).

Wie ein festkörperloser Damm wird die Luftblasen-Wand im Fluss errichtet. Die Ausrichtung im schrägen Winkel zum Flussufer ermöglicht, dass die schwimmenden Materialien, die die Luftblasen-Wand nicht überwinden können, nicht nur aufgehalten werden, sondern auch systematisch auf eine Flussuferseite abgetrieben werden.
Dieses wird anschließend in einem Käfig (siehe Abb. 85 und 86) gesammelt.

Abb. 85 Luftblasen-Damm in Amsterdam (93)

Abb. 86 Abgetriebene Stoffe am Flussufer (93)

Die Effizienz der Luftblasen-Dämme, z. B. in Katwijk (siehe Abb. 88), wird durch interne Analysen der eingesammelten Flussabfälle nachvollzogen (siehe Abb. 87).

Abb. 87 Luftblasen-Damm, Katwijk (93)

Abb. 88 Analyse der Flussplastik-Artikel (93)

Die folgende Tabelle fasst die wichtigsten Informationen zu diesem System und seiner Anwendung mit Fluss- und Meeresplastik zusammen:

Tabelle 19 Luftblasen-Damm

Luftblasen-Damm	
Effekt & Funktion	Auftrieb durch Luftblasen. Verhindern des Weitertreibens von schwimmenden Flussabfällen durch die Verdrängungskraft der aufsteigenden Blasen. Weiterleiten von schwebenden und schwimmenden Feststoffen in eine Sammeleinrichtung.
Einsatz bekannt	Ja. (97) (93)
Durchsatz	Der Durchsatz hängt von der Flussströmung und vom Winkel zum Flussufer ab. Je stärker der Luftblasen-Damm der Flussrichtung folgt, desto schneller treiben die schwimmenden Stoffe zur Sammeleinrichtung ab. Je stärker er sich wie eine direkte Brücke zwischen den Flussufern aufbaut, also im Extremfall in 90°-Richtung zur Flussströmung, desto langsamer bewegen sich die schwimmenden Stoffe am Luftblasen-Damm entlang. Es muss also ein technischer Kompromiss zwischen der Menge der zu erwartenden Abfälle und der Stärke der Flussströmung gefunden werden.
Leistungsbedarf	Die Größe des Kompressors, der nötig ist, um die Luftblasen zu erzeugen, hängt von der Flussbreite und -tiefe ab. Deshalb gibt es keine Standardgrößen.
Platzbedarf	Der Platzbedarf ist von der Luftblasenverteilung in der Flussströmung abhängig.
Schnittstellen	Eingang: Flussströmung. Auslassstelle: Sammelkäfig.
Sensoren & Aktoren	Keinerlei Sensoren sind in der Basisversion nötig. Zur Erzeugung des Luftblasen-Damms wird je nach Dammtiefe und -länge eine geeignete Luftkompressor Auslegung notwendig.

Vorteile	Die natürliche Flussströmung ermöglicht eine ausreichende Bewegung, die die schwimmenden Abfälle zum Flussufer ablenkt. Ein Luftblasen-Damm ermöglicht nicht nur den natürlichen Durchgang des Flusswassers, sondern auch eine normale Schifffahrt. Alle Flussabfälle, die nicht an der Wasseroberfläche schwimmen, sondern auch tiefer schweben, werden ebenfalls vom System erfasst.
Nachteile	Die Kraft zur Rückhaltung der schwimmenden Feststoffe ist durch die Aufstiegs- und Verdrängungskraft der Luftblasen begrenzt. Größere und schwerere Teile können den Luftblasen-Damm durchschwimmen.

2.10 Fluss-Sammlung durch Drehscheiben-Damm

Wirkweise

Schwimmende Scheiben werden, wie Pontons an einer schräg aufgestellten Reihe, quer über eine Flussbreite positioniert.

Dabei werden sie z. B. durch eine Verankerung auf dem Flussboden in dieser Position gehalten. Jede Drehscheibe kann sich unendlich um seine eigene Achse drehen.

Diese Drehbewegung wird von Laufrädern begünstigt, die sich unter dem Drehteller, also im Wasser, bewegen. Der Drehteller besitzt Aussparungen, die zusammen mit der Drehbewegung eine natürliche Förderrichtung für im Wasser treibende Abfälle ausbilden.

Wie an Zahnrädern laufen die schwimmenden Abfälle an den Drehtellern vorbei. Durch die schräge Ausrichtung des Damms wird lediglich die Flussströmung genutzt, um diese seitliche Bewegung zu erzeugen. Am Flussufer ist ein Käfig aufgestellt, in dem die Oberflächenabfälle gesammelt werden.

Die Fa. River Cleaning ist der Hersteller dieses Drehscheibendamms (94), dessen Wirkweise von V. Covolo hat als Patent beantragt (98) und dessen Drehscheiben in den Abb. 89 und 90 illustriert sind:

Abb. 89 Drehscheibe (94)

Abb. 90 Sammelkäfig am Flussufer (94)

Dabei sind die Drehscheiben so ausgerichtet, dass sie zwar frei in der Flussströmung [1] nebeneinander drehen können, aber nur wenig Wasser zwischen ihnen durchläuft.

Das Flusswasser kann also frei zwischen den Drehscheiben-Bojen durchfließen, während schwebende Flussabfälle [2] weitergeschoben werden, wie in Abb. 91 dargestellt ist:

[1] Flussströmung   [2] Bewegung der Abfallstoffe

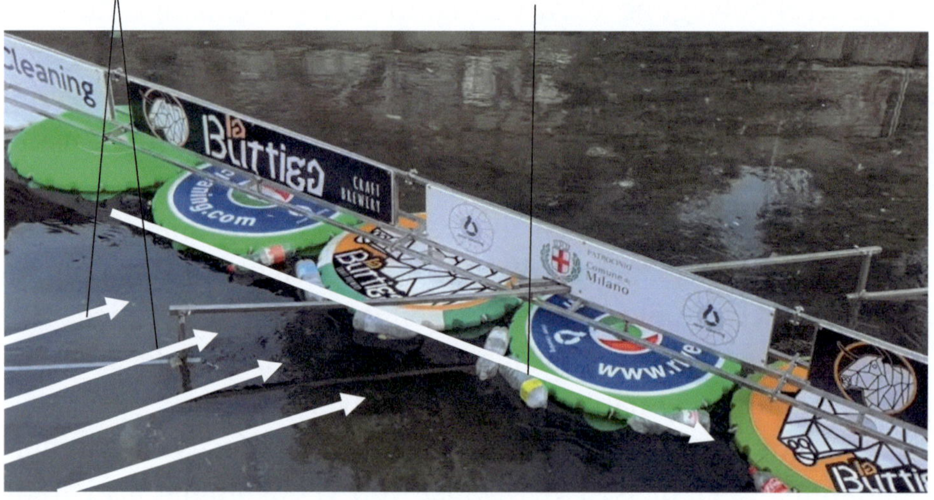

Abb. 91 Flussabfälle an Drehtellern (94)

Die folgende Tabelle fasst die wichtigsten Informationen zu diesem System und seiner Anwendung mit Fluss- und Meeresplastik zusammen:

Tabelle 20 Drehscheiben-Damm

Drehscheiben-Damm	
Effekt & Funktion	Drehbewegung an Laufrädern durch die natürliche Flussströmung-Weiterleiten einer Bewegung auf die an der Wasseroberfläche schwimmenden Abfälle wie an nacheinander angeordneten Zahnrädern-Sammeln in einem Käfig.
Einsatz bekannt	Ja, seit 2022 bestückt der Hersteller Flussläufe mit den Drehscheiben-Dämmen.
Durchsatz	Der Durchsatz hängt von der Flussströmung und vom Winkel zum Flussufer ab. Je mehr der schwimmende Damm der Flussrichtung folgt, desto schneller laufen die Drehscheiben. Idealerweise wird der Drehscheiben-Damm in einem 45°-Winkel zum Flussufer ausgerichtet, damit die Strömungsbewegung von einer Drehscheibe nahtlos auf die nächste übergeht. Nur in Sonderanwendungen muss der Neigungswinkel angepasst werden und kann maximal bis 30° durch das Ankersystem bewerkstelligt werden. Je schneller die Flussströmung ist, desto größer ist die Drehbewegung an den Drehscheiben. Es muss also ein technischer Kompromiss zwischen der Menge der zu erwartenden Abfälle und der Stärke der Flussströmung gefunden werden.
Leistungsbedarf	Die Drehscheiben werden mit der natürlichen Strömungs-geschwindigkeit angetrieben. In der Bauvariante V4.22 erzeugt dieses System dann zusätzlich elektrische Energie. (94)
Platzbedarf	Der Platzbedarf einer Drehscheibe ist im Durchmesser 1.100 mm nach Herstellerangaben. Grundsätzlich kann die Größe der Boje an die Wassergeschwindigkeit, den Aufstellort und andere Anwendungsbedingungen angepasst werden.

Schnittstellen	Die Eingangs-Schnittstelle ist die Flussströmung. Die Auslassstelle ist der Sammelkäfig am Flussufer.
Sensoren & Aktoren	Keinerlei Sensoren oder Aktoren sind in der Basisversion, d. h. in der Variante ohne Energieerzeugung, nötig. Je nach Bauvariante, z. B. für ein Selbstreinigungs- oder Monitoringsystem, können Sensoren hinzugefügt werden.
Vorteile	Die natürliche Flussströmung ermöglicht eine ausreichende Bewegung, die die Abfälle zum Flussufer ablenken. Ein schwimmender Drehscheiben-Damm ermöglicht nicht nur den natürlichen Durchgang des Flusswassers, sondern nach Herstelleraussage auch eine normale Schifffahrt.
Nachteile	Alle Flussabfälle, die nicht an der Wasseroberfläche, sondern sich tiefer als 400 mm darunter befinden (99), werden nicht vom System erfasst und treiben weiter.

2.11 Fluss-Sammlung durch Sammelschiff

Altbewährte Methode
Sammelschiffe haben eine technische Vergangenheit in der Bekämpfung von Seetang. Schon in den 1950er und 1960er Jahren setzten z. B. die Brüder John und Doug Dauffenbach Sammelschiffe ein, um Seetang einzusammeln, was die Abb. 92 und 93 illustrieren:

Abb. 92 Sammelschiff in den 1960er Jahren (101)

Abb. 93 John und Doug Dauffenbach (101)

Heute sind diese Sammelschiffe ein sehr wichtiges Mittel zur Bekämpfung des Fluss-plastik-Aufkommens, wie z. B. von der Fa. Everwave in Bosnien (100) oder in Slovakien (101).

Funktionsprinzip
Das Sammelschiff wird durch ein geneigtes Förderband charakterisiert, das in die Wasseroberfläche eintaucht und den Seetang von der Oberfläche ins Boot zieht. Die verschiedenen Typen der See-, Fluss- und Meeresfauna erfordern eine Anpassung des Sammelprinzips. Nach einem Patent von John Dauffenbach (100) können rotierende Messer, die vor einem Sammelschiff eingebaut werden, Seegras wie Seetang schneiden und effizient einsammeln.

Heute sind die Anwendungen bei Einsammlung von See-, Fluss- und Meeresabfällen viel breiter gestreut (91). Die Sammelkapazitäten müssen in der Kombination von der Abfallförderung, der -lagerung und der -entladung gesehen werden.

Seetang und schwimmende See-, Fluss-, und Meeresabfälle werden in einem Sammelschiff mit eingebautem Förderband aus dem Wasser gehoben. Dabei wird der Einsammelbereich durch seitlich am Förderband angebrachte Flügel verbreitert. Durch die Perforierung des Förderbands wird die Fracht entwässert. Die Abfälle werden in Behälter des Schiffs verladen und im Hafen oder im Abfallbearbeitungszentrum entladen, wie aus den Abbildungen 94 und 95 zu entnehmen ist:

Abb. 94 Der „Weed Harvester" (101)

Abb. 95 Der „Trash Skimmer" (101)

Die folgende Tabelle fasst die wichtigsten Informationen zu diesem System und seiner Anwendung mit Fluss- und Meeresplastik zusammen:

Tabelle 21 Sammelschiff

Sammelschiff	
Effekt & Funktion	Hochheben durch schräg angestelltes Förderband. Entwässern durch Perforierung.
Einsatz bekannt	Ja, seit Jahrzehnten Stand der Technik.
Durchsatz	Es gibt drei Durchsatzarten, die die Produktivität begrenzen: 1. Volumendurchsatz: Das Förderband ergibt mit Nutzbreite, Vorschubgeschwindigkeit und Beladehöhe den theoretischen Volumendurchsatz. Die Sammelschiff-bauer bieten verschiedene Nutzbreiten an, um sich den Anforderungen anzupassen, z. B. 4 m oder 5 m (101). Beispiel: Bandbreite = 4 m; Schiffsvorschub im Wasser = 0,5 m/s; Mittlere Höhe der Förderbandbelegung = 0,1 m; Theoretischer Volumendurchsatz = 12 m³/h. 2. Ernte- oder Flussreinigungsgeschwindigkeit: Die Behältergröße im Schiff wird in Bezug gesetzt zur Befüllzeit. Beispiel: Behälterbefüllung (Maximal = Gesamte Behältergröße) = 20 m³; Erntezeit = 8 Stunden; Erntegeschwindigkeit = 2,5 m³/h. Die Erntegeschwindigkeit liegt immer deutlich unter dem theoretischen Volumendurchsatz. Die Behältergröße liegt nach (101) bei 14-24 m³. 3. Betriebsertrag: Die Entladezeit an Land muss zur Erntezeit hinzugeschlagen werden. Beispiel: Entladezeit = 1 h; Betriebsdurchsatz = Behälterbefüllung / (Erntezeit + Entladezeit) = 10m³/(8h+1h) = 1,1 m³/h. Der Betriebsertrag ist immer geringer als die Erntegeschwindigkeit.
Leistungsbedarf	Die Leistungen beziehen sich auf drei Motorenleistungen: Förderband, Schiffsantrieb, Entlade-Kran.
Platzbedarf	Der Platzbedarf eines Sammelschiffs ist je nach Modell effizient. Es gibt drei Kriterien: Tiefgang bzw.

	Aufbauhöhe, reelle Beladebreite im Schiff, reelle Beladelänge im Schiff. Die maximale Schiffsbeladung (Nettolast) ist ebenfalls eine logistische Grenze: z. B. ca. 3200, 4500 oder 5400 kg nach (101). Nach Schiffstyp können andere Werte genannt werden: Z. B. ist bei 12 m³ Volumen eine Zuladung von ca. 3200 kg ein Durchschnittswert aus mehreren Jahren Sammelarbeit (102).
Schnittstellen, Betriebsfluide	Die Eingangs-Schnittstelle ist der Eintrag in das Sammelschiff. Der Austrag geschieht beim Entladen.
Sensoren & Aktoren	Typische Sensoren sind der Schutzschalter des Eintrag-Förderbands und der Füllsensor im Behälter.
Vorteile	Ein Sammelschiff ist eine effiziente und schnelle Lösung, die Oberfläche eines Flusses oder Sees zu säubern.
Nachteile	Tiefer schwimmende Materialien werden nicht vom Eintrag-Förderband erfasst. Die begrenzte Arbeitsbreite des Eintrag-Förderbands und die Begrenzung der Behältergröße im Schiff begrenzen das Betriebsergebnis. Die Entladezeit ist ein reiner Kostenfaktor, der die Effizienz weitergehend begrenzt.

2.12 Fluss-Sammlung durch unbemannten Roboter

Nachteile alter Techniken wie Flussdämme und Sammelschiffe
Flussplastik-Sammlungen mit schwimmenden Dämmen oder mit Sammelschiffen haben mehrere, funktionsbedingte Nachteile nach Stand der Technik wie z. B. Abreinigungsbedarf, Bedienereinsatz usw.
In Flussläufen, in denen wenige Flussabfälle schwimmen, ist die Sammelausbeute pro Stunde recht gering. Ein Damm dagegen ist eine Einrichtung, die ständig installiert ist und deshalb auch ständig unterhalten und vom Abfall abgereinigt werden muss. Auch stellt er für die Schifffahrt ein ständiges Hindernis dar und kann beschädigt bzw. in seiner Funktion beeinträchtigt werden.
Sammelschiffe haben andere Nachteile. Sie sind groß, erfordern eine Infrastruktur wie Treibstoff, qualifizierte Bootsführer, große Wartungsarbeiten usw. und rentieren sich ebenfalls nicht, wenn die Sammelausbeute pro Betriebsstunde gering ist.

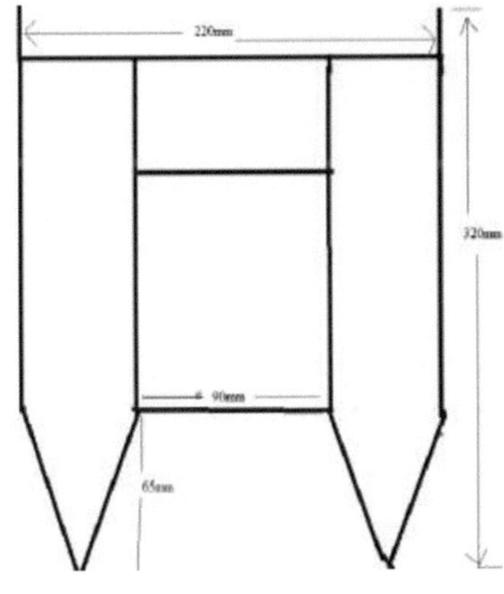

Abb. 96 Prinzipskizze des unbemannten Sammelboots (103)

Technische Alternative: Unbemannter Sammel-Roboter

Eine technische Alternative kann der unbemannte Sammelroboter sein, der zurzeit von verschiedenen Forschern entwickelt und erprobt wird (103), (104), (105).

Der unbemannte Sammel-Roboter nach Viajkumar (103) – siehe
Draufsicht in Abb. 96 und den Prototypen in Abb. 97 – besitzt die
folgenden, funktionalen Baugruppen:
- Fernbedienung,
- Flussabfall-Einlassseite,
- Sammelbehälter,
- Zugangsklappe sowie Container oder das abnehmbare Ge-
  häuse zur Herausnahme der gesammelten Abfälle.

Abb. 97 Draufsicht des unbemannten Sammelboots (103)

Die folgende Tabelle fasst die wichtigsten Informationen zu diesem System und seiner Anwendung mit Fluss- und Meeresplastik zusammen:

Tabelle 22 Sammel-Roboter

Unbemannter Sammel-Roboter	
Effekt & Funk- tion	Sammeln durch schräg angestellten Einlassbereich des Roboters. Aufbewahren im Innern.

Einsatz bekannt	Mehrere ähnliche Sammel-Roboter sind als Forschungsprojekte bekannt.
Durchsatz	Es gibt drei Durchsatzarten, die die Produktivität des unbemannten Sammelboots begrenzen: 1. Volumendurchsatz: Der Einlassbereich kann nur begrenzt große Materialien aufnehmen. 2. Ernte- oder Flussreinigungsgeschwindigkeit: Die Behältergröße im Roboter ist so klein, dass sich nur bei wenigen zu sammelnden Abfällen der Einsatz des Roboters lohnt. 3. Betriebsertrag: Die Entladezeit am Land muss zur Erntezeit hinzugeschlagen werden. Das Entladen ist bei den geringen Mengen schnell erledigt. Die Zeit, um den Sammelroboter an das Flussufer zurückzubringen, ist die relevantere Betriebsgröße.
Leistungsbedarf	Die Leistungen sind sehr gering, weil der Sammel-Roboter klein und unbemannt ist.
Platzbedarf	Der Platzbedarf eines Sammelroboters ist extrem gering, weil der notwendige Platz des Antriebs reduziert ist. Das Hauptvolumen des unbemannten Sammelboots nimmt die Fläche des Abfalllagers ein.
Schnittstellen	Die Eingangs-Schnittstelle ist der Eintrag in den Sammelroboter. Der Austrag geschieht beim Entladen.
Sensoren & Aktoren	Sensoren oder Kameras sind nur notwendig, wenn sie der Fernbedienung helfen.
Vorteile	Ein Sammelroboter ist eine effiziente und schnelle Lösung, die Oberfläche eines Wasserlaufs zu säubern.
Nachteile	Tiefer schwebende Materialien (> 20 cm unter der Wasseroberfläche) werden nicht vom Eintragsbereich des Sammelroboters erfasst. Nur bei guten Wetterbedingungen (Ruhige Wasseroberfläche, wenig Wind oder Regen) ist der Einsatz eines solchen Sammel-Roboters möglich.

2.13 Flussufer-Sammlung per Hand

Gegebenheiten der Wasserläufe
Die Handsammlung von Flussabfällen richtet sich nach den Gegebenheiten der Fluss-, Bach- und Seeläufe. Sie Beispiel in Abb. 98.
Die geringe Flussufersteigung entscheidet, ob Maschinen, Geräte und Fahrzeuge eingesetzt werden können.
Die große Flussuferbreite ermöglicht, dass sich angeschwemmte Flussabfälle ablagern. Die Flussuferpflanzen wie Schilf halten Flussabfälle zurück. Je nach Verweildauer füllen sich die Abfälle mit Lehm und Sand.

Abb. 98 Angestautes Flussplastik (55)

Sammelziele
Die Handsammlung kann verschiedene Sammelziele haben:
- Gesunkene und steckengebliebene Objekte werden im Rahmen eines Aktionsprogramms zur Vertiefung, Verbreiterung oder Säuberung des Flussbetts geborgen. Meist haben diese Objekte einen sehr geringen Wert, aber können sehr schwer sein.
- Flussplastik wird zur Säuberung des Flussufers oder der Flusswasserfläche entfernt. Auch wenn der Wert einer Plastikflasche sehr gering ist, gibt es oft logistische Strukturen, die es finanziell interessant machen, eine große Anzahl von Plastikflaschen zu sammeln und an einen Recyclingbetrieb zu verkaufen. Die gezielte Sammlung von Flussplastik hat also ein anderes Ziel, nämlich maximal viel Plastik einzusammeln.

Die Sammlung vom Flussufer aus erfolgt meist per Hand, wenn das Gelände unzugänglich für Maschinen ist. Dazu setzen die Sammler Handschuhe und Greifzangen ein (siehe Abb. 99).

Oft handelt es sich um Plastikabfälle, die wegen fehlender Sammeldienste achtlos weggeworfen werden.

So schwemmen Regenfälle die Abfälle in Straßengräben, Kanäle, Bäche, Flüsse, Seen, Wiesen und Mangroven.

Abb. 99 Sammlung mit Greifzangen und Handschuhen (55)

Mit Säcken und Planen versorgt, holen die Helfer die Abfälle dort heraus. Mit Fahrrädern und LKWs werden die großen Säcke abtransportiert, wie in den Abb. 100 und 101 illustriert wird.

Nach dem Transport des eingesammelten Materials muss es sortiert werden in einer Recyclingstelle, einer sogenannten „Waste Bank", wo Sammler für die Anzahl, bzw. das Gewicht des eingesammelten Guts bezahlt werden, oder einem Wertstoffhof.

Abb. 100 Abladung in Recyclingstelle (55)

Abb. 101 Abtransport durch LKWs (55)

Die folgende Tabelle fasst die wichtigsten Informationen zu diesem System und seiner Anwendung mit Fluss- und Meeresplastik zusammen:

Tabelle 23 Handsammlung am Flussufer

Handsammlung am Flussufer	
Effekt & Funktion	Sammeln per Hand.
Einsatz bekannt	Ja, im informellen Sektor vieler Länder.
Durchsatz	Durch Sammelgeschwindigkeit der Menschen begrenzt.
Leistungsbedarf	Menschenarbeit
Platzbedarf	
Schnittstellen	Das Einsammeln in für Fahrzeuge unzugängliche Orte ist der Vorteil der Handsammlung. Jedoch hängt die Effizienz dieser Sammelaktionen auch vom Abtransport durch Fahrräder, Motorräder, Pickups und LKWs.
Sensoren & Aktoren	/
Vorteile	Die Regierung bzw. die Bezirksverwaltung kann den Sammlern besondere Zielvorgaben machen, z. B.: • Abgesunkene Abfälle vom Flussbett herausheben und Flussströmung verbessern. • Möglichst sorgfältiges Einsammeln möglich. • Nur die recycelbaren Teile wie Plastikflaschen einsammeln. • Nur Sperrgut einsammeln.
Nachteile	Sehr langsam und arbeitsintensiv.

2.14 Flussbett-Sammlung per Bagger

Ausbaggern von Flussbetten
In der Wasserwegbewirtschaftung ist das Ausbaggern von Fluss- und i. A. von Wasserweg-betten eine Tätigkeit, die je nach Anforderung, wie z. B. die kontinuierliche Einbringung von Feststoffen durch die Flussströmung, regelmäßig notwendig wird.

Anwendungsgebiete
Anhand des Schiffsbaggers der Fa. Aquarius (101) sollen beispielhaft die Anwendungsgebiete eines spezialisierten Kransystems dargestellt werden.

Dieser Kleinbagger hat einen maximalen Radius von ca. 5,5 m. Dabei ist es wichtig, dass er rund um seine Achse, also um 360° einsetzbar ist.

Er wird meist von der Wasseroberfläche aus eingesetzt. Dazu kann er auf einem Ponton, einem Boot oder einem Amphibienfahrzeug installiert werden. Siehe Kran in Aktion zur Bergung von Flussabfällen in den Abb. 102 und 103:

Abb. 102 Nahansicht (101)

Abb. 103 Ein Schiffsbagger bei der Arbeit (101)

Durch Auffüllen mit Flusswasser, durch chemische Reaktionen und durch Anhaften von mineralischen und pflanzlichen Stoffen werden die Polyolefine, die zunächst im Wasser schwimmen, schwerer und sinken auf den Grund des Wasserwegs ab.

Die folgende Tabelle fasst die wichtigsten Informationen zu diesem System und seiner Anwendung mit Fluss- und Meeresplastik zusammen:

Tabelle 24 Bagger/Kran

Flussbett-Sammlung durch Bagger	
Effekt & Funktion	Sammeln durch Bagger.
Einsatz bekannt	Seit Jahrzehnten Stand der Technik in der Flussbewirtschaftung.
Durchsatz	Es gibt drei Produktivität begrenzende Parameter: • Wasserlauf- und Abfallgegebenheiten: Tiefe, Breite, Anzahl der zu hebenden Abfälle im Fluss-/See-Bett, Gewicht der Einzelstücke usw. • Technik: Größe der Schaufel, Art der Schaufel (Zacken, Gegenhalter, Wasserabfluss etc.), Geschwindigkeit, Radius und Freiheitsgrade der Baggerbewegung usw. • Logistik: Stauraum auf dem Boot bzw. in der Nähe am Ufer, Containergröße, Geschwindigkeit des Behälterwechsels usw.
Leistungsbedarf	Von Baggertyp abhängig.
Platzbedarf	Von Bagger und Logistik abhängig.
Schnittstellen, Betriebsfluide	Die Eingangs-Schnittstelle ist der Eintrag in die Baggerschaufel. Die Ausgangs-Schnittstelle ist das Befüllen der Container oder Behälter.
Sensoren	Standard ist eine Mannbedienung am Bagger selbst.
Vorteile	Einfach und effizient.
Nachteile	Begrenzter Radius. Begrenzte Schaufelgröße. „Blindes" Abschöpfen des Fluss- bzw. Seegrunds.

2.15 Strandsammlung per Hand

Wirkweise

Meeresmüll wird an der Küste und am Strand per Hand gesammelt, um verschiedene Säuberungsziele zu erreichen. In den sogenannten „Beach-Cleanup"-Aktionen werden meeresnahe Abfälle oder Meeresabfälle durch freiwillige Helfer(innen) ohne
oder mit sehr geringem Maschineneinsatz gesammelt. Siehe Il-
lustration in Abb. 104 und 105.

Abb. 104 Sammlerinnen (177)

Sie erfolgen meist per Hand, weil das Gelände für Maschinen unzugänglich ist. In der Regel handelt es sich um Plastikabfälle, die
wegen fehlender Sammeldienste achtlos weggeworfen werden.

Abb. 105 Gesammelte Meeresabfälle (177)

Oft schwemmen Regenfälle die Abfälle in Straßengräben, Kanäle, Bäche, Flüsse, Seen, Wiesen und Mangroven. Mit Säcken und Planen versorgt, holen die Helfer die Abfälle dort heraus. Mit Fahrrädern und/oder LKWs werden die Säcke abtransportiert.

Verschiedene Zielsetzungen
Die typische Strandsäuberungsaktion eines Vereins hat die Säuberung des Strands von jeglichen Abfällen als Ziel. Die Meeresabfälle bestehen meist nicht nur aus Meeresplastik. Besonderes Aufsehen hat z. B. das Engagement von Afroz Shah (106) für den Versova-Strand in Mumbai (Indien). Auch Braunalgen (Engl.: Sargassum) können Strände verschmutzen und müssen entfernt werden, was in Säuberungsaktionen an anderen Orten Priorität hat. Das Faulen der Algen am Strand führt zum Verbreiten des typischen Geruchs faulender Eier (107).
Die gezielte Sammlung von Fluss- und Meeresplastik hat ein anderes Ziel, nämlich maximal viel Plastik einzusammeln. Die folgende Tabelle fasst die wichtigsten Informationen zu diesem System in Anwendung mit Fluss- und Meeresplastik zusammen:

Tabelle 25 Handsammlung am Strand

Strandsammlung per Hand	
Effekt & Funktion	Einsammeln per Hand.
Einsatz bekannt	Ja.
Durchsatz	Abhängig von der Anzahl der Helfer und der Abfälle pro Quadratmeter.
Leistungsbedarf	Menschenarbeit
Platzbedarf	Von Logistik abhängig.
Schnittstellen	Hand. Übergabe in Sack und/oder Container.
Sensoren	Keine.
Vorteile	Einfach und effizient.
Nachteile	Effizienz abhängig von der Helferzahl und der Abfälle pro Quadratmeter.

2.16 Strandsammlung mit unbemanntem Roboterfahrzeug

Wirkweise

Am Beispiel des Modells „BeBot" (108) der Fa. Searial Cleaners soll diese Art der Strandsammlung dargestellt werden. Ein ferngesteuertes Fahrzeug [1] entfernt mechanisch Plastikflaschen, Zigarettenstummel und Verpackungsabfälle von der Strandoberfläche, wie in Abb. 106 und 107 dargestellt. Dabei wird der Sand gesammelt [2] und gesiebt [3].

[1] Fahrzeug   [2] Sammelgerät   [3] Eingebautes Sieb

Abb. 106 Strandsäuberung durch unbemannten Roboter

Nach Herstellerangaben (108) wird der Strand dabei bis zu ca. 100 mm tief gesäubert.

Abb. 107 Größenverhältnisse des „BeBot"

Die folgende Tabelle fasst die wichtigsten Informationen zu diesem System und seiner Anwendung mit Fluss- und Meeresplastik zusammen:

Tabelle 26 Strandsäuberung durch unbemannten Roboter

Strandsäuberung durch unbemannten Roboter	
Effekt & Funktion	Maschinelle Oberflächensäuberung.
Einsatz bekannt	Ja.
Durchsatz	Nach Herstellerangaben (108): 3.000 m²/h
Leistungsbedarf	Drei Stunden lang Autonomie; Ladezeit: 8 h (108)
Platzbedarf	H x B x L = 0,9 m x 1,4 m x 2,3 m (108)
Schnittstellen	Einlass: Durch Reinigungsseite von unten. Auslass: Interner Pufferspeicher, der 100 Liter groß ist.
Sensoren & Aktoren	Fernsteuerung mit Sensorik für Smartphone-App. Reichweite: 150 m. (108)
Vorteile	Flächendeckende Strandsäuberung auf eher flachem Strand in eher trockenem Sand.
Nachteile	Aufnahmegröße der einzelnen Strandabfälle und der interne Pufferspeicher nicht für alle Anwendungen ausreichend. Autonomiezeit und Geländegängigkeit nicht für alle Anwendungen ausreichend.

2.17 Strandsammlung zur Entfernung von Granulat

Am Beispiel der Arbeit der Marine Environment Protection Authority (MEPA) in Sri Lanka (109) soll dargestellt werden, wie Pellets oder Granulat (Engl.: Nurdles) aus dem Sand entfernt werden können.

Die MEPA (109) hat drei Ebenen der Entfrachtung der Strände erkannt:

1. Die händische Siebung hilft, um kleinere Strände schnell von Plastikgranulat oberflächlich zu befreien (110).
2. Größere Strandflächen sind auch mit vielen freiwilligen Kräften nur unzureichend zu säubern. Für diese Anwendung großer, zugänglicher Flächen ergeben mechanisierte Funktionen eine effiziente Lösung. Die MEPA hat das Modell „Sweepy" der Fa. BeachTech (111) gewählt.
3. Zum Reinigen des Strandsands in der Tiefe, in die auch eine Maschine nicht gelangt, muss der Sand abgebaggert werden und wird dann mit Wasser vermischt, um das Granulat herauszuwaschen (110).

Die folgende Tabelle fasst die wichtigsten Informationen zu diesen Systemen und ihren Anwendungen mit Fluss- und Meeresplastik zusammen:

Tabelle 27 Entfernung von Granulat (Nurdles) am Strand

Entfernung von Granulat (Nurdles) am Strand	
Effekt & Funktion	1. Handsiebung. 2. Mechanischer Abtrag und maschinelle Siebung. 3. Abtrag des Sands. Auswaschung durch Hinzugabe von Wasser.
Einsatz bekannt	Ja.
Durchsatz	Mit dem Modell „Sweepy" der Fa. BeachTech kann bis zu 4.200 m² Strandfläche / h bearbeitet werden (112).
Leistungsbedarf	Für das Modell „Sweepy" der Fa. BeachTech wird ein 4-Takt-Benzinmotor mit Luftkühlung mit 7,09 kW benutzt.
Platzbedarf	Für das Modell „Sweepy" der Fa. BeachTech werden folgende maximalen Maschinenabmessungen angegeben (112): H = 600-1400 mm (einstellbar); B = 1195 mm; L = 2650 mm.
Schnittstellen	Für das Modell „Sweepy" der Fa. BeachTech wird ein herausnehmbarer Auffangbehälter für Störstoffe im Sand mit einem Volumen von 44 Liter mitgeliefert.
Sensoren	Lösungsabhängig.
Vorteile	Jede Lösung hat Vorteile: 1. Handsiebung: Auch wenig zugängige Bereiche und kleine Strände können effizient und schnell gesiebt werden. 2. Mechanische Siebung: Großer Durchsatz. 3. Abtrag des Sandes: Altlasten werden abgetragen.
Nachteile	1. Handsiebung: langsam. 2. Mechanische Siebung: Maschineneinsatz. 3. Abtrag des Sandes und Siebung mit Wasser: kostenintensiv.

2.18 Meeresoberflächen-Sammlung durch Netze

Wirkweise
Auf dem offenen Meer werden schwimmende Meeresabfälle durch einen schwimmenden Damm aufgefangen und durch ein Schiff per Netz eingebracht.
Dieselbe Technik wird bei großen Sammelstellen an Flussmündungen eingesetzt.

Die folgende Tabelle fasst die wichtigsten Informationen zu diesem System und seiner Anwendung mit Fluss- und Meeresplastik zusammen:

Tabelle 28 Meeresoberflächen-Sammlung durch Netze

Meeresoberflächen-Sammlung durch Netze	
Effekt & Funktion	Fischernetze.
Einsatz bekannt	Ja.
Durchsatz	Je nach Größe und Art des Netzes.
Leistungsbedarf	/
Platzbedarf	Je nach Größe und Art des Netzes.
Schnittstellen, Betriebsfluide	In Zusammenwirken mit schwimmenden Dämmen und dem Schiff, von dem aus das Netz ausgebracht wird.
Sensoren & Aktoren	/
Vorteile	Für schwimmende Meeresabfälle - neben Einbringung durch angestelltes Förderband eines Boots - stellt das Fischernetz vielleicht die einzige Lösung dar.
Nachteile	Kostenintensiv und langsam.

2.19 Meeresgrund-Sammlung durch Taucher

Wirkweise: Sonarsystem
Gesunkene Abfälle sammeln sich auf dem Meeresboden an. Sie können mithilfe eines Sonarsystems durch Schallwellen entdeckt werden, die den Meeresboden kartografieren (113), wie in Abb. 108 dargestellt. Der WWF Deutschland (114) bietet eine Smartphone-App an, mit der die Fundstellen der Geisternetze ausgetauscht und geteilt werden können.

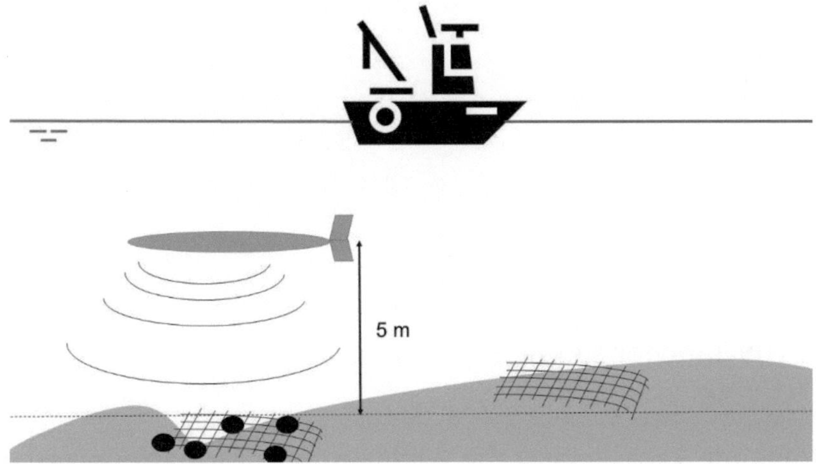

Abb. 108 Sonarsystem

Wirkweise: Taucher
Taucher können die Abfälle vom Meeresboden lösen und einsammeln. Beim Lösen kann festgestellt werden, dass Algen und andere Meerespflanzen die Abfälle als Teil des Meeresgrunds besiedeln (siehe Abb. 109). Auch Meerestiere wie Krebse und Fische benutzen die Abfälle als natürliche Teile ihrer Umgebung. Sie werden zum Teil der Biosphäre.

Abb. 109 Taucher sammeln Mobiliar (177)

Die folgende Tabelle fasst die wichtigsten Informationen zu diesem System und seiner Anwendung mit Fluss- und Meeresplastik zusammen:

Tabelle 29 Meeresgrund-Sammlung durch Taucher

Meeresgrund-Sammlung durch Taucher	
Effekt & Funktion	Beim Einsammeln von Abfällen auf dem Meeresgrund werden vier verschiedene Funktionen benutzt: 1. Sonarsystem: Die Abfälle werden per Schallwellen erkannt. 2. Kommunikations-App: Die notwendige Kommunikation über solche Fundstellen kann per Smartphone-App geschehen. (71) 3. Taucher: Taucher sammeln die Abfälle händisch ein und machen sie zum Hochziehen fest. (115) 4. Hochzieh-Kabel: Kabel und Seile ermöglichen, die Abfälle hoch in die Boote zu ziehen.
Einsatz bekannt	Ja, seit Jahrzehnten stellen Taucheraktivitäten dieser Art den Stand der Technik dar.
Durchsatz und Betriebszeiten	Es gibt drei Betriebszeiten, die die Produktivität des Sammelschiffs beschreiben: 1 Taucheraktivität: Um den Abfall (Geisternetze, Reifen, Möbel) einzusammeln, muss der Taucher ihn finden, vom Meeresgrund lösen und am Kabel bzw. Seil festmachen. Bsp.: Um 500 kg zu sammeln, braucht der Taucher zwei Stunden. 2 Aufbring-Zeit: Um die eingesammelten Abfälle an Bord zu bringen und den Tauchern wieder Zeit zu geben, zurück an Bord zu kommen, ist zusätzliche Zeit notwendig. Bsp.: Das Hochziehen von 500 kg Abfälle dauert ca. 30 min. Das Auftauchen der Taucher dauert weitere 30 min. 3 Sammel-Gesamtzeit: Die Zeit vom Auslaufen des leeren Boots bis zum Einfahren des mit Abfällen gefüllten Boots ist die Gesamtzeit. Bsp.: Das Ausfahren bis Zielort = 1 h; Tauchen = 3 h; Rückfahrt = 1 h. Diese Brutto-Gesamtzeit von 5 h ist in Beziehung zu setzen zum Gewicht der eingesammelten Abfälle: Produktivität = 500 kg / 5 h = 100 kg/h

Leistungsbedarf	Die Leistungsangaben beziehen sich auf Motorenleistungen: Antrieb des Schiffkrans, Schiffsantrieb, Entlade-Hebewerkzeug im Hafen.
Platzbedarf	Der Platzbedarf eines Sammelschiffs ist je nach Modell effizient. Es gibt drei Kriterien: Tiefgang bzw. Aufbauhöhe, reelle Beladebreite und Beladelänge.
Schnittstellen	Die Eingangs-Schnittstelle ist das Hochziehen in das Sammelschiff. Der Austrag geschieht beim Entladen.
Sensoren & Aktoren	Typische Sensoren sind der Schutzschalter des Krans auf dem Schiff, um Überlast zu vermeiden.
Vorteile	Das Einsammeln von Abfällen auf dem Meeresgrund stellt ein genaues, fast chirurgisch zu nennendes Eingreifen dar, was z. B. beim systematischen Einsammeln von Geisternetzen wichtig wird (116).
Nachteile	Diese Sammlungsart ist zeitaufwendig.

3 Fördern, Vorzerkleinern, Trocknen

Einleitung

Dieses Kapitel beschreibt alle Einzeloperationen, die dem Sichten, Sieben und Sortieren vorgelagert sind, nämlich:

- Mechanische, hydraulische und pneumatische Förderung,
- Öffnen, Schneiden, Vereinzeln,
- Trocknen vor Mahlung.

3.1 Mechanische, pneumatische & hydraulische Förderung

3.1.1 Übersicht der Fördereinrichtungen

Zunächst sollen Beispiele für verschiedene Fördereinrichtungen gegeben werden:

Einsatzgebiete (Illustrationen in der Abb. 110)

Ein schräg angestelltes Förderband (1) zieht die Fluss-/Meeresabfälle aus dem Wasser. Dazu muss es ein perforiertes Band haben. Der Sortiertisch (2) ist ein Gurtförderer mit niedrigen Seitenleisten, an dem die Sortierer stehen und die sortierten Fraktionen in die jeweiligen Schurren und Container abwerfen. Die Förderschnecke (3) nach dem Nass-Shredder ermöglicht, nasses Material zu fördern und im Steigeteil per Sieb und Abwasser-Auslass das Material teilweise zu entwässern. Im Mischtank wird neues Wasser mit dem Eingangsmaterial vermischt und dann in der Materialpumpe (4) gefördert. Nach dem Hydrozyklon wird das Material getrocknet und mit einem Gebläse (5) weitergefördert.

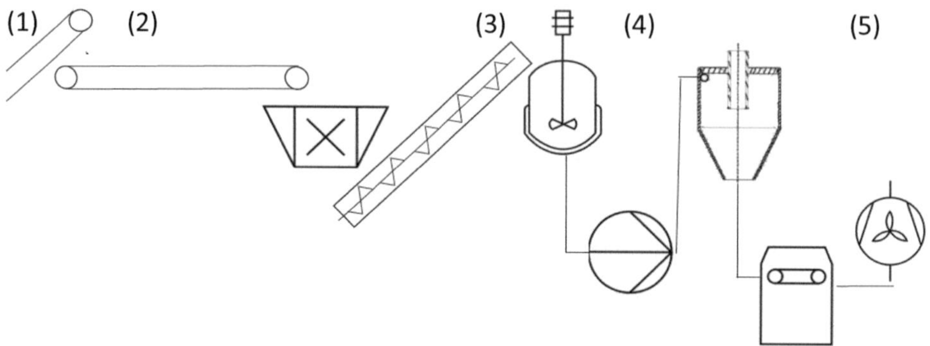

Abb. 110 Einsatzgebiete verschiedener Fördereinrichtungen

Übersicht
Eine Übersicht aller Förderungstypen wie mechanische, pneumatische und hydraulische Förderung von Fluss- und Meeresplastik ist möglich und erfolgt je nach Anwendungsgebiet an unterschiedlichen Stellen im Prozess der Sortierung und Wäsche.

Dies wird in Tabelle 30 zusammengefasst:

Tabelle 30 Voraussetzungen und Antriebsarten für Fördersysteme

Förderungstyp	Voraussetzungen: Partikelgröße, Stückgewicht, Feuchte	Antriebsart	Energie-Verbrauch
Mechanische Förderung durch Förderband	Die Einzelstücke müssen deutlich kleiner als die Bandbreite sein. Die Stückgewichte müssen dem Gurt angepasst werden. Der Feuchtegrad hat wenig Einfluss.	Drehmotor an Umlenkrolle	Relativ niedrig, weil die Beladehöhe offen ist.
Mechanische Förderung durch Förderschnecke	Die Einzelstücke müssen deutlich kleiner als die Hälfte der Wendelhöhe oder als ein Drittel der Schneckenwendel im kernlosen Schneckenförderer sein. Die Stückgewichte müssen der Wendeldicke angepasst sein. Auch Verstopfungen zwischen Wendel und Hüllrohre müssen vermieden werden. Der Feuchtegrad hat wenig Einfluss.	Motor des Schneckenbaums	Relativ hoch, weil Beladehöhe durch Füllrohr beschränkt ist.
Pneumatische Förderung	Der Feuchtegrad und das Stückgewicht müssen beide sehr niedrig sein. Je nach Durchsatz sollte die Partikelgröße dem Transportrohr entsprechen.	Gebläse- & Zellenradschleusen-Motor	Sehr hoch, weil Druck-beaufschlagung von Luft energieintensiv ist.

Hydraulische Förderung	Wasser und geschreddertes bzw. gemahlenes Eingangsmaterial werden homogen gemischt und stellen eine Suspension dar. Die Einzelstücke müssen deutlich kleiner als der Pumpendurchgang sein. Die Stückgewichte dürfen durch Entmischung oder Liegenbleiben keine Verstopfungen in der Pumpe oder im Transportrohr erzeugen.	Pumpenmotor	Mittel, weil die Förderung des Trägermediums Wasser zusätzlicher Energiebedarf.

3.1.2 Förderband

Wirkprinzip
Förderbänder werden zwischen zwei Umlenkbänder geführt und tragen Materialien vom hinteren zum vorderen Ende.
Schmale und auch breite Förderbänder sind Stand der Technik. Alle Längen sind möglich. Der Antrieb erfolgt entweder am Materialabwurf an der vorderen Umlenkrolle oder im Aufgabebereich an der hinteren Umlenkrolle.
Die Bauvarianten von Bandförderern sind vielfältig und reichen vom Blechkörper, auf dem der Gurt rutscht, bis zu Rollen-Förderbändern, auf denen der Gurt getragen wird, oder Ketten-Förderer, die seitlich angebracht sind und das Band ziehen.
Um an angestellten Förderbändern den Fördereffekt zu verbessern, werden Stollen auf den Gurt aufvulkanisiert oder Winkel aufgeschraubt oder genietet.
Das Abführen von Feinteilen kann durch einen Abstreifer z. B. an der Umlenkrolle im Untertrumbereich vollzogen werden oder durch einen Auslass mit Rutschblech, das in einem offenen Container zum Auffangen der Feinstoffe endet.

Einsatzgebiete
Das Förderband eignet sich für nahezu alle Schüttgüter. Schräggestellt und mit Maschen ausgerüstet erlaubt es, nasse Fluss- und Meeresabfälle aus dem Wasser zu holen und noch beim Fördern teilweise zu entwässern. Siehe Abb. 112.
Neben Standardanwendungen für horizontales oder ansteigendes Fördern sind Sonderanwendungen zur Dichtetrennung oder auch zur Handsortierung (siehe Abb. 111) wichtig.

Abb. 111 Sortierer an Sortiertisch, hier: Papier-Handsortierung

Abb. 112 Perforiertes Förderband für Flussabfälle

Die folgende Tabelle fasst die wichtigsten Informationen zu diesem System und seiner Anwendung mit Fluss- und Meeresplastik zusammen:

Tabelle 31 Förderband

Förderband	
Effekt & Funktion	Transport von Materialien auf Gurt zwischen zwei Umlenkrollen.
Einsatz bekannt	Ja, auch im nassen und feuchten Zustand sind Förderbänder geeignet.
Durchsatz	Der Durchsatz hängt von Nutzbreite, Beladehöhe und Antriebsgeschwindigkeit der Umlenkrollen ab.
Leistungsbedarf	des Antriebsmotors des Gurts.
Platzbedarf	Das nötige Einbauvolumen für Förderbänder ist gering. Jedoch müssen die Stützen der Förderbänder nicht vergessen werden. Sie müssen bei der Anlagenauslegung und Aufstellung beachtet werden.
Schnittstellen, Betriebsfluide	Das Inputmaterial muss von hinten eingeführt werden. Das Outputmaterial verlässt an der vorderen Umlenkrolle das Förderband.
Sensoren & Aktoren	Ein Standard-Förderband kann ohne jegliche Sensorik gefahren werden, jedoch sind anwendungsspezifische Sensoren wie Füllstandsensor, Überstromschutz, Durchflussmesser, Wägezellen usw. hilfreich.
Vorteile	Lösung nach Stand der Technik.
Nachteile	Wenn das Inputmaterial viel Feinanteile besitzt, muss das Förderband eingehaust werden, um Staubentwicklung zu vermeiden. Feinanteile sollten systematisch am Untertrum abgeführt werden.

3.1.3 Förderschnecke

Der Schneckenförderer oder die Förderschnecke ist ein Zwangsförderer, der dem Betreiber bekanntes Inputmaterial fördert.
Dabei darf die Materialpartikelgröße nicht breiter sein als die Hälfte des Füllrohrdurchmessers.
Auch sollte dem Betreiber die Materialzusammensetzung bekannt sein, damit Verstopfungen vermieden werden. Plastikflaschen, die nicht zerkleinert wurden, neigen z. B. zu solchen Blockaden.
Schneckenförderer können auch als Entwässerungsschnecken benutzt werden, wenn sie schräg angestellt sind und ein Sieb erlaubt, das Wasser abfließen zu lassen.
Als Sonderform des Schneckenförderers können die Friktionswäscher genannt werden, weil der Schneckenbaum bzw. die Archimedes-Schnecke durch einen Paddelrotor ersetzt wird, der zwischen Paddelenden und Sieboberfläche eine gezielte Reibung bewirkt.

Die folgende Tabelle fasst die wichtigsten Informationen zu diesem System und seiner Anwendung mit Fluss- und Meeresplastik zusammen:

Tabelle 32 Förderschnecke

Förderschnecken	
Effekt & Funktion	Transport von Materialien durch Drehung der Archimedes-Schnecke.
Einsatz bekannt	Ja, auch im nassen und feuchten Zustand sind Förderschnecken geeignet.
Durchsatz	Der Durchsatz hängt von Nutzbreite, Beladehöhe und Antriebsgeschwindigkeit der Umlenkrollen ab.
Leistungsbedarf	der Schnecke.
Platzbedarf	Das nötige Einbauvolumen für Förderschnecken ist relativ gering.
Schnittstellen, Betriebsfluide	Das Inputmaterial muss von hinten oben eingeführt werden. Das Outputmaterial verlässt vorne unten die Förderschnecke.
Sensoren & Aktoren	Eine Standard-Förderung kann ohne jegliche Sensorik gefahren werden, jedoch sind anwendungsspezifische Sensoren wie Füllstandsensor, Durchflussmesser usw. hilfreich.
Vorteile	Lösung nach Stand der Technik.
Nachteile	Nur für bekannte Inputstoffe.

3.1.4   Pneumatische Förderung

Zum Transport in einem oder durch ein Gebläse muss die Restfeuchte des Inputmaterials gering sein, damit es sich nicht an den Rohrwänden ablagert.

Idealerweise wird ein pneumatischer Transport mit der Beendigung der Druckbeaufschlagung durch einen Zyklon oder durch eine Zellenradschleuse komplettiert. Für die Auswahl eines geeigneten Gebläses werden Luftdurchsatz und Überdruck für einen empfohlenen Rohrdurchmesser angegeben.

Die folgende Tabelle fasst die wichtigsten Informationen zu diesem System und seiner Anwendung mit Fluss- und Meeresplastik zusammen:

Tabelle 33 Pneumatischer Transport

Pneumatischer Transport	
Effekt & Funktion	Transport von Materialien durch Beaufschlagung der Trägerluft mit Druck und Durchsatz
Einsatz bekannt	Nur im getrockneten und vorgeschredderten Zustand ist es effizient, Fluss- und Meeresabfälle mit einem pneumatischen System zu fördern.
Durchsatz	Der Durchsatz hängt vom Rohr-Durchmesser, von der Geschwindigkeit und dem Druck ab.
Leistungs-bedarf	des Gebläses. Im Vergleich zum mechanischen und zum hydraulischen Transport ist der Energieverbrauch bei gleichem Inputmaterial-Durchsat hoch.
Platzbedarf	Das nötige Einbauvolumen für den pneumatischen Transport ist relativ gering.
Schnittstellen, Betriebsfluide	Das Inputmaterial muss von hinten eingeführt werden. Der Output verlässt vorne in der Zellenradschleuse den pneumatischen Transport bzw. im Zyklon.
Sensoren & Aktoren	Eine normale pneumatische Förderung kann ohne jegliche Sensorik gefahren werden, jedoch sind anwendungsspezifische Sensoren wie Füllstandsensor, Durchflussmesser usw. hilfreich.
Vorteile	Lösung nach Stand der Technik.
Nachteile	Energiekosten sind hoch.

3.1.5 Zellenradschleuse

Die Zellenradschleuse ist eine Maschine, die bei einem pneumatischen Transport gebraucht wird, um einen Luftstrom drucklos zu machen.
Dazu wird das Material mit dem Luftüberdruck vertikal von oben auf die Zellenradschleuse geführt.

Die Zellenradschleuse besitzt Kammern, die das Material und den jeweiligen Luftvolumenanteil durch die Luftdichteschleuse mitnehmen. Am unteren Auslass der Zellenradschleuse fällt das Luftvolumen sowie das in der jeweiligen Kammer angesammelte Material frei heraus. So ist der Bereich unterhalb der Zellenradschleuse drucklos.

Die folgende Tabelle fasst die wichtigsten Informationen zu diesem System und seiner Anwendung mit Fluss- und Meeresplastik zusammen:

Tabelle 34 Zellenradschleuse

Zellenradschleuse	
Effekt & Funktion	Drehradschleuse
Einsatz bekannt	Nur im getrockneten und vorgeschredderten Zustand ist es möglich, Fluss- und Meeresabfälle in einer Zellenradschleuse zu fördern.
Durchsatz	Der Durchsatz hängt vom Durchmesser, von der Drehgeschwindigkeit und dem Kammervolumen ab.
Leistung	des Motors.
Platzbedarf	Das nötige Einbauvolumen für die Zellenradschleuse ist relativ groß, weil das Volumen aller Kammern in vertikaler Richtung in die notwendige Aufstellhöhe eingeht.
Schnittstellen, Betriebsfluide	Das Inputmaterial muss von oben per Schwerkraft eingeführt werden. Das Outputmaterial verlässt unten per Schwerkraft die Zellenradschleuse.
Sensoren & Aktoren	Eine Zellenradschleuse sollte einen Drehwächter oder einen Überstromschutz haben.
Vorteile	Lösung nach Stand der Technik.
Nachteile	Jegliche Feuchte führt zu Verstopfen. Die Partikelgröße des Inputs muss bekannt sein.

3.1.6 Hydraulische Förderung (Materialpumpe)

Die sogenannte Materialpumpe ist eine Pumpe zum Fördern eines Gemischs aus Wasser und Inputmaterial.

Um ein Verstopfen der Pumpe zu vermeiden, ist eine Partikelgröße von kleiner 20 mm sinnvoll. Auch sollte das Gemisch vor dem Pumpen als eine homogene Suspension in einem Tank angerührt worden sein.

Es ist dann immer eine Materialpumpe zu verwenden, wenn ein Wascheffekt oder ein Trenneffekt durch die Wasserzugabe bewirkt werden soll.

Soll das Material nur im feuchten Zustand gefördert werden, wäre eine Förderschnecke ausreichend.

Die folgende Tabelle fasst die wichtigsten Informationen zu diesem System und seiner Anwendung mit Fluss- und Meeresplastik zusammen:

Tabelle 35 Materialpumpe

Materialpumpe	
Effekt & Funktion	Pumpeffekt
Einsatz bekannt	Nur besonders gefertigte Pumpen können Inputmaterial, das Spuren von Schlamm, Sand und Meeressalz besitzt, verarbeiten, ohne vorzeitig zu verschleißen.
Durchsatz	Der Durchsatz hängt von der Pumpenart, von der Drehgeschwindigkeit und dem Pumpvolumen ab.
Leistung	des Pumpenmotors.
Platzbedarf	Das nötige Einbauvolumen für die Pumpe ist relativ klein, weil das Material nach der Pumpe durch ein platzsparendes Rohr verschickt wird.
Schnittstellen	Das Inputmaterial muss homogen mit dem Wasser gemischt und dann kontinuierlich eingeführt werden. Das Outputmaterial verlässt druckbeaufschlagt die Pumpe.
Sensoren & Aktoren	Eine Pumpe sollte einen Druckschalter, einen Durchflussmesser oder einen Überstromschutz haben.
Vorteile	Lösung nach Stand der Technik.
Nachteile	Die Vorbereitung der Suspension muss genau und kontinuierlich erfolgen.

3.2 Öffnen, Vorzerkleinern, Dosieren, Vereinzeln

Zwischen Sammlung und klassischer Sortierung benötigen Fluss- und Meeresplastik eine Vorbearbeitung, um eine Sichtung, Siebung und Sortierung zu ermöglichen.

3.2.1 Messerschneidwerk

Abschneiden in schwer zugänglichen Bereichen
In der Flussbewirtschaftung haben sich Werkzeuge bewährt, die das Zuwachsen von Flussufern und -betten sowie anderer Wasserwege verhindern bzw. regulieren sollen. Deshalb seien hier die Doppelmesserwerke der Fa. Berky beispielhaft genannt, um diese Anwendungen zu illustrieren.

Abb. 113 Doppelmesserwerk auf Amphibienfahrzeug (179)

Abb. 114 Im Einsatz auf Seegrund (179)

Anwendungsvarianten und Auslegung
Sie können in Längsrichtung eines Boots oder auf einer Bootseite installiert werden. So können sie gezielt z. B. Schilf oder Uferböschungen oder das Bett eines Wasserwegs (siehe Abb. 113 und 114) bearbeiten. Sie haben eine Nutzbreite von 2550 mm und

eine Nutzhöhe von 1500 mm. Bei einem Eigengewicht von ca. 160 kg haben sie eine Vorschubgeschwindigkeit von bis zu 5 km/h. Der Antrieb des Schneidwerks erfolgt hydraulisch mit einem Aggregat, das eine Durchflussmenge von 25 l/min bei 150 bar benötigt.

Verwachsen mit Schilf und Algen
Das Verwachsen von Plastikflaschen und anderen -abfällen im Schilf oder mit Algen ist eine bekannte Situation, die beim Säubern z. B. von Flussufern zu beobachten ist. In diesem Zusammenhang kann ein angepasstes Messerschneidwerk sinnvoll eingesetzt werden.

Abb. 115 Verwachsene Plastikflaschen im Schilf in Kamerun

Fluss- und Meeresplastik Teil der Biosphäre
Eine Problematik, die auf den ersten Blick nicht einfach zu beantworten ist, ist das Entstehen neuer Biosphären, in denen das Fluss- und Meeresplastik strukturelle Anteile bilden. Ob dann

eingegriffen werden soll, muss der jeweilige Experte vor Ort entscheiden. Siehe Abb. 115.

Die folgende Tabelle fasst die wichtigsten Informationen zu diesem System und seiner Anwendung mit Fluss- und Meeresplastik zusammen:

Tabelle 36 Messerschneidwerk

Messerschneidwerk	
Effekt & Funktion	Vielmesser-Schneidwerk
Einsatz bekannt	Ja, für die Gewässerreinigung in natürlichen Gewässern und Kanälen eingesetzt.
Durchsatz	Der Durchsatz hängt vom Maschinenmodell ab.
Leistungsbedarf	Die kombinierte Maschine hat mehrere Verbraucher: • Messerschneidwerk • Boot-/Fahrzeug-Chassis
Platzbedarf	Je nach Aufstellung bzw. Integration auf dem gewählten Transportfahrzeug
Schnittstellen	Das Inputmaterial wird geschnitten. Das Outputmaterial kann nach Abschneiden aufgesammelt werden.
Sensoren & Aktoren	Grundsätzlich nicht nötig, weil die Führung des Messerschneidewerks händisch erfolgt.
Vorteile	Lösung nach Stand der Technik.
Nachteile	Das Inputmaterial muss nach dem Schneiden eingesammelt werden.

3.2.2 „Pierret"-Schneider (Vertikalschneider)

Der „Pierret"-Schneider ist die Erfindung eines belgischen Unternehmens und wurde durch verschiedene Anwendungen im Textil- und Kunststoff-Bereich bekannt.

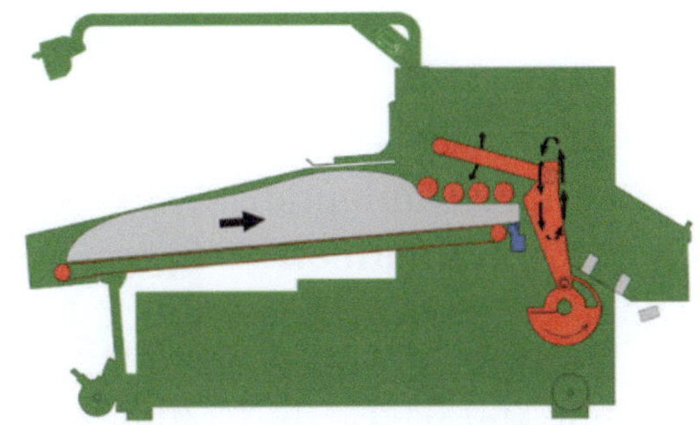

Abb. 116 Schema des Schneiders (117)

Zuführung
Das langfasrige oder Langgut-Material wird durch eine Beschickungseinrichtung dem Häcksler zugeführt.
Diese Beschickung (siehe Abb. 117-119) besteht aus vier Schubbohlen, die einen Hydraulikhub von 1250 mm haben. Die Zacken auf der Oberseite erlauben, dass das Material eingezogen wird.
Ein drehende Horizontalschneide vermeidet Verstopfungen.
Ein Zwischenförderband führt dann das

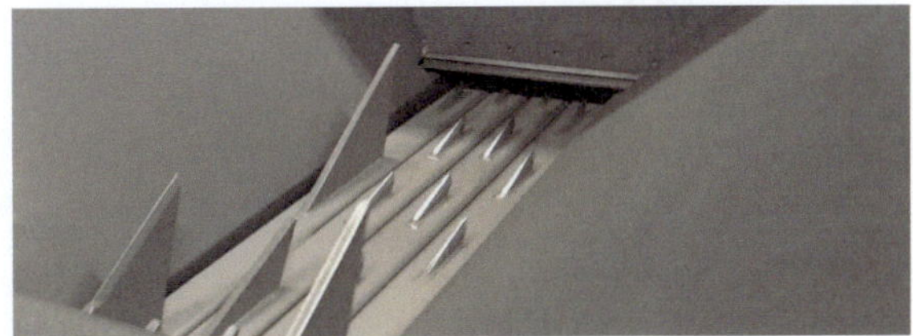

Abb. 117 Zuführung (117)

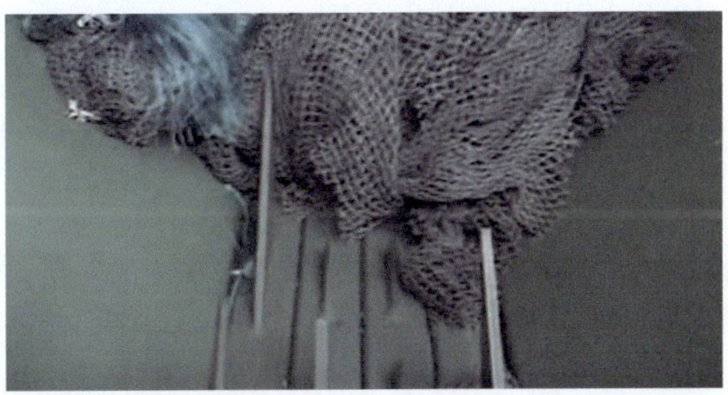

Abb. 118 Schneiden von Fischernetzen

Abb. 119 Schneiden von Agrarnetzen

vordosierte Material dem Vertikalschnei-der zu.

Häckseln
Der schnell laufende vertikale Guillotinen-schneider schneidet das lang-fasrige oder Langgut-Material in einer gewünschten Länge dosiert ab. Siehe Abb. 120 und 121.

Das können z. B. 100 oder 200 mm sein. Durch diese beson-dere Länge wird eine optische Sortierung nach dem Schneiden erleichtert.

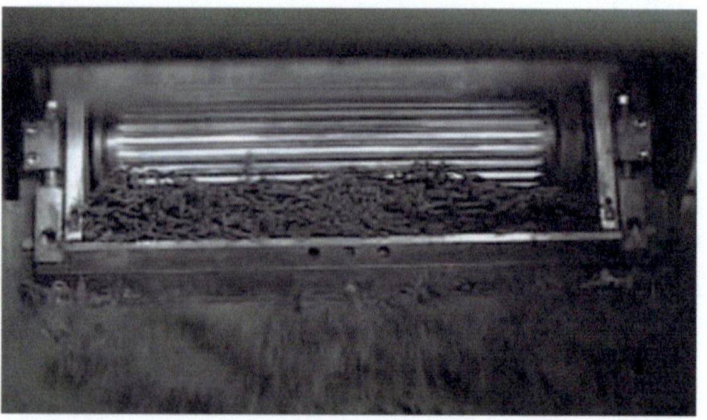

Abb. 120 Vertikalmesser und Zu-führrolle *(117)*

Abb. 121 Dosierter Auslass auf nachfol-gendem Gurtförderer *(117)*

Beherrschung des Schneidvorgangs
Durch das diskontinuierliche Schneiden werden weniger Feinan-teile als in einem kontinuierlichen Shredder-Prozess erzeugt. Durch eine gezielte, diskontinuierliche Schneidbewegung ist der Leistungsaufwand geringer als in einem kontinuierlich laufenden Prozess. Dadurch ebenfalls geringer als in einem kontinuierli-chen laufenden Zerkleinerer.

Anwendungen
Durch das diskontinuierliche Zerschneiden in der Vertikal-schneide stellt z. B. das Häckseln von Fischer- oder Agrarnetzen keinerlei Problem dar.

Die folgende Tabelle fasst die wichtigsten Informationen zu diesem System und seiner Anwendung mit Fluss- und Meeresplastik zusammen:

Tabelle 37 „Pierret"-Schneider

„Pierret"-Schneider	
Effekt & Funktion	Dosierte Zuführung durch Schubbohlen mit Zacken und Zuführrolle; Vertikaler Schnitt in schneller Abfolge.
Einsatz bekannt	Ja, für saubere Fischernetze geeignet.
Durchsatz	Der Durchsatz hängt von dem Maschinenmodell ab.
Leistungsbedarf	Die kombinierte Maschine hat mehrere Verbraucher: • Aufgabe durch Hubtisch: Hebemotor • Schubbohlen-Zuführung: Hydraulikaggregat • Horizontale Schneide: Drehmotor • Zwischenförderband: Motor des Gurtförderers • Metallbrücke: Strom für induktives Magnetfeld • Zuführrolle: Drehmotor • Vertikales Schneidgerät: Motorisierung der Längsbewegung • Abführband: Motor des Gurtförderers.
Platzbedarf	Die kombinierte Maschine braucht je nach Aufgabenstellung mehrere Längenmeter zur Aufstellung.
Schnittstellen	Das Inputmaterial muss sauber sein, damit der Vertikalschneider nicht beschädigt wird. Das Ausgangsmaterial ist so weit vorgeschnitten, dass es in einem herkömmlichen Prozess weiterverarbeitet werden kann.
Sensoren & Aktoren	Die kombinierte Maschine hat mehrere Sensoren: Sicherheitssensorik, Hydraulikaggregat-Überwachung, Überhitzungsschutz, Überlast-schutz, Leistungsbegrenzung, Motorschutz usw.
Vorteile	Lösung nach Stand der Technik.
Nachteile	Das Inputmaterial muss so weit von mineralischen Störstoffen befreit sein, dass der Vertikalschneider nicht beschädigt wird.

3.2.3 Guillotine

Wirkweise

Die Guillotine nach Stand der Technik stellt eine Maschine dar, die größere Haufen, Ansammlungen oder Ballen an Materialien in einem Schnitt über eine größere Höhe schneiden und teilen kann. Dafür besitzt die Guillotine ein Rahmengestell, in das das Inputmaterial eingeführt wird. Je nach gewünschter Schneidlänge wird der Haufen oder der Ballen vorgeschoben und durch die Schneide der Guillotine, die die ganze Nutzbreite ausmacht, abgeschnitten. Um einen Schnitt durchzuführen, muss die Guillotine den lichten Durchgang durchlaufen und vor einem weiteren Fördervorgang nach oben zurückgezogen werden.

Dadurch ist ein Schnitt durch die Guillotine ein relativ langsamer Vorgang und muss als diskontinuierlich bezeichnet werden.

Einsatz

Dieser diskontinuierliche Schneidprozess ist hilfreich bei Inputmaterialien, die sonst nicht in einem herkömmlichen Zerkleinerer verarbeitet werden können. Dazu zählen Fluss- und Meeresplastik aufgrund der Verhakungen mit Schilf, Algen usw.

Der Einsatz wäre optimal mit Sichtkontrolle, damit der Produkthaufen nicht auf einem Stein, einer Muschel oder Koralle abgeschnitten wird, was zu einer Beschädigung der Guillotinenklinge führen würde.

Die folgende Tabelle fasst die wichtigsten Informationen zu diesem System und seiner Anwendung mit Fluss- und Meeresplastik zusammen:

Tabelle 38 Guillotine

Guillotine	
Effekt & Funktion	Schnitt durch vertikale Schneide.
Einsatz bekannt	Nein.
Durchsatz	Je nach Haufenschicht/Produktdicke ergibt sich ein zu durchlaufender Schnittweg, der zeitkritisch ist.
Leistungsbedarf	Je nach gewähltem Modell.
Platzbedarf	Die Nutzbreite des Guillotinenmodells und seine Aufstellhöhe ergeben den Platzbedarf. Die Aufbaulänge ist meist sehr gering, das heißt kleiner einem Meter.
Schnittstellen	Einführungs- und Auslassrichtung der Guillotine sind horizontal.
Sensoren	Ohne.
Vorteile	Diskontinuierliches Schneiden zur Vereinzelung von Fluss- und Meeresplastik ist möglich und sinnvoll und kann z. B. bei Anlagerungen von Schilf und anderen Pflanzen eingesetzt werden.
Nachteile	Aufgrund des diskontinuierlichen Vorgangs relativ langsam.

3.2.4 Flaschenperforator /-brecher

Wirkweise
Der Flaschenseparator besitzt eine oder mehrere Walzen, auf denen Nägel oder Messer installiert sind.
Handelt es sich um nur eine Walze, gibt es meist eine Reihe von Statormessern. Die Flaschen werden von oben in den Bearbeitungsraum gegeben. Beim Durchlaufen der Walzen werden sie durch die Nägel perforiert bzw. durch die Walzenmesser an- oder zerbrochen.
So kann die Flüssigkeit, die sich in den Flaschen befindet, vollständig auslaufen.
Die aufgestochenen bzw. aufgebrochenen Flaschen verlassen den Bearbeitungsraum durch freien Fall.

Einsatzgebiete
In Sortieranlagen werden durch diese Wirkweise luftdichte, volle oder teilgefüllte Flaschen mithilfe dieser Maschine in Hinblick auf eine effektive, trockene Verpressung geleert (118).
Eine Anwendung für Fluss- und Meeresplastik ist deshalb interessant, weil mit relativ wenig Maschinenaufwand eine Entleerung von Plastikflaschen möglich wird. In diesem Sinne stellt ein Flaschenperforator einen Mittelweg dar.
Das händische Entleeren würde im Vergleich lange dauern; das Shreddern aller Abfälle wäre kostenträchtig.
Die Anzahl der Flaschen, die Flüssigkeiten bzw. Schlamm enthalten, kann je nach Fundstelle relativ hoch sein. Das systematische Entleeren zu einem frühen Prozesszeitpunkt kann sehr hilfreich sein für die Weiterverarbeitung.

Die folgende Tabelle fasst die wichtigsten Informationen zu diesem System und seiner Anwendung mit Fluss- und Meeresplastik zusammen:

Tabelle 39 Flaschenperforator

Flaschenperforator	
Effekt & Funktion	Nägel oder Messer löchern, schneiden oder brechen Plastikflaschen.
Einsatz bekannt	Nein, aber eine Anwendung neben den bekannten, aufwändigen Low-Tech- (händisches Entleeren) und High-Tech-Lösungen (Shreddern aller Plastikabfälle) erscheint verfahrenstechnisch und betriebswirtschaftlich interessant.
Durchsatz	Je nach Nutzbreite. Typische Nutzbreiten können z. B. sein: 600, 1200 oder 1400 mm (119).
Leistungsbedarf	Relativ hoch wegen des Aufstechens bzw. Aufbrechens der Flaschen. Typische Anschlussleistungen sind: 2, 4 oder 8 kW (119).
Platzbedarf	Der Flaschenseparator braucht wenig Platz in einer geeigneten Schütte, in die die Plastikflaschen geschüttet werden. Diese Schütte kann oberhalb einer Presse oder unter einer Sortierstation eingebaut werden.
Schnittstellen	Der Einlass geschieht von oben. Der Auslass erfolgt unterhalb der Walzen durch Schwerkraft.
Sensoren & Aktoren	Kontrolle der Drehbewegung wegen möglichen Verstopfungen durch große oder dickwandige Flaschen.
Vorteile	Weniger Leistungsbedarf als ein Shredder. Schnellere Methode als das händische Entleeren der Flaschen.
Nachteile	Die Maschine darf nicht überfüllt sein. Die Flaschen müssen vereinzelt eingeführt werden, um Verstopfungen zu verhindern. Idealerweise sollten nur volle bzw. teilgefüllte Flaschen eingeführt werden.

3.2.5 Wasserstrahlschneider

Industrielles Wasserstrahlschneiden
Der Wasserstrahlschneider ist bekannt aus der industriellen Metallbearbeitung. Dort erzielt das Wasserstrahlschneiden sehr genaue Ergebnisse.
Es muss jedoch ein Betriebsdruck von bis zu 6000 bar angewendet werden, um Metall zu schneiden.

Hochdruckreinigung
Eine Anwendung mit niedrigerem Druck, das heißt kleiner 100 bar, wäre die Hochdruckreinigung von Flächen, die in Wirklichkeit eine Niederdruckanwendung ist.

Einsatzgebiet
Zwischen den Hochdruckreinigern und dem industriellen Wasserstrahlschneiden gibt es also einen Bereich, der zwischen 100 und 1000 bar liegt, der bisher wenig benutzt wird.
Es liegt die Vermutung nahe, dass sich dünnwandiges Plastik relativ gut durch einen Wasserstrahlschneider schneiden lässt, ebenso wie es der Fall wäre für Algen, dünnwandiges Holz oder Verpackungsmaterialien im Allgemeinen.
Deshalb ist die Arbeitshypothese zulässig, den Wasserstrahlschneider zum Entwirren, zum Vereinzeln und zum Schneiden zu benutzen.
Diese Anwendung würde für Fluss- und Meeresplastik durchaus eine Rolle spielen.

Jedoch gibt es im Moment keinerlei konkrete Anwendungen, geschweige denn eine Prototypentwicklung bei einem Hersteller.

Die folgende Tabelle fasst die wichtigsten Informationen zu diesem System und seiner Anwendung mit Fluss- und Meeresplastik zusammen:

Tabelle 40 Wasserstrahlschneider

Wasserstrahlschneider	
Effekt & Funktion	Druckbeaufschlagter Wasserstrahl zum Durchschneiden dünnwandiger Materialien.
Einsatz bekannt	Nein.
Durchsatz	Unbekannt.
Leistungsbedarf	Unbekannt.
Platzbedarf	Unbekannt.
Schnittstellen, Betriebsfluide	Unbekannt.
Sensoren & Aktoren	Unbekannt.
Vorteile	Entwirren, Vereinzeln, Trennen ohne Abnutzung von Messern oder mechanischen Schneiden durch mineralische oder metallische Stoffe.
Nachteile	Kein Einsatz bekannt.

3.2.6 Vorzerkleinerer

Am Beispiel der Produkte der Fa. M&J Recycling (120) sollen die Eigenschaften von Vorzerkleinerern illustriert werden:

Wirkweise
Der Einwellen- oder Doppelwellen-Vorzerkleinerer ist robust ausgeführt und besitzt im Gegensatz zum Shredder (siehe Kapitel 5.1. „Shredder") kein Sieb, um eine spezifische Partikelgröße zu erreichen.

In der hier dargestellten Produktpalette der Fa. M&J Recycling ist der PreShred 2000 der einzige Einwellen-Shredder, die anderen sind Doppelwellen-Shredder.

Einsatzgebiet
Für Fluss- und Meeresplastik erscheint der Einsatz eines Vorzerkleinerers möglich, auch wenn diese Materialien nicht ausdrücklich genannt werden.

Die folgende Tabelle fasst die wichtigsten Informationen zu diesem System und seiner Anwendung mit Fluss- und Meeresplastik zusammen:

Tabelle 41 Vorzerkleinerer

Vorzerkleinerer					
Effekt & Funktion	Zerkleinerung, wobei die Inputmaterialien sehr unterschiedlich groß sein können. Deshalb wird dieser Prozessschritt Vorzerkleinerung genannt, wie am Beispiel des Modells „Ceron" der Fa. Allreco beschrieben werden kann (121).				
Einsatz bekannt	Nein, nicht offiziell bekannt gemacht, aber M&J Recycling gibt Referenzen in allen Bereichen der Abfallbehandlung an (121).				
Leistungsbedarf und Durchsatz nach Herstellerangaben (122)		K 160	K 210	PreShred 2000	4000	6000
	Mögliche angeschl. Leistung [kW]	2 x 55, 2 x 75, 2 x 110	2 x 75, 2 x 110, 2 x 132	110, 132, 200	2 x 132, 2 x 160, 2 x 200	2 x 200, 2 x 250
	Max. Durchsatz [t/h]	35	45	70	100	200
	Output-Partikelgröße [mm]	125-400	125-400	200-400	125-450	125-450
Platzbedarf	Je nach Modell.				
Schnittstellen	Beladung von oben; Auslass unten.				
Sensoren	Je nach Modell.				
Vorteile	Sehr robuste Vereinzelung und Partikelhomogenisierung.				
Nachteile	Sehr hoher Energieverbrauch; durch Mineralien und Metalle bedingter schneller Verschleiß der Messer.				

3.2.7 Ballenöffner

Wirkweise
Der Ballenöffner ist eine Maschine, die die verdichtete Struktur von Materialballen auflöst.
Diese Struktur wird durch eine Ballenpresse mit einem Verdichtungsstempel erzeugt, der horizontal oder vertikal verfahren wird. Der Ballenöffner muss also die in sich verdichteten Materialien des Ballens auseinanderreißen und idealerweise vereinzeln. Je nach Materialart und Verdichtungsgrad ist diese Aufgabe leicht oder schwer. Für leicht verdichtete Plastikflaschen z. B. reicht eine einfache, horizontal angebrachte Auflösewalze mit stumpfen Rotormessern aus (siehe Abb. 122 und 123), um nicht nur die Ballenstruktur aufzulösen, sondern um auch die einzelnen Flaschen voneinander zu lösen.
Für stark verdichtete Teppichfasern wird z. B. eine Auflösewalze nicht ausreichen. Sie kann je nach Anordnung mitunter stecken bleiben. Das „Abfräsen" eines solch hoch verdichteten Ballens mithilfe von geeigneten, besonders scharfen Schneidmessern und eventuell ausgerüstet mit Gegenmessern erscheint hier sinnvoll. Aus diesem Grund bieten viele Maschinenhersteller Gegenmesser bzw. Niederhalter an, mit denen ein stark verdichteter Ballen einfacher aufgelöst werden kann.
Die Gegenmesser bzw. der Niederhalter sollte idealerweise verstellbare Positionen haben, um sich auf verschiedene Ballenformate und Verdichtungssituationen einzustellen.

Entdrahter
Ein Ballenauflöser sollte nicht mit einen Ballenentdrahter verwechselt werden, der zum Ziel hat, Drähte und Bänder zu zerschneiden und diese idealerweise aus dem Hauptstrom des Produkts herauszuholen.

Verbleiben Drähte und Bänder im Hauptstrom, führen sie häufig zu Verstopfungen und zum vorzeitigen Verschleiß an den Messern und den Fördereinrichtungen.

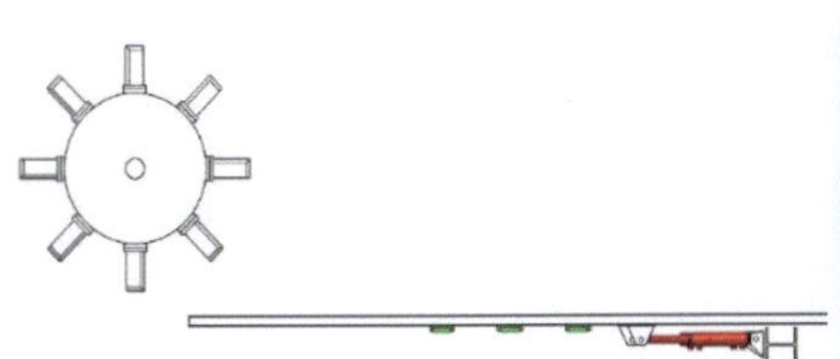

Abb. 122 Zeichnungsseitenansicht Auflösewalze und Schubboden

Abb. 123 Seitenansicht eines Ballenauflösers und Aufgabebunker

Kombination mit Aufgabebunker
Damit ein Ballenauflöser kontinuierlich und effizient funktioniert, muss ein Aufgabebunker mit einer geeigneten Fördereinheit (Bandförderer, Kettengurtförderer, Schubboden o. Ä.) vorgeschaltet werden.
Die Ballen werden meist mit einem Radlader oder einem Gabelstapler in diesen Aufgabebunker gesetzt. Durch die Warteposition mehrerer Ballen im Aufgabebunker kann eine kontinuierliche Beschickung der Auflösewalze bewerkstelligt werden.

Die folgende Tabelle fasst die wichtigsten Informationen zu diesem System und seiner Anwendung mit Fluss- und Meeresplastik zusammen:

Tabelle 42 Ballenauflöser

Ballenauflöser	
Effekt & Funktion	Verschiedene, in sich verdichtete Materialien werden voneinander durch Auseinanderreißen getrennt. Dazu wird eine Auflösewalze mit optionalen Gegenmessern oder Niederhaltern eingesetzt. Der Aufgabebunker ist meist die logistisch notwendige Zusatzmaschine.
Einsatz bekannt	Nein, aber diese Technik stellt in den meisten Bereichen der Kunststoffverarbeitung, des Kunststoffrecyclings, der Agrarwirtschaft und der Sekundärmaterial-Logistik sowie der Holzfaser-, Papierfaser- und Altpapier-Industrie den Stand der Technik dar.
Durchsatz	Zwischen 1 und 50 Ballen / h je nach Ballengröße, Art des verdichteten Materials und Verdichtungsgrad der Ballen.
Leistungsbedarf	5-50 kW je nach Ballengröße, Art des verdichteten Materials und Verdichtungsgrad der Ballen.
Platzbedarf	Der Platzbedarf eines Ballenauflösers ist ähnlich wie der eines Zerkleinerers, wenn man den Aufgabebunker nicht einbezieht. Wenn der Aufgabebunker installiert werden soll, hängt sein Platzbedarf von der Anzahl der Ballen ab, die verarbeitet werden sollen. Die notwendige Nutzlänge ergibt sich also aus der Aneinanderreihung der Ballen, die in Warteposition im Aufgabebunker stehen sollen.
Schnittstellen, Betriebsfluide	Die Eingangsmaterial-Schnittstelle ist die Übergabe des Ballens durch den Radlader oder den Gabelstapler in den Aufgabebunker. Die Output-Schnittstelle ist der Raum hinter der Auflösewalze, von dem das Material in die nächste Fördereinrichtung fällt. Außer einer Stromversorgung 400 V braucht diese Maschine keine Betriebsfluide.

Sensoren & Aktoren	Typische Sensoren in einer solchen Maschine sind die Füllstandsensoren des Aufgabebunkers, die Stromstärke-überwachung des Antriebsmotors der Auflösewalze, der Sicherheitsschalter der Wartungszugangsklappe und die Näherungsschalter am Schubboden bzw. die Stromstärke-überwachung des Antriebsmotors des Band- oder Kettenförderers. Die Aktoren sind die Motoren für die Auflösewalze und die Fördereinrichtung des Aufgabebunkers sowie der Motor der Verstellmöglichkeit der Gegenmesser oder des Niederhalters.
Vorteile	Ein Ballenauflöser sorgt für einen gleichmäßigen Durchsatz im nachfolgenden Prozess, z. B. für einen Schredder, der das Eingangsmaterial zerkleinern muss. Wird die Funktion des Ballenauflösers durch einen Schredder mitübernommen, verliert dieser durch diese zusätzliche Arbeit Bearbeitungszeit und kann nicht mit seinem maximalen Durchsatz betrieben werden.
Nachteile	Ein Ballenauflöser kann dann weggelassen werden, wenn nachfolgende Maschinen die Maschinenfunktion für die bekannte Ballenart mitübernehmen können.

3.2.8 Entdrahter / Entzerrer

Wirkweise

Ein Entdrahter erkennt, schneidet, ergreift und entfernt die Drähte oder Bänder, die sich um einen Ballen befinden. Maschinenvarianten werden durch verschiedene Hersteller angeboten: Das Erkennender Drähte und Bänder wird durch induktive Magnetfelder, durch eine NIR-Erkennung oder durch Kameras bewerkstelligt, die das sichtbare Licht benutzen. Das Schneiden kann durch Kreissägen (123), Vertikalmesser (124) oder Drehmesser (125) realisiert werden. Das Herausziehen kann durch eine Hakenleiste (126) oder einen Roboterarm erzeugt werden. Diese Drähte oder Bänder wurden durch eine Vertikal- oder Horizontalballenpresse um den Ballen gezogen, um ein für Transport- und Lagerzwecke formstabiles Gebinde zu erzeugen.

Einsatzgebiete

Entdrahter werden in der Papier-, Pappen- und Recyclingindustrie nötig (127) (128) (123). Auch in landwirtschaftlichen Anwendungen werden solche Maschinen eingesetzt. Für Fluss- und Meeresplastik werden keine Entdrahter benötigt.
Jedoch kann das Erkennen, Schneiden, Ergreifen und Entfernen von Bändern, langen Algen, Fischerseilen, Fischernetze, großen Folien usw. sehr hilfreich sein, um das Sortieren und Bearbeiten der Materialien zu ermöglichen, die in diesen langen Materialien verhakt und verwickelt sind. Deshalb soll hier von Entzerrern gesprochen werden, die also ineinander verhakte oder verflochtene Materialien trennen. Entdrahter besitzen schon heute Erkennungs-, Schneide- und Entfernungstechniken, die eventuell auch von zukünftigen Entzerrern benutzt werden können.
Diese technischen Funktionen der groben Trennung sehr unterschiedlicher Produkte sind ebenfalls z. B. bei Hebewerkzeugen in der Gewerbemüll- und Bauschuttverwertung bekannt und

werden durch Zangen, Greifer und Schaufeln bewerkstelligt. Die folgende Tabelle fasst die wichtigsten Informationen zusammen:

Tabelle 43 Entdrahter / Entzerrer

Entdrahter / Entzerrer	
Effekt & Funktion	Erkennen, Schneiden, Ergreifen und Entfernen von langen Materialien, die einen Ballen bzw. einen Materialhaufen zusammenhalten.
Einsatz bekannt	Nein, aber diese Technik könnte zum Entzerren eingesetzt werden.
Durchsatz	Je nach Nutzbreite, z. B.: 1500 mm (128). Diese bezieht sich auf die Ballen- bzw. Haufenabmessungen. Typische Ballenabmessungen (B x H x L) sind z. B.: 1200 mm x 1200 mm x 2500 mm (129).
Leistungsbedarf	Das gezielte Erkennen, Schneiden, Ergreifen und Entfernen von langen Materialien erfordern relativ wenig Leistung, z. B.: 31 kW (128).
Platzbedarf	Der Ballen bzw. Haufen muss so positioniert werden, dass die verschiedenen Maschinenfunktionen anwendbar sind. Deshalb ist für den jeweils größten Ballen bzw. Haufen ein solcher Maschinenraum zu schaffen. Die Fa. BRT Hartner gibt z. B. folgende Gesamt-Maschinen-abmessungen (B x H x L) an: 4600 mm x 3250 mm x 6500 mm (128).
Schnittstellen, Betriebsfluide	Der Einlass geschieht von einer Seite. Der Auslass erfolgt per Fördereinheit auf der entgegengesetzten Seite.
Sensoren & Aktoren	Kontrolle des Erkennens, Schneidens, Ergreifens und Entfernens erfordert eine Vielzahl an Sensoren.
Vorteile	Sehr gezielte Maschinenfunktion.
Nachteile	Sehr komplexe Maschinenfunktionen.

3.2.9 Etikettenentferner (Engl. Label Remover)

Wirkweise durch verschiedene Maschinentypen
Etiketten, die auf Flaschen und Nahrungsbehälter aufgeklebt werden, können durch verschiedene Maschinentypen von dem Trägerprodukt abgelöst bzw. abgetrennt werden.
Dazu zählen der Windsichter für bereits gelöste Etiketten oder ein Waschprozess, der die Etiketten mit dem (wasserlöslichen) Leim ablösen soll.

Eine weitere trockene Wirkweise zum Abtrennen soll anhand der Maschine der Fa. Stadler Anlagenbau GmbH dargestellt werden:

Ein vertikaler Rotor ist mit Messern an seinen Rotorarmen bestückt. Beim Drehen des Rotors entsteht eine Reibungszone mit dem zylindrischen Maschinengehäuse, das mit Gegenmessern ausgerüstet ist.
Der Rotor erzeugt eine Produktbewegung durch die Zentrifugalkraft.
Dabei kämmt er Etiketten der Flaschen ab, indem sie im funktionalen Spalt mit den Gegenmessern ständig abgeschabt und abgerieben werden.

Die folgende Tabelle fasst die wichtigsten Informationen zu diesem System und seiner Anwendung mit Fluss- und Meeresplastik zusammen:

Tabelle 44 Label Remover

Label Remover		
Effekt & Funktion	Zentrifugalkraft. Reiben zwischen Rotorarmen und Gehäuse. Abschaben durch Messerklinge	
Einsatz bekannt	Nein, aber der Maschinentyp ist dafür geeignet.	
Durchsatz	Nach Fa. Stadler Anlagenbau GmbH (130) (131):	
		Label Remover 1600	Label Remover 2000
	Durchsatz [t/h]	Bis zu 6	Bis zu 9
Angeschl. Leistung	Nach Fa. Stadler Anlagenbau GmbH (130) (131):	
		Label Remover 1600	Label Remover 2000
	Angeschl. Leistung [kW]	37	55
Platzbedarf	Nach Fa. Stadler Anlagenbau GmbH (130) (131):	
		Label Remover 1600	Label Remover 2000
	Länge x Breite x Höhe [mm x mm x mm]	2522 x 1870 x 2450	3350 x 2220 x 2450
Schnitt-stellen	Einfüllung der Flaschen: von oben Auslass: unten; Labels: seitliche Herausnahme	
Sensoren & Aktoren	Drehmotor zur Erzeugung der Rotordrehbewegung. Überlastschutz.	
Vorteile	Platzeffiziente Lösung mit hohem Durchsatz.	
Nachteile	Inputmaterial muss ausschließlich aus Plastikflaschen bestehen.	

3.2.10 Dosierwalze, -schnecken und Schichtbegrenzer

Vom Haufen zum Prozessdurchsatz
Das Herausholen von Abfällen aus dem Meer, vom Strand oder
aus einem See, oder auch einfach aus einem Lager oder Haufen
findet selten kontinuierlich statt. Oft hängen Materialien zusammen, kleben wegen der Feuchte oder sind ineinander verhakt.
Die Dosierwalze oder Dosiereinrichtung überführt eine solche
losbezogene, zeitweise, stoßartige oder unregelmäßige Einbringung in eine gleichmäßige und regelbare Beschickung des nachfolgenden Prozesses.

Dosiervarianten
Die einfachste Form der horizontalen Dosierung besteht in einem
Schichtbegrenzer [2], der die Höhe des Durchsatzes begrenzt.
Siehe Abb. 125.
Eine oder mehrere Förderschnecken können zu Dosieraufgaben
im senkrechten Winkel zur Förderrichtung aufgestellt werden.
Eine ähnliche Funktion besitzt die Dosierwalze [1], die ebenfalls
senkrecht zur Förderrichtung steht. Siehe Abb. 124.

Einsatzgebiete
Ungeshreddertes Fluss- oder Meeresplastik besitzt einen unbe-
kannten Feuchtegehalt und beinhaltet eventuell schwere oder abrasive Störstoffe (Steine, Metalle, Holzkonstruktionen usw.).
Eine Dosierung ohne vorhergehende Sichtung erscheint schwierig: Schweres Material kann lichte Durchgänge verstopfen; wi-
ckelfähiges Material (lange Algen, Folien, Netze usw.) kann Dreh-
organe (Wellen, Achsen, Dosierwalzen, Schnecken usw.) festsetzen.

Dosierfähigkeit

Die Dosierung von Fluss- und Meeresabfällen macht nur dann Sinn, wenn das Inputmaterial (vor-)geschreddert worden ist. Dabei kann das geschredderte Outputmaterial durchaus z. B. die Größe von Plastikflaschen haben, aber das wickelfähige Material (lange Algen, Folien, Netze usw.) muss unterbrochen bzw. geschnitten werden.

Es gilt die Regel bei heterogen großen Abfallstoffen: Je stärker die Zerkleinerung gemacht wird, desto einfacher ist die nachfolgende Dosierung.

Am einfachsten ist die Dosierung von nachgeschnittenem oder gemahlenem Material, das durch die kleine Partikelgröße einen gezielten Dosiereffekt möglich macht.

[1] Dosierwalze   [2] Schichtbegrenzer

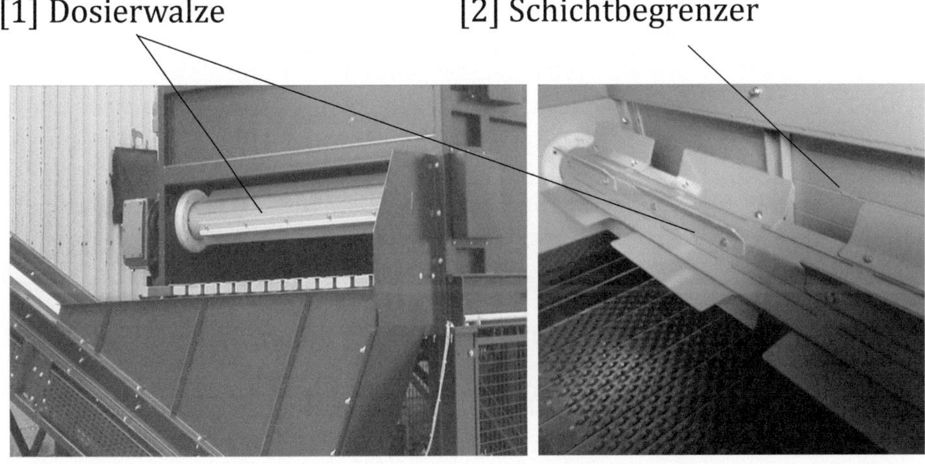

Abb. 124 Dosierwalze am Auslass eines Schubbodens

Abb. 125 Schichtbegrenzer hinter Dosierwalze

Die folgende Tabelle fasst die wichtigsten Informationen zu diesem System und seiner Anwendung mit Fluss- und Meeresplastik zusammen:

Tabelle 45 Dosiereinrichtung

Dosierwalze, -schnecke oder Schichtbegrenzer	
Effekt & Funktion	Verzögern und Beschleunigen von Materialeinheiten, um eine gleichmäßige und regelbare Förderung zu erreichen.
Einsatz bekannt	Ja, in verschiedenen Bereichen der Fluss- und Meeresabfall-Aufbereitung gibt es Dosiereinrichtungen. Um Flussabfälle dosiert an Bord eines Sammelschiffs zu bekommen, wird eine Dosiereinrichtung oberhalb des Förderbands installiert. (91)
Durchsatz	Der Durchsatz hängt vom lichten Durchgang unter der Dosiereinrichtung ab. In manchen Anlagen ist dieser lichte Durchgang nur 100 mm hoch. Im Fall eines hohen Durchsatzes, der nur begrenzt werden soll, kann der lichte Durchgang bis zu 500 mm betragen.
Leistungs-bedarf	Die Antriebsleistung einer Dosiereinrichtung ist meist gering. Für eine Dosierwalze mit 1 m Durchmesser über 2 m Breite sind Antriebs-leistungen von 2-7,5 kW üblich.
Platzbedarf	Der Platzbedarf hängt vor allem vom Durchmesser der Dosierschnecke oder -walze ab.
Schnittstellen	Die Position der Dosiereinrichtung über/im Materialfluss kann unterschiedlich definiert werden.
Sensoren & Aktoren	Rotor: Drehzahlwächter Füllstand vor der Dosiereinrichtung: Füllsonde Stromstärke: Abschaltung bei Maximallast
Vorteile	Die Dosiereinrichtung ermöglicht einen geregelten, kontinuierlichen Betrieb eines Prozesses.
Nachteile	Die Dosiereinrichtung ist anfällig für langstreifiges Material, das sich um den Schnecken- oder Walzenkörper wickeln kann. Auch können große Störstoffe die Dosiereinrichtung blockieren.

3.2.11 Vibrierrinne

Wirkweise

Das Dosieren für eine kontinuierliche Beschickung kann auch durch eine Vibrierrinne vonstattengehen. Eine Vibrations- oder Förderrinne besteht aus einem Antrieb, der eine Vibration erzeugt. Das können Exzentermotoren oder Elektromagnete, die eine geregelte Vibrationen auslösen. Diese Vibrierbewegung wird auf einen Tisch oder eine an eine Rinne übertragen. Die Vibration überträgt sich auf die Produkte. Durch eine Neigung kann die Förderbewegung begünstigt werden. Dadurch verteilen sich die Produkte gleichmäßig über die Breite und die Länge des Tisches, weil die Vibrationen zu einer natürlichen Verteilung der Partikel führen. Am Beispiel der Produkte der Fa. Aviteq (132) sollen die verschiedenen Auslegungsparameter dargestellt werden.

Anwendungen

Diese vibrationsinduzierte Verteilung von Partikeln funktioniert umso besser, je kleiner die Partikel sind. Je größer und je leichter die Partikel sind, desto schwieriger ist es, diesen Dosierprozess in Gang zu setzen, weil durch Haftungskräfte die großen und leichten Stoffe eher auf einem Haufen zusammen liegen bleiben. Nicht haftende Stoffe, die eher klein und schwer sind, entmischen sich in vielen Anwendungsfällen leichter. Für grobe Materialien wie Fluss- und Meeressplastik kann diese vibrationsinduzierte Dosierung also funktionieren. Jedoch sind keine Fallbeispiele bekannt. Ähnliche Anwendung sind z. B. das Dosieren von feuchten Holzschnitzeln, das Dosieren von organischen Hausabfällen etc. nach Stand der Technik.

Die folgende Tabelle fasst die wichtigsten Informationen zu diesem System und seiner Anwendung mit Fluss- und Meeresplastik zusammen:

Tabelle 46 Vibrierrinne

Vibrierrinne	
Effekt & Funktion	Durch Exzentermotor oder durch elektromagnetische Wellen erzeugte Vibrationen.
Einsatz bekannt	Nicht bekannt.
Durchsatz	Der Durchsatz hängt von der Nutzbreite ab.
Leistungsbedarf	1-90 kW je nach Baugröße
Platzbedarf	Die Fa. Aviteq (132) gibt an, dass für Vibriertische Länge bis zu 4 m und Nutzbreiten bis zu 2 m erzielt werden können.
Schnittstellen, Betriebsfluide	Eingang: Beschickung durch Schwerkraft. Ausgang: Verlassen durch vibrierende Vorwärtsbewegung. Betriebsfluide: Keine.
Sensoren & Aktoren	Neben den Exzentermotoren bzw. magnetischen Vibratoren werden elektronische Kontrolleinheiten benötigt, die ebenfalls vom Hersteller angeboten werden (132).
Vorteile	Einfachheit der Funktion, gute Einstellbarkeit.
Nachteile	Die Effektivität der Wirkweise ist stark vom zu verteilenden Material abhängig, das manchmal nicht durch die Vibrierbewegung effizient entzerrt werden kann.

3.2.12 Tellerdosierer

Wirkweise

Der Tellerdosierer ist eine Erfindung der Fa. Westeria (133) und wird in verschiedenen Bereichen der Recycling- und Sekundärmaterialwirtschaft eingesetzt.

Sein Funktionsprinzip ergibt sich aus der Anordnung eines oder mehrerer Drehteller und eines darunter liegenden Förderbands, dessen Nutzbreite dem Drehtellerdurchmesser entspricht. Die Fa. Westeria besitzt eine spezifische, patentierte Anordnung mit einem doppelten Tellerdosierer, dessen Markenname „DiscSpreader®" ist. Anhand dieses Maschinenbeispiels soll der Nutzen dieser Technik erläutert werden.

Die Materialien werden in der Mitte der Dosierteller aufgegeben und dann durch die Drehbewegung des Tellerdosierers mithilfe der Zentrifugalkraft an den Rand des Tellerdosierers verschoben. Dort fallen sie auf das darunter liegende Förderband, wobei eine Dosierung über die Nutzbreite mit einer großen zeitlichen Konstanz erreicht werden kann.

Anwendung

Der Tellerdosierer wird vorzugsweise beim Dosieren auf ein sehr breites Förderband mit hoher Dosiergenauigkeit für ein Eingangsprodukt mit bekannter und homogener Partikelgröße eingesetzt. Dies ist z. B. der Fall bei Beschleunigungsbändern vor optischen Sortiergeräten.

Die folgende Tabelle fasst die wichtigsten Informationen zu diesem System und seiner Anwendung mit Fluss- und Meeresplastik zusammen:

Tabelle 47 Tellerdosierer

Tellerdosierer	
Effekt & Funktion	Schwerkraft und Zentrifugalkraft am Teller.
Einsatz bekannt	Nicht bekannt.
Durchsatz	Der Durchsatz hängt von der Beschleunigung durch die Zentrifugalkraft ab.
Leistungsbedarf	Abhängig vom Tellerdurchmesser. Die Fa. Westeria gibt folgende Baureihen an: 1500 mm, 2000 mm, 2500 mm, 3000 mm, 3500 mm. (133)
Platzbedarf	Geringe Einbauhöhe, die von der gewählten Baureihe abhängt.
Schnittstellen, Betriebsfluide	Eingang: Beschickung durch Schwerkraft. Ausgang: Verlassen durch Zentrifugalkraft. Betriebsfluide: Keine.
Sensoren & Aktoren	Außer dem Drehmotor, dessen Geschwindigkeit einstellbar sein sollte, werden keine anderen Sensoren oder Aktoren benötigt.
Vorteile	Einfachheit der Funktion, gute Einstellbarkeit, geringe Bauhöhe.
Nachteile	Der Tellerdosierer sollte für trockene und vollkommen vereinzelte Materialien eingesetzt werden. Durch eine Restfeuchte würden sich Ablagerungen auf der Tellerfläche bilden. Durch nicht voneinander getrennte Partikel könnte der Abgang des Outputs in Haufen und nicht vereinzelt passieren.

3.3 Trocknen vor Mahlung

3.3.1 Solartrocknung

Solartrockner sind dadurch charakterisiert, dass sie durch Sonnenlicht und Luft, deren Feuchtesättigung noch nicht erreicht ist, feuchte Feststoffe trocknen.

Natürliche Trocknung (Abb. 126)
Natürliche Sonnentrockner besitzen keine örtliche Begrenzung, in der sich die Luft gezielt erwärmen könnte. Das zu trocknende Material wird aufgehangen, aufgestapelt, ausgebreitet oder gefördert. Dies ist die meistverbreitete Form der Trocknung von Fluss- und Meeresplastik im informellen Sektor.

Direkte Solartrockner (Abb. 127)
Direkte Solartrockner sind gekennzeichnet durch die Tatsache, dass der zu trocknende Feststoff in einer aufgeheizten Atmosphäre einer Einhausung im Sonnenlicht direkt bestrahlt, auf diese Weise erwärmt und getrocknet wird. Im direkten Trockner können ein Warmluftgebläse und eine Fördereinrichtung hilfreich sein. Diese Varianten der natürlichen und direkten Solartrockner sind in den folgenden Abbildungen dargestellt:

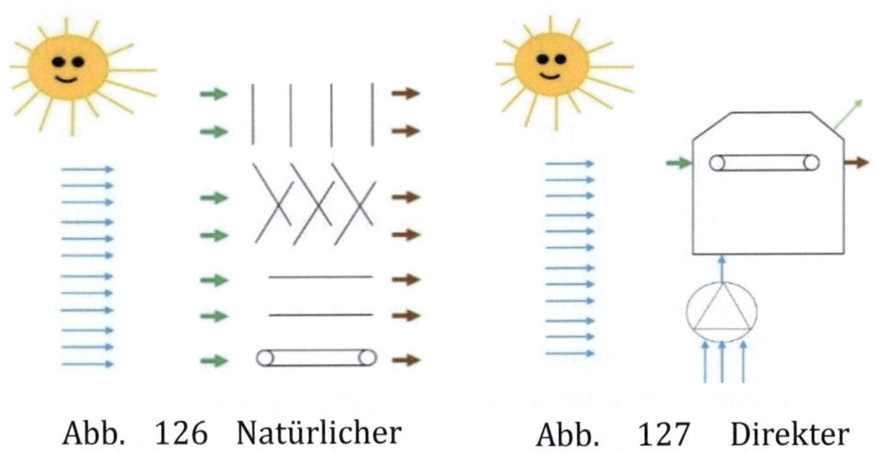

Abb. 126 Natürlicher Trockner

Abb. 127 Direkter Trockner

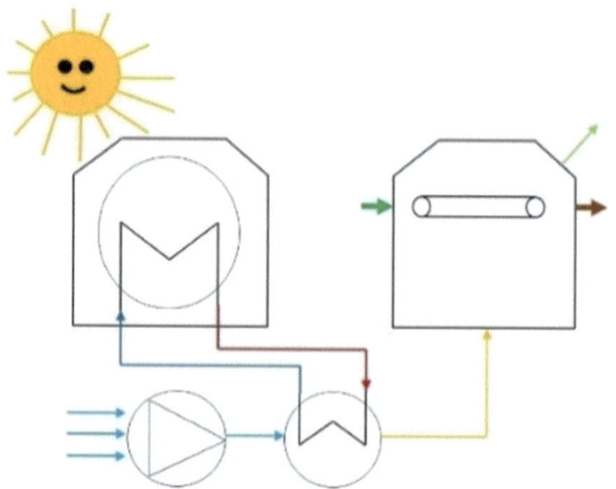

Abb. 128 Indirekter Trockner

Indirekte Solartrockner (Abb. 128)
Indirekte Solartrockner unterscheiden sich von direkten dadurch, dass Solarenergie als erwärmte Luft, erwärmtes Wasser oder auch Solarstrom zum Trocknen benutzt wird. Die Varianten der Solarenergienutzung sind in der obigen Abbildung darge-stellt. Der indirekte Solartrockner hat verschiedenste Varianten:

- Ein abgetrennter Raum, in der Sonnenlicht in Wärme gewandelt wird,
- Luft-Solarkollektoren für indirekte Sonnenlicht-Aufnahme und geeignete Gebläse,
- Luft-Solarkollektoren mit Gebläse sowie Produkt-Förderein-richtung in der Kammer,
- Luft-Solarkollektoren mit einem Sekundärkreislauf für die Trocknungskammer,
- Wasser-Solarkollektoren mit einem Luft-Sekundär-kreislauf für die Trocknungskammer,
- Konzentrierende statt Standard-Solarkollektoren,
- Photovoltaik-Kollektoren, die elektrische Wärme erzeugen.

Eignung für Fluss- und Meeresplastik
Die solare Trocknung von Fluss- und Meeresplastik findet meist
in der einfachsten Form als natürlicher Solartrockner statt, meist
ohne Einhausung und nur mit Umgebungsluft gewärmt, also
ohne Zwangsbelüftung, und in statischer Aufstellung, das heißt
ohne Fördereinrichtung.
Zum Trocknen werden die Plastikabfälle - meist von Hand - in der
Sonne ausgebreitet:

- Hartkunststoffe trocknen relativ schnell.
- Folien, Planen und mehrschichtige Materialien trocknen aufgrund der verdeckten bzw. gefalteten Oberfläche schlechter.
  Bei diesen Materialien taucht das Phänomen der „Feuchtenes-
  ter" auf.

Deshalb müssen sie gewendet werden (Abb. 129).

Abb. 129 Händisches Ausbreiten und Wenden

Die folgende Tabelle fasst die wichtigsten Informationen zu diesem System und seiner Anwendung mit Fluss- und Meeresplastik zusammen:

Tabelle 48 Solare Trocknung

Solare Trocknung	
Effekt & Funktion	Nutzung der solaren Wärmestrahlung (IR-Licht); Verdunsten der Restfeuchte, die an den Kunststoff-Produkten haftet.
Einsatz bekannt	Ja, in verschiedenen Bereichen der Fluss- und Meeresabfall-aufbereitung gibt es solare Trocknung. Verschiedene Quellen berichten über den systematischen und preiswerten Einsatz der natürlichen Trocknung (134), (135).
Durchsatz	Der Durchsatz wird gemessen in Stunden, Tagen bzw. Wochen anhand der notwendigen Trocknungszeit der ausgebreiteten Produkte. Die Sonnenstrahlintensität und die Restfeuchte des trocknenden Produkts sind Parameter dieser notwendigen Trocknungszeit.
Leistungsbedarf	Null.
Platzbedarf	Je nach Größe der Materialien und je nach Sonneneinstrahlung.
Schnittstellen	Keine.
Sensoren	Messung der Restfeuchte.
Vorteile	Die solare Trocknung ist preisgünstig und effizient.
Nachteile	Sehr langsames Verfahren.

3.3.2 Niedertemperatur-Trocknung mit zusätzlicher Wärme

Niedertemperatur
Ein Niedertemperatur-Trockner ist dadurch charakterisiert, dass die Temperatur auf maximal 100°C begrenzt wird. In der Tat ist die Trocknung bei Temperaturen >100 °C schneller und durchaus platzsparend.
Die Niedertemperatur-Trocknung erfordert mehr Platz, weil das Ausstreuen oder Ausbreiten von zu trocknenden Materialien notwendig ist, um den Kontakt zwischen Trocknungsmedium und feuchtem Material zu erleichtern. Auch wird ein höherer Luftdurchsatz nötig, um die gleiche Wärmeleistung zu erzeugen:

Abwärme
Der Vorteil eines Niedertemperatur-Trockners ist die Nutzung von Abwärme, die industriell schlecht oder gar nicht genutzt werden kann. Abwärme entsteht z. B. bei Pumpen- und Kompressorenbetrieb, Elektrifizierung in Turbinen und Generatoren, Kühlprozessen, Bearbeitungsmaschinen in Reibungs- und Schneidprozessen, in Zementwerken, in Backbetrieben, bei chemischen Reaktionen, in Computern usw. Oft werden Maschinen aufwändig gekühlt, ohne dass die Abwärme genutzt wird.

Eignung für Fluss- und Meeresplastik
Für Fluss- und Meeresabfälle ist die notwendige Trocknungsleistung gering, weil meist nicht der Stoff selbst, sondern nur die Oberfläche getrocknet werden muss. Die nachfolgende Abbildung beschreibt Beispiele empfohlener Trocknungstemperaturen für verschiedene Materialien mit der jeweiligen Dichte vor und nach der Trocknung:
Vorgeschredderte, entleerte Plastikflaschen sind sehr leicht. Verbleibende Flüssigkeitsreste lassen sich leicht auch bei Umgebungstemperatur und entsprechender Belüftung von

beispielsweise 10 % auf 2 % relativer Restfeuchte trocknen. Hier ergibt Solartrocknung Sinn, aber der Tagesdurchsatz wäre sehr niedrig und der Platzbedarf zum Ausbreiten sehr hoch.

Vorgeschredderte Äste und Holzschnitzel lassen die warme Trocknungsluft leicht bei 50 °C durch einen Materialberg dringen und eine typische, relative Eingangsfeuchte von 50 % auf 25 % relative Ausgangsfeuchte reduzieren.

Die Größe eines typischen Niedertemperatur-Trockners muss auf den gewünschten Stundendurchsatz ausgelegt werden. Die Trocknungsfläche muss diesem Durchsatz entsprechen und macht so die Größe des Trockners aus.

Essensreste, andere organische Stoffe, Dreck oder Schlämme, die als mitteldicke Schicht, beispielsweise 5-10 mm, auf, an oder in einer Plastikverpackung liegen oder kleben, sind schwieriger zu trocknen aufgrund der Schichtdicke. Deshalb ist eine Trocknungstemperatur von 80 °C sinnvoll, um die relative Feuchte von ca. 50 % auf 10 % zu senken. Auch hier kann ein Niedertemperatur-Trockner die Aufgabe erfüllen. Jedoch geht hierbei der Stundendurchsatz im Vergleich zur Trocknung von 50 % auf 10 % herunter[16].

Geschnittene und gemahlene Plastikflocken können z. B. von 5 % auf 2 % Restfeuchte gesenkt werden. Hier ist z. B. ein Hochtemperatur- oder ein Wirbelschicht-Trockner eher sinnvoll, weil so gezielte Ergebnisse bei niedriger Temperatur schwieriger zu erreichen sind.

Mikroplastik und andere organische bzw. anorganische Feinanteile können einen dickschichtigen Schlamm ausbilden.

Die folgende Tabelle fasst die wichtigsten Informationen zu diesem System und seiner Anwendung mit Fluss- und Meeresplastik zusammen:

---

[16] Dieser Durchsatzvergleich wird in einer vereinfachten Trocknungsrechung im Anhang A3 gemacht.

Tabelle 49 Niedertemperatur-Trocknung

Niedertemperatur-Trocknung	
Effekt & Funktion	Umwandeln von niedriger Wärme (< 100 °C) oder Abwärme in Verdunstungsleistung von Restfeuchte, die an den Kunststoff-Produkten haftet.
Einsatz bekannt	Nein, aber ähnliche Anwendungen gibt es im Bereich der Abwärmenutzung in Gäranlagen. Dort werden Klärschlamm, Gärreste, landwirtschaftliche Produkte, Holzschnitzel u. Ä. mithilfe von Abwärme bei der Elektrizitätsproduktion durch Methangas getrocknet.
Durchsatz	Der Durchsatz wird gemessen pro Stunde und ist Teil einer industriellen Verwertung des Materials.
Leistungsbedarf	Die notwendige Leistung teilt sich in: • Mechanische Leistung zur Förderung und Dosierung des Materials sowie für die Warmluftgebläse, • Thermische Leistung zur Warmluft-Erzeugung.
Platzbedarf	Je nach Größe der Trockner, die notwendig werden. Je niedriger die Temperatur ist, desto mehr Ausbreitungsfläche ist notwendig.
Schnittstellen, Betriebsfluide	Die Restfeuchte des Inputmaterials wird reduziert. Das Outputmaterial wird charakterisiert durch diesen reduzierten Feuchtegrad, der ausgedrückt wird als relative Feuchte. Die notwendigen Betriebsmittel sind die Warmluft und eventuell eine zusätzliche Flüssigkeit als Wärmeträger. Die Warmluft kann direkt erzeugt werden, z. B. durch eine Gasfeuerung. Oft entsteht sie auch mithilfe eines Wasserkreislaufs in einem Wärmeübertrager von Kühlwasser.
Sensoren & Aktoren	Messung der Restfeuchte oder der Temperaturen in der eintretenden Warmluft, im Produkt und in der austretenden Abluft, die Rückschlüsse auf das Trocknungsergebnis geben.
Vorteile	Die Niedertemperatur-Trocknung ist preisgünstiger als Hochtemperatur-Trocknung, weil die Energiekosten geringer sind. Die Nutzung von Abwärme ist sinnvoll, weil bestehende Wärme genutzt wird.
Nachteile	Die Niedertemperatur-Trocknung ist langsamer als Hochtemperatur-Trocknung.

4 Sichten, Sieben, Sortieren

Alle Trennverfahren können nur unter zwei Bedingungen ausgeführt werden.

Erstens muss das Inputmaterial vereinzelt sein, das heißt dass jedes einzelne Eingangsprodukt separat voneinander behandelt werden kann.

Zweitens muss das Inputmaterial:

- So trocken sein, dass z. B. der pneumatische Austrag in der optischen Sortierung oder Trennung in einem Zickzack-Sichter funktioniert oder
- So nass sein bzw. in einer Wasser-Material-Suspension sich befinden, damit z. B. eine Trennung nach Dichte in einem Schwimm-Sink-Becken oder Siebung z. B. in einer Waschtrommel funktioniert.

4.1 Sichten (Dichte, Gewicht)

Alle Sichtverfahren können nach Trocken- oder Nassverfahren unterschieden werden. Die Trockensichtverfahren finden sich hier im Kapitel 4.1. Die Nass-Sichtverfahren befinden sich als Teil des Waschvorgangs im Kapitel 6.2.

4.1.1 Trockensichtung am Steigeband

Bauvarianten
Die Dichtesichtung am Förderband kann in verschiedenen Varianten angewendet werden. Die Störstofffalle am hinteren Ende des Förderbands besteht aus einem Auslass für besonders schwere Materialien, die auf ein Schrägförderband hinter den Einlasspunkt rollen und dort herausgenommen werden können. Das Dichtetrennförderband ist ein Gurtförderer, der über seine Breite schräg angestellt ist. Wird Material am hinteren Ende aufgegeben, wandert es während der Verweilzeit auf dem Gurtförderer auf die tiefer gestellte Seite aufgrund der größeren Dichte. Das Dichtetrenn-Förderband funktioniert nur so lange, wie die schwereren Stoffe wenigstens zum Teil rutschen oder rollen können, damit eine Trennung nach unterschiedlicher Dichte möglich wird.

Eignung für Fluss- und Meeresplastik
Beide Verfahren sind bisher für Fluss- und Meeresplastik nicht im Einsatz bekannt. Jedoch erlauben ihre technischen Möglichkeiten schwere Stoffe wie Steine, Korallen, gefüllte, Flaschen, Glas oder Metall mit einem geringen Aufwand in einem Trockenprozess abzuscheiden. Natürlich gäbe es auch Dichtetrennverfahren innerhalb eines Waschprozesses. Jedoch müssten alle Produkte mit Wasser versetzt werden. Das ist für spezielle Fluss- und Meeresplastikarten nicht immer wirtschaftlich wünschenswert.

Die folgende Tabelle fasst die wichtigsten Informationen zu diesem System und seiner Anwendung mit Fluss- und Meeresplastik zusammen:

Tabelle 50 Trockensichtung am Steigeband

Trockensichtung am Steigeband	
Effekt & Funktion	Aussondern von schwereren Materialien durch Schwerkraft, Gleit- und Rollbewegung
Einsatz bekannt	Nein, unbekannt.
Durchsatz	Für Fluss- und Meeresplastik unbekannt.
Leistungsbedarf	Die notwendige Leistung wäre die mechanische Leistung des Förderbands.
Platzbedarf	des Förderbands und der Auslassstelle des Schwerguts.
Schnittstellen, Betriebsfluide	Auslassstelle des Schwerguts und Übergabe des Hauptstroms
Sensoren	Ohne
Vorteile	Die Einfachheit der Ausschleusung des Schwerguts.
Nachteile	Die Ausschleusung erkennt nicht die Materialart. Das heißt, alle Arten von Schwergut finden sich in der Ausschleusung, die weiter sortiert werden müssen.

4.1.2   Trockensichtung durch Störstoff-Falle

Wirkprinzip

Die Sichtung in einer pneumatischen Störstoff-Falle geschieht durch den Dichteunterschied zwischen dem Material, das in der Luftströmung gehalten wird, und dem Material, das diesen Luftstrom in einer Wurfparabel verlässt.

Dazu besitzt die pneumatische Störstoff-Falle ein Gebläse, das das Material in einen bekannten Strömungsweg hineinbringt.

Der auf diese Art bekannte Luftdurchsatz und die Luftgeschwindigkeit sind dafür verantwortlich, dass schwerere Materialien diesen Luftstrom meist im tiefsten Punkt der Rohrführung verlassen.

Einsatzbereiche

Ein Störstoffauslass kann nach einer definierten Aufgabe für trockenes Inputmaterial definiert werden. In diesem Störstoffauslass werden die schweren Materialien gesammelt. Das ist bei Aufgaben der Kunststoffrecyclingtechnik zum Beispiel metallisches oder Fasermaterial. Am Sammelpunkt kann die Schwerstofffraktion z. B. durch einen Behälter entnommen werden.

Die folgende Tabelle fasst die wichtigsten Informationen zu diesem System und seiner Anwendung mit Fluss- und Meeresplastik zusammen:

Tabelle 51 Trockensichtung durch Störstoff-Falle

Trockensichtung durch Störstoff-Falle	
Effekt & Funktion	Dichte, Strömungsverhalten, Abscheiden im pneumatischen Fluss
Einsatz bekannt	Nein, die Eingangsmaterialien müssten getrocknet sein. Auch müssten alle Behälter von typischen Ablagerungen wie Sand, Lehm, Algen oder Schilf befreit sein, um eine effiziente Trennung zwischen leichtem Plastik und anderen, schweren Störstoff-Materialtypen zu erzielen.
Durchsatz	Der kann hoch sein, wenn die Eingangsbedingungen stimmen.
Leistungsbedarf	Die Antriebsleistung einer Störstoff-Falle ist meist nur die Leistung des angeschlossenen Gebläses.
Platzbedarf	Container unter dem tiefsten Punkt der Pneumatikrohrführung.
Schnittstellen, Betriebsfluide	Das Gebläse muss als drückendes Gebläse ausgelegt sein, um einen Durchgang des Materials durch den Lüfter zu verhindern.
Sensoren & Aktoren	Durchfluss-Sensor und Druckschalter wären hilfreich.
Vorteile	Einfache Lösung, um besonders schwere Materialien auszusondern. Die Störstoff-Falle ist eine sogenannte „Polizei"-Einrichtung, die die nachfolgende Anlage gegen zu schweres Material schützt.
Nachteile	Trockenes und von Ablagerungen befreites Eingangsmaterial ist notwendig. Ablagerungen wie Sand, Lehm, Algen oder Schilf müssen vorher aus dem Hauptproduktstrom ausgeschieden worden sein, um eine effiziente Trennung zwischen leichtem Plastik und anderen, schweren Störstoff-Materialtypen zu erzielen.

4.1.3 Vertikaler Windsichter

Der Windsichter oder Zick-Zack-Sichter ist eine Maschine, in der Kunststoffpartikel und deren Verunreinigungen verschiedenen Gewichts in zwei Gewichtsklassen getrennt werden.
Der vertikale Windsichter besteht aus einer drucklosen Beschickung. Idealerweise wird das Eingangsmaterial durch eine Schleuse drucklos gemacht.

Wirkprinzip und Bauvarianten
Das Eingangsmaterial wird im freien Fall durch schräge Bleche geführt. Daher kommt der Name Zick-Zack-Sichter. Durch diese Leitbleche wird die Trennung der leichten und schweren Stoffe voneinander begünstigt. Je nach Eingangsmaterial muss die Geometrie und die Länge der Fallstrecke angepasst werden. Im Gegenstromverfahren wird ein Strömungsprofil, das durch gezackte Bleche charakterisiert wird, durch einen Luftstrom durchlaufen, der gegen die natürliche Fallrichtung des Materials eine Leichtfraktion nach oben abziehen kann. Im Saugstromverfahren fällt das schwere Material in eine Sammelwanne, über der ein Saugbereich angelegt ist, in dem die Leichtfaktion abgezogen wird.

Gebläseregelung und andere Maschineneinstellungen
Die schweren Partikel fallen nach unten durch. Die leichten werden von einem Gebläse abgesaugt. Durch die Volumenstromregelung dieses Gebläses kann die Trenngenauigkeit eingestellt werden. Diese Gebläseregelung ist die wichtigste Maschineneinstellung. Auch durch die Klappeneinstellung der angesaugten Falschluft und die Längenveränderung der Gleitbleche beeinflussen das Trennergebnis.

Am Beispiel der Maschinen der Fa. Trennso-Technik® (136) und der Fa. Nihot (137) sollen Auslegungsparameter veranschaulicht werden. Die folgende Tabelle fasst die wichtigsten Informationen zu diesem System in Anwendung mit Fluss- und Meeresplastik zusammen:

Tabelle 52 Vertikal-Windsichter

Vertikaler Windsichter	
Effekt & Funktion	Dichte, Strömungsverhalten, Abscheiden im pneumatischen Fluss
Einsatz bekannt	Nein, die Eingangsmaterialien müssten getrocknet sein.
Durchsatz	Die Umlenkung der Leichtfraktion erfordert ein angepasstes Gebläse. Der Durchsatz muss dem Gebläse und der Geometrie des Zick-Zack-Sichters angepasst sein.
Leistungsbedarf	des angeschlossenen Gebläses.
Platzbedarf	Der Höhenbedarf ist hoch und kann 3-5 m betragen.
Schnittstellen	Das Inputmaterial muss von oben eingeführt werden. Die Länge der durchlaufenen Höhe im Windsichter spielt eine Rolle bei der Trennqualität. Die Nutzbreite ist der entscheidende Faktor des möglichen Durchsatzes. Das Schwergut verlässt unten den Windsichter. Das Leichtgut wird vom Gebläse abgesaugt.
Sensoren & Aktoren	Ein Frequenzumrichter des Gebläses ist notwendig.
Vorteile	Lösung nach Stand der Technik.
Nachteile	Die Eingangsmaterialien müssten getrocknet sein.

4.1.4 Horizontaler Windsichter

Wirkprinzip
Eine Abwandlung des vertikalen Windsichters ist der horizontale Windsichter oder Querstrom-Windsichter, in dem das Zick-Zack-Blech durch eine Dosiertrommel ersetzt wird. Die Dosiertrommel wird horizontal im oberen Bereich beschickt. Ein Gebläse beeinflusst die Wurfparabel des Eingangsmaterials. Leichtes Material wird über die Dosiertrommel hinausgetragen, während schweres vor die Dosiertrommel fällt. In dieser Bauvariante hat das Trennsystem durch die Rotationsgeschwindigkeit der Dosiertrommel eine weitere, kontinuierlich einstellbare Regelgröße. Durch die horizontale Aufgabe und durch die Beeinflussung der Wurfparabel wird die eigentliche Zeit, die zur Sichtung zur Verfügung steht, im Vergleich zum freien Fall im Vertikal-Windsichter verlängert.

Einsatzgebiet
Durch die verlängerte Sichtungszeit kann die horizontale Wirkvariante bei sehr unterschiedlich schweren Materialien besser funktionieren, weil sehr schwere Materialien so schnell fallen, dass sie unkontrolliert auch leichte Materialien mitreißen können. Für das Kunststoffrecycling ist der horizontale Windsichter eine flexibel einstellbare Trennmaschine für Eingangsmaterial, das sich aus zwei Fraktionen zusammensetzt wie z. B. Kunststoffpartikel und trockene Verschmutzungen wie Sand, Erde oder Schlamm.
Am Beispiel der Maschinen der Fa. Trennso-Technik® (136) und der Fa. Nihot (137) sollen Auslegungsparameter veranschaulicht werden. Die folgende Tabelle fasst die wichtigsten Informationen zu diesem System und in Anwendung mit Fluss- und Meeresplastik zusammen:

Tabelle 53 Horizontal-Windsichter

Horizontaler Windsichter	
Effekt & Funktion	Dichte, Strömungsverhalten, Abscheiden im pneumatischen Fluss und an einer horizontalen Trommel oder einer ähnlichen Geometrie.
Einsatz bekannt	Nein, die Eingangsmaterialien müssten getrocknet sein.
Durchsatz	Der Durchsatz muss in einer Einschicht-Belegung an der Dosiertrommel herangeführt werden. Daraus ergibt sich die notwendige Nutzbreite, die z. B. Baugrößen von 1,5, 2 oder 2,5 m Nutzbreite ergibt.
Leistungsbedarf	der Dosiertrommel und des angeschlossenen Hilfsgebläses. Die Dosiertrommel kann z. B. nach Baugröße eine angeschlossene Leistung von 3, 5, 7,5 oder 11 kW haben.
Platzbedarf	Der Höhenbedarf ist niedrig. Der Flächenbedarf ist wegen der Querstromsituation im Trennbereich hoch.
Schnittstellen, Betriebsfluide	Das Inputmaterial muss seitlich eingeführt werden. Das Schwergut verlässt unten den Windsichter. Das Leichtgut wird - vom Gebläse unterstützt - über die Dosiertrommel hinweg- und weitergeführt.
Sensoren & Aktoren	Ein Frequenzumrichter der Dosiertrommel ist hilfreich zur optimalen Einstellung der Trennung.
Vorteile	Lösung nach Stand der Technik.
Nachteile	Die Eingangsmaterialien müssten getrocknet sein.

4.1.5 Luftzyklon

Wirkprinzip

Der Luftzyklon besitzt, wie der Zickzack-Sichter, jeweils einen Auslass für die Schwer- und Leichtfaktion. Der konstruktive Unterschied zum Zickzack-Sichter besteht nicht nur in der Geometrie des Trennbereichs, sondern auch in der Gestaltung des Luftstroms. Der Luftzyklon besitzt ein Gebläse, das das Material-Luft-Gemisch in den zylindrischen Zyklon tangential einführt, wo es in einem Wirbel um ein Innenrohr herumgeführt wird. Der Luftzyklon nutzt die Zentrifugalkraft, um Luft von schweren Stoffen zu befreien. Durch die Rotationsbewegung scheiden sich diese Schwerstoffe im unteren, konischen Teil des Luftzyklons ab, während die Leichtfraktion durch ein Tauchrohr nach oben entweicht.

Am Leichtfraktion-Auslass sitzt jedoch kein Sauggebläse, sondern nur ein Auffang für diese Leichtfraktion in Form eines Sammelsacks, „Big Bag" genannt, oder von Filtersäcken, durch die die Restluft entweichen kann und die Leichtfraktion festgehalten wird.

Die Schwerfraktion wird im konischen unteren Teil des Zyklons gesammelt und idealerweise durch eine Zellenradschleuse oder ähnliches drucklos gemacht.

Einsatzgebiete

Typische Anwendungen im Bereich des Fluss- und Meeresplastiks könnten sein:

- Getrocknete, leichte Dreckanteile und sonstige Feinteile werden mit der Trägerluft abgezogen, während geschredderte oder gemahlene Kunststoffe als Schwerstoffe im Zyklon unten ausgetragen werden.

- Leichte Folien und Kunststoff-Flocken werden mit der Trägerluft weitergetragen, während schwere Verschmutzungen im Zyklon herabsinken.

Die folgende Tabelle fasst die wichtigsten Informationen zu diesem System und seiner Anwendung mit Fluss- und Meeresplastik zusammen:

Tabelle 54 Luft-Zyklon

Luft-Zyklon	
Effekt & Funktion	Zentrifugalkraft, Schwerkraft
Einsatz bekannt	Nein, die Eingangsmaterialien müssten getrocknet sein.
Durchsatz	Die Zyklongröße muss an den Durchsatz angepasst werden.
Leistungsbedarf	der angeschlossenen Gebläse: für das Inputmaterial und eventuell zum Weitertransport der Schwer- und der Leichtfraktion. Typische Motorengrößen sind 3, 5, 7,5 und 11 kW.
Platzbedarf	Der Höhenbedarf ist hoch. Je nach Zyklongröße kann die Einbauhöhe insgesamt 2-4 m sein.
Schnittstellen, Betriebsfluide	Das Inputmaterial muss von oben eingeführt werden. Das Schwergut verlässt unten den Zyklon. Das Leichtgut wird oben ausgelassen.
Sensoren & Aktoren	Eine Drosselklappe im Leichtfraktionsabzug ist notwendig, um den Abzug der Leichtfraktion in Bezug auf die Schwerfraktion zu optimieren.
Vorteile	Lösung nach Stand der Technik.
Nachteile	Die Eingangsmaterialien müssten getrocknet sein.

4.2 Sieben (Form, Größe)

Sieben wird durch ein geometrisches Maß bestimmt, während das Sichten durch einen Gewichts-, Volumen- oder Dichteunterschied ausgelöst wird.

4.2.1 Trommelsieb

Wirkprinzip

Das Trommelsieb ist durch einen zylindrischen Hohlkörper, der ein Rundsieb besitzt, gekennzeichnet, wie dies z. B. von der Fa. Vauché beschrieben wird (139). Es wird durch Motoren angetrieben, die sich an diesem Hohlkörper befinden. Durch den Siebkörper werden verschiedene Unter- und Überkorn-Fraktionen ausgeschieden. Beim Durchlaufen des Trommelsiebs wird das Eingangsmaterial durch die ständige Drehbewegung nach oben geworfen und immer neu gemischt. Dadurch erzielt das Trommelsieb nicht nur eine gute Durchmischung, sondern auch einen guten Sieberfolg.

Einsatzgebiete

Das Trommelsieb ist eine Standardanwendung für verschiedene Partikelgrößen in der Recyclingindustrie der Postconsumer-Abfälle. In der Tat kann durch dasselbe Trommelsieb zuerst eine Feinpartikelfraktion (z. B. Sieblochgröße 80 mm) ausgeschieden werden. Dann kann durch eine andere Siebgröße (z. B. 180 mm) beim weiteren Durchgang durch das Trommelsieb eine Mittelfraktion ausgeschieden werden. Wenn gewünscht, kann eine weitere Mittelfraktion mit einer dritten Sieblochgröße (z. B. 300 mm) ausgeschieden werden.

Das verbleibende Überkorn kann das Trommelsieb am Ende verlassen. Durch diese Anordnung können z. B. drei Partikelkornklassen erstellt werden. Am Beispiel der Maschinen der Fa.

Stadler Anlagenbau (131) sollen typische Auslegungsparameter veranschaulicht werden. Die folgende Tabelle fasst die wichtigsten Informationen zusammen:

Tabelle 55 Trommelsieb

Trommelsieb	
Effekt & Funktion	Angetriebenes Rundsieb mit verschiedenen Sieblochgrößen
Einsatz bekannt	Nein, noch nicht, aber ähnliche Anwendungen sind aus Recycling-industrie und Sekundärstoff-Klassierung bekannt z. B. für Kompost, Erden, leichtem Bauschutt, Hausmüll, Gewerbeabfall, Kunststoff, Glas, Papier, Holz, Biomasse, Sand, Kies, Schrott oder Schlacke (138).
Durchsatz	Der mögliche Durchsatz eines Trommelsiebs hängt von seinem Nutz-Durchmesser der Siebtrommel ab, z. B. 1,8, 2,5 oder 3 m. Je größer der Durchsatz ist, desto größer und länger sollte die Maschine sein. Typische Nutzlängen sind 6, 8, 10, 12, 14 m.
Angeschlossene Leistung	Je größer der Durchmesser und je länger das Rundsieb ist, desto größer muss die angeschlossene Leistung der Motoren sein, die das Trommelsieb antreiben.
Platzbedarf	Ein Standard-Trommelsieb ist ca. 6-15 m lang, hat einen Durchmesser von ca. 2-3 m und besitzt mit Entnahmezonen unter dem Trommelsieb eine Gesamtaufstellhöhe von ca. 4-6 m.
Schnittstellen	Der Einlass des Inputmaterials erfolgt an der hinteren Stirnseite. Das Unterkorn wird unter dem jeweiligen Siebabschnitt entnommen. Das Überkorn wird an der vorderen Stirnseite entnommen.
Sensoren	Drehwächter; Überlastschutz, Wartungszugang-Sicherheitsschalter
Vorteile	Einfache Siebtechnik.
Nachteile	Großer Raum- und Flächenbedarf.

4.2.2 Vibrationssieb

Wirkweise

Vibriersiebe besitzen eine schräge Oberfläche und sind auf gefederten Füßen gelagert. Das Inputmaterial wird auf das vibrierende Sieb von hinten am oberen Ende aufgegeben und verlässt es langsam der geneigten Fläche folgend.

Dazu besitzt das Vibriersieb einen Exzentermotor, der diese Vibrierbewegung hervorruft. Die Aufhängung des Vibriersiebs ist beweglich auf Federn gelagert, um der Exzentermotorbewegung zu folgen.

Während der Vibrierbewegung wird das Material auf der Nutzbreite in Nutzrichtungslänge verteilt und kann so durch die Lochung des Vibriersiebs in zwei Fraktionen, nämlich Unterkorn und Überkorn, aufgeteilt werden.

Einsatzgebiete

Der Siebweg ist meist kurz aufgrund der Vibrierbewegung, die auf der ganzen Siebfläche erzeugt wird. Dadurch ergibt sich eine Einschränkung für die Anwendungen.

In der Tat ist das Risiko des Verstopfens oder Verklebens der Siebfläche natürlich größer, weil andere Siebe längere Siebbewegungen und größere Siebflächen besitzen. Dadurch kann das Festsetzen der Siebfläche verzögert werden.

Die folgende Tabelle fasst die wichtigsten Informationen zu diesem System und seiner Anwendung mit Fluss- und Meeresplastik zusammen:

Tabelle 56 Vibriersieb

Vibriersieb	
Effekt & Funktion	Schräge Fläche wird durch Exzentermotor zum Schwingen gebracht. Förderbewegung durch vibrierende Bewegung. Sieb erzeugt Über- und Unterkorn.
Einsatz bekannt	Nein.
Durchsatz	Je nach Nutzbreite und effektiver Förderbewegung.
Leistungsbedarf	Relativ hoch wegen der Exzenterbewegung.
Platzbedarf	Das Vibriersieb ist im Vergleich mit dem großräumigen Trommelsieb eine sehr platzsparende Einrichtung.
Schnittstellen, Betriebsfluide	Der Einlass geschieht am oberen Ende des Vibriersiebes. Der Auslass geschieht durch Schwerkraft am unteren Ende.
Sensoren & Aktoren	Kontrolle der Vibrierbewegung.
Vorteile	Geringer Platzbedarf.
Nachteile	Wenig Durchmischung: Das Material rutscht das Vibriersieb herab, ohne sich wirklich zu vermischen. Hoher Leistungsbedarf: Die Exzenterbewegung ist energieintensiv.

4.2.3 Scheiben- oder Sternsieb

Wirkweise

Das Scheiben- oder Sternsieb besitzt eine Anzahl an Wellen, auf denen runde bzw. Stern ähnliche Scheiben montiert sind. So wird eine Siebfläche erzeugt, in der der Abstand der Wellen zueinander und der Abstand benachbarter Scheiben auf einer Welle die Sieblochung ergeben.

Das Inputmaterial trifft im rechten Winkel zu den Wellen auf die Siebfläche. Durch die Wellenbewegung wird das Material von einer zur nächsten Welle befördert.

Dabei können z. B. Feinstoffe in die Sieblochung fallen. Das Outputmaterial verlässt nach der letzten Welle die Siebfläche.

Einsatzgebiete

In mineralischen, chemischen oder logistischen Industrieanwendungen hat ich das Scheiben- oder Sternsieb bewährt. In Recycling-Sortieranlagen kommt es oft zum Einsatz zur Ausscheidung von Feinstoffen mit einem Siebschnitt von 100 mm (119).

Diese Anwendungsmöglichkeit wäre auch sinnvoll für Fluss- oder Meeresplastik, sobald es getrocknet und vorzerkleinert ist.

Die Kombination von mehreren Sieben ist z. B. aus der Bearbeitung von Siebrückständen der Bioabfallbehandlung bekannt (139).

Die folgende Tabelle fasst die wichtigsten Informationen zu diesem System und seiner Anwendung mit Fluss- und Meeresplastik zusammen:

Tabelle 57 Scheiben- oder Sternsieb

Scheiben- oder Sternsieb	
Effekt & Funktion	Scheiben bzw. Sterne bilden mit Wellenabstand Siebfläche, wobei die Scheiben bzw. der jeweils nächsten Welle zur vorherigen versetzt sitzen. Das Material gleitet über Siebfläche und verliert den Materialanteil der durch die Abstände der Wellen bzw. der Scheiben zueinander passt. 24 Scheiben (119) ergeben z. B. eine Siebfläche eines Feinsiebs (mit Siebschnitt 100 mm) von ca. 7 m^2.
Einsatz bekannt	Nein.
Durchsatz	Je nach Nutzbreite und effektiver Förderbewegung.
Leistungsbedarf	Relativ gering wegen der gleitenden Materialbewegung auf den Scheiben. Typische Antriebsleistungen sind ca. 2, 4 oder 7 kW (119).
Platzbedarf	Er hängt von der Größe der Siebfläche ab. Typische Siebflächengrößen sind z. B.: ca. 7, 10 oder 15 m^2 (119).
Schnittstellen	Der Einlass geschieht an der ersten Welle. Der Auslass der Hauptfraktion erfolgt nach der letzten Welle.
Sensoren & Aktoren	Kontrolle der Drehmotoren.
Vorteile	Einfaches Wirkprinzip. Mittelgroßer Platzbedarf. Die Siebung kann durch den Neigewinkel der Siebfläche beeinflusst werden.
Nachteile	Andere Sieblochungen erfordern ein anderes Modell oder einen aufwändigen Umbau der Maschinenstruktur.

4.2.4 Ballistikseparator

Wirkweise
Der Ballistikseparator ist eine Siebmaschine, die nicht nur eine Partikelgröße benutzt, sondern auch das Roll- und Gleitverhalten von verschiedenen Eingangsmaterialien auf einer schiefen Ebene. Er wird angetrieben von Paddeln, die in Längsrichtung angeordnet sind und sich in einer elliptischen Bewegung nach vorne und gleichzeitig leicht nach oben bewegen. Dadurch ergeben sich folgende Materialbewegungen:

1. Es werden flache Materialien nach vorne bewegt. Das sind zum Beispiel Kartonagen, Folien oder Trays.
2. Rollende Materialien können durch die schiefe Ebene nach hinten rollen. Das können in einer Sortieranlage z. B. Plastikflaschen sein.
3. Zusätzlich kann eine dritte Materialfraktion durch die Abstände zwischen den Paddeln und durch eine Lochung der Paddel als Feinstoffe herausfallen.

Einsatzgebiete
Der Ballistikseparator wird erfolgreich in der Postconsumer-Recyclingbranche eingesetzt für die Trennung von rollenden und nicht rollenden Materialien. Am Beispiel der Maschinen der Fa. Stadler Anlagenbau (131) sollen typische Auslegungsparameter veranschaulicht werden.

Die folgende Tabelle fasst die wichtigsten Informationen zu diesem System und seiner Anwendung mit Fluss- und Meeresplastik zusammen:

Tabelle 58 Ballistikseparator

Ballistikseparator	
Effekt & Funktion	Längspaddel durchlaufen eine elliptische Bewegung und fördern einen Teil der Materialien nach vorne, während sich rollende Teile auf der schiefen Ebene nach hinten bewegen.
Einsatz bekannt	Nein.
Durchsatz	Je nach Nutzbreite und effektiver Förderbewegung. Typische Nutzbreiten können sein: 1,8 m, 2,5 m oder 3,2 m.
Leistungsbedarf	Relativ hoch wegen der Paddelbewegung. Typische Anschlussleistungen sind: 4, 6 oder 8 kW
Platzbedarf	Der Ballistikseparator ist im Vergleich mit dem großräumigen Trommelsieb eine ähnliche große Maschine. Typische Siebflächengrößen sind: 7,5 m², 11,3 m² oder 15 m².
Schnittstellen, Betriebsfluide	Der Einlass geschieht in der Mitte des Ballistikseparators. Der Auslass der rollenden Materialien geschieht am unteren Ende. Der Auslass der nicht rollenden Materialien geschieht am oberen Ende.
Sensoren & Aktoren	Kontrolle der Exzenterbewegung.
Vorteile	Effiziente Trennung zwischen 2D-Körpern, sogenannten „Flachkörpern" und dreidimensionalen Körpern, sogenannte „Rollkörpern" (weil es meist Flaschen sind). Mittelgroßer Platzbedarf.
Nachteile	Der Ballistikseparator sollte aufgrund des hohen Leistungs- und Platzbedarfs speziell für Inputmaterial, z. B. für schwimmendes Meeresplastik, eingesetzt werden, bei dem durch viele Rollkörper (Plastikflaschen, Bojen, Kanister, Eimer, Container u. Ä.) eine effiziente Sortierung im Ballistikseparator vorliegen wird.

4.3 Sortieren (Farbe, Kontur, Werkstoff)

Die Sortierung unterteilt sich in zwei Teilfunktionen: Erkennen und absondern. Das ist der Unterschied zum Sichten oder Sieben, bei denen nur ein Schritt notwendig ist.

4.3.1 Handsortierung ohne Hilfe

Die Handsortierung ist die am meisten verbreitete Sortiermethode im informellen Sektor der Abfallbehandlung. An einem Sortiertisch, Sortierband oder vor einem Feld ausgebreiteter Materialien steht Betriebspersonal und nimmt nach festgelegten Regeln Produkte heraus:

- Negativsortierung: Das Personal nimmt Störstoffe heraus, so dass auf dem Sortierband nur Gutmaterial liegen bleibt.
- Positivsortierung: Das Personal nimmt das Gutmaterial heraus, so dass nur Störstoffe übrigbleiben.

Ergonomie und Logistik der Handsortierung
Die Anzahl der zu sortierenden Materialien hängt von ergonomischen Merkmalen ab wie z. B.

- dem Gewicht, der Größe und der Formstabilität,
- dem Weg bis zum erkannten Produkt hin,
- dem Weg mit dem Produkt zur Abwurfstelle (Container, Wanne, Eimer usw.),
- anderen Sortierbedingungen: Licht, Temperatur, Einblickmöglichkeit auf ankommende Inputmaterialien, Stellung zum Sortiertisch, notwendige Körperbewegungen zur Ausführung der Sortierung usw. (Beispiel in Abb. 130),
- anderen Logistikbedingungen: Behälterwechsel usw.

Abb. 130 Sortierbeispiel von Verpackungsabfällen

Anzahl der Sortierbewegungen
Bei Standardbedingungen zur Sortierung bekannter, einfach zu greifender Produkte wie z. B. Plastikflaschen, Plastikkörbe oder -behälter (Engl.: Tray) oder Getränkedosen können maximale Sortiergeschwindigkeiten von 10-30 Elementen pro Minute an einem Sortierband (Schema in Abb. 131) erzielt werden.
Bei schwierig zu erkennen oder schwer zu greifenden Elementen wie Folien, Algen, kleine Muscheln oder kleine Steine usw. können schon zehn Sortierbewegungen pro Minute viel sein.

[1] Dosiereinheit   [2] Sortierband   [3] Abwurfschurren

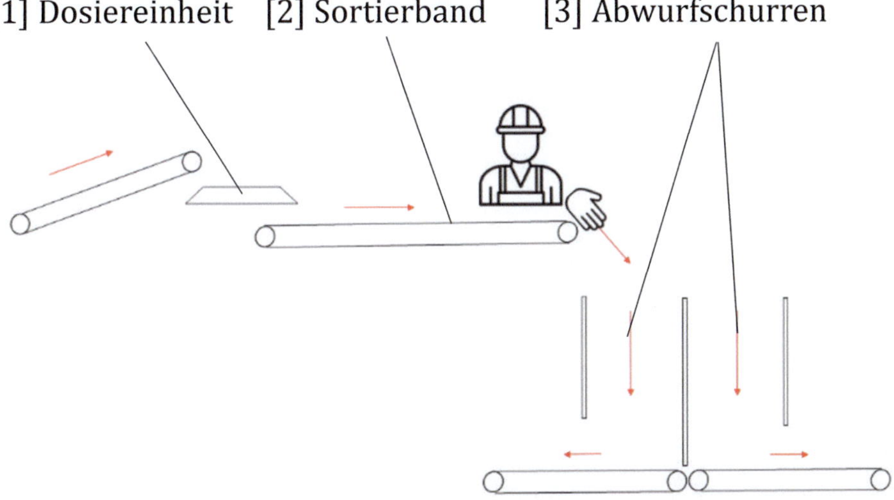

Abb. 131 Sortiertisch mit Förderbändern

Sortierung von Fluss- und Meeresplastik
Es geht um die Unterscheidung verschiedener Kunststoffarten
und um die Farben verschiedener Kunststoffverpackungen. Etiketten werden abgelöst.
Durch Aufschneiden aller Plastikflaschen werden diese auch systematisch entleert. Siehe Abb. 132.

Abb. 132 Sortieren von Flussplastik ohne Sortiertisch

Die folgende Tabelle fasst die wichtigsten Informationen zu diesem System und seiner Anwendung mit Fluss- und Meeresplastik
zusammen:

Tabelle 59 Handsortierung ohne Hilfe

Handsortierung ohne Hilfe	
Effekt & Funktion	Erkennen durch das menschliche Auge; Ergreifen durch die Hand; Abwerfen in Outputbereich.
Einsatz bekannt	Ja, Stand der Technik.
Durchsatz	Gering. Bei einem <u>Sortiertisch</u>, an dem der Sortierer ein liegendes Material aussortieren muss, sind die Anzahl der Sortierbewegungen sehr niedrig, z. B. 5-10 pro Minute. An einem <u>Sortierband</u>, mit dem dosiert aufgegebenes Inputmaterial vor dem Sortierer vorbeibewegt wird, ist die Anzahl der Sortierbewegungen viel höher, z. B. 10-30 pro Minute.
Leistungsbedarf	Keiner.
Platzbedarf	Der notwendige Platzbedarf wird durch den Sortiertisch, das Sortierband oder den Raum zur Ausbreitung der Materialien bestimmt.
Schnittstellen	Der Eintrag kann durch ein Förderband oder durch eine händische Ausbreitung der Inputmaterialien auf einem Tisch erfolgen. Der Austrag erfolgt durch Abwurf in Schütten neben dem Sortierband oder in zu füllende Container und Säcke neben dem Sortiertisch.
Sensoren & Aktoren	Keine
Vorteile	Einfach und flexibel.
Nachteile	Hohe Personalaufwand und Platzbedarf.

4.3.2 Optische Sortierung mit pneumatischem Austrag

Wirkprinzipien und Anwendung nach Stand der Technik
Die optische Sortierung mit pneumatischem Austrag ist die am meisten verbreitete Sortiermethode im industriellen Sektor der Abfallbehandlung. Sie wird bei Sortierung von Glas, Metallen, Faserstoffen wie Holz, Zellulose, Papier und Kartonagen, von Kunststoffen, von Lebensmitteln und organischen Abfällen usw. eingesetzt. Die Erkennung einer Kunststoff-Klasse aus einem Input gemischter Postconsumer-Kunststoffe kann je nach Aufstellung und Pflichtenheft bis zu 99 % Reinheit erzeugen.

Optische Erkennungsarten
Dabei werden sichtbares Licht, Nahe Infrarotstrahlung, Röntgen- und Laserstrahlen, induktive und elektromagnetische Wellen usw. benutzt.
Die Algorithmen der optischen Erkennung können Farben, Färbung, Lichtdurchlässigkeit, Kontraste, Größen, Formen, Oberflächenbearbeitungen, Schriften, Barcodes, Symbole, Marken, Materialarten, -zusammensetzungen, -mischungen usw. erkennen.
Die Anlern-Programme sind für industrielle Produkte bzw. vorhersehbare Verschmutzungen ausgelegt worden.

Einsatzgebiet
Das Besondere an Fluss- und Meeresplastik besteht darin, dass diese industriellen Produkte durch die Verweildauer in der Natur und durch den Kontakt mit anderen Produkten bzw. Pflanzen und Tieren unvorhersehbar verändert und z. T. degeneriert worden sind.

Schematischer Aufbau nach Abb. 133
Die Anordnung einer optischen Sortierung mit pneumatischem Austrag kann man vereinfacht wie folgt darstellen: Das

Inputmaterial wird durch ein Förderband (1) an eine Dosiereinheit (2) übergeben, die ein Tellerdosierer oder eine Dosierwalze sein kann, und fällt danach auf das Beschleunigungsband (3). Dieses ermöglicht das Vereinzeln der Partikel auf der Nutzbreite bei gleichzeitigem, hohem Durchsatz. Das Beschleunigungsband ist typischerweise 2-4 m breit und hat eine Fördergeschwindigkeit von 2-4 m/sec. Das Aufliegen des Materials aufgrund einer zu hohen Beschleunigung muss vermieden werden.

Das Inputmaterial erreicht also gut dosiert die optische Erkennung (4), die sich oberhalb des Beschleunigungsbandes befindet. Durch die optische Erkennung wird entschieden, welches Inputmaterial am Ende des Beschleunigungsbands in eine erste Schütte (5) herunterfallen soll und welches durch den pneumatischen Austrag (6) in eine weiter entfernte Schütte (7) herausgeblasen wird. So können zwei oder in einer Bauvariante auch drei Ausgangsmaterialien erzeugt werden.

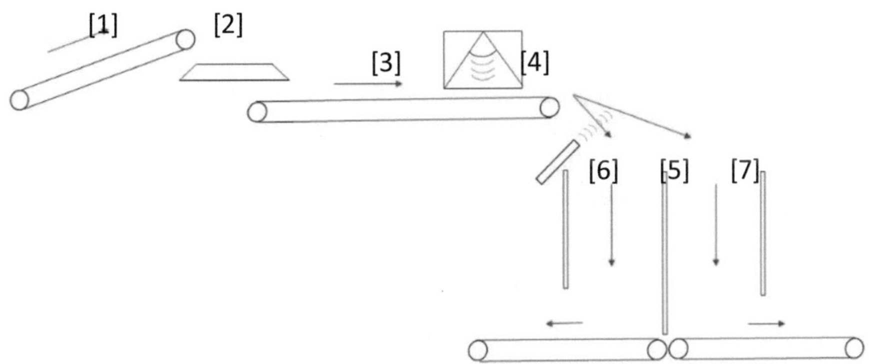

Abb. 133 Optische Sortierung mit pneumatischem Austrag

Die folgende Tabelle fasst die wichtigsten Informationen zu diesem System und seiner Anwendung mit Fluss- und Meeresplastik zusammen:

Tabelle 60 Optische Sortierung mit pneumatischem Austrag

Optische Sortierung mit pneumatischem Austrag	
Effekt & Funktion	Die pneumatischen Ventile entlassen einen gezielten, druckbeaufschlagten Luftstrom und tragen so die Materialien aus, die von der optischen Sortierung erkannt worden sind. Dazu muss der Druck, der Luftdurchsatz, die Anzahl der Düsen, ihr Zusammenspiel und die Richtung des Luftaustrags dem Gewicht und dem Volumen des Materials angepasst werden.
Einsatz bekannt	Nein, getrocknete und entleerte Materialien erscheinen für die optische Erkennung problemlos. Der Einfluss von Produktgewicht, -schwerpunkt oder Restfeuchte ist ungeklärt. Referenzen für Fluss- oder Meeresplastik sind nicht bekannt, aber nahezu alle Maschinen der Bearbeitung von Postconsumer-Kunststoffen wurden dafür noch nicht systematisch erprobt. Es gibt eine Jahrzehnte lange Erfolgsgeschichte der Beherrschung aller möglichen Postconsumer-Abfälle verschiedenster Größen, Gewichte, Formen und Zusammensetzungen.
Durchsatz	Der Durchsatz kann 2-12 t/h betragen und hängt von den Eigenschaften des Inputmaterials (z. B. Sind die Plastikflaschen sehr schwer durch Schlamm, Algen und Wasser oder ganz leer?), der Nutzbreite der Maschine oder der möglichen Fördergeschwindigkeit ab. Natürlich spielt die Art der Sortierung (Positiv-/Negativ-Sortierung eines bestimmten Materials) eine Rolle (140), weil dann in den Extremfällen nur 10 % bzw. 90 % des Inputmaterials herausgeblasen werden muss.
Leistungsbedarf	Die Antriebsleistung hängt vor allem von der notwendigen Kompressorleistung zur Erzeugung der Druckluft (6-8 bar) ab. Dabei können die notwendigen Kompressor-Leistungen 25-120 kW (140) und die angeschlossene Leistung der anderen Geräte 8-12 kW betragen.

Platzbedarf	Der notwendige Platzbedarf wird definiert durch die Nutzbreite und die Aufstelllänge. Die Nutzbreite ist z. B. 1,2-2,8 m (141). Das Beschleunigungsband muss eine notwendige Länge von ca. 5 m haben, wobei die Aufstelllänge sich aus dem Beschleunigungsband (ca. 5 m Länge), dem Bereich der optischen Erkennung (ca. 1 m) und dem Produktübergang in die Blechschütten und nachfolgenden Förderbänder (1-2 m) zusammensetzt.
Schnittstellen, Betriebsfluide	Der Eintrag kann durch ein Förderband oder eine Rutsche erfolgen. Der Austrag erfolgt durch Blechschütten der sortierten Austragsfraktionen, die in nachfolgende Förderbänder folgen. Die Betriebsfluide sind die Druckluft der pneumatischen Ventile, die Lampen, die die optische Erkennung verbessern, deren Kühlsystem sowie die Kabel bzw. Lichtfaser zur Übertragung der optischen Signale.
Sensoren & Aktoren	Die optische oder elektrotechnische Erkennung kann die verschiedenen optischen Systeme nach Stand der Technik beinhalten wie Nahe Infrarot-Strahlen, Laser, Tageslicht-Kameras usw. wie auch magnetische und induktive Metallerkennung etc.
Vorteile	Der pneumatische Austrag in Kombination mit einer optischen Sortierung stellt nicht nur den Stand der Technik dar, sondern spiegelt auch Jahrzehnte der Optimierung wider.
Nachteile	High-Tech mit hohen Investitions-, Betriebskosten und Platzbedarf.

4.3.3 Optische Sortierung mit mechanischem Austrag

Wirkweise im Vgl. zum pneumatischen Austrag
Optische Sortierung mit mechanischem Austrag ist eine Maschinenaufstellung, die in verschiedenen Industriebereichen an die jeweilige Aufgabenstellung angepasst worden ist. Der mechanische Austrag hat sich bewährt für Materialien, die zu groß oder zu schwer für den pneumatischen Austrag sind.
Der mechanische Austrag kann mit jeder Art von optischer Erkennung kombiniert werden.
Jedoch erfordert die mechanische Bewegung eine längere Totzeit als der pneumatische Austrag.
Dadurch ist die Anzahl der ausgebrachten Materialien und damit zusammenhängend der Durchsatz des Hauptstroms begrenzt im Vergleich zur pneumatischen Ausbringung.

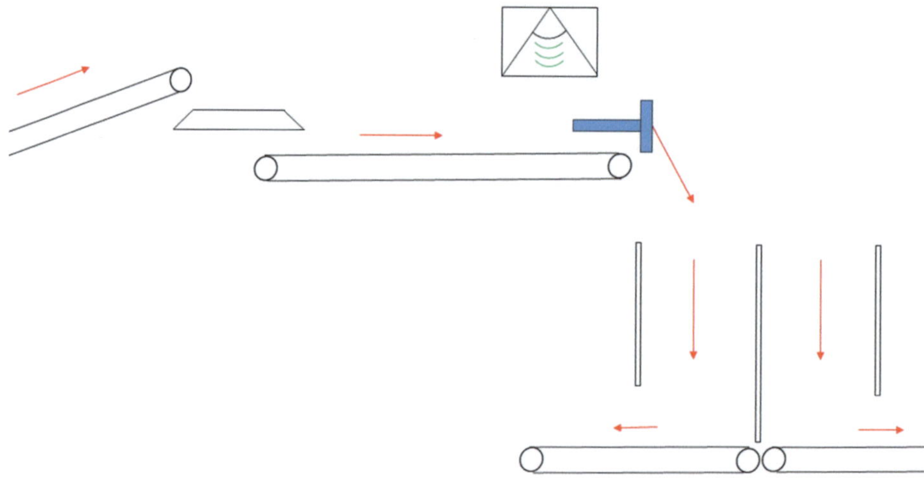

Abb. 134 Optische Sortierung mit mechanischem Austrag

Verschiedene mechanische Austragssysteme
Der mechanische Austrag kann als Druckstempel, Saugrüssel oder Roboterarmaustrag ausgeführt sein.
Der Druckstempel oder Schieber war der erste bekannte mechanische Austrag.
Der Saugrüssel kombiniert die mechanische Bewegung mit einer Ansaugfläche, mit dem das ausgesuchte Produkte hochgenommen wird (142).
Der Roboterarm ist heute die meistverbreitete Methode des mechanischen Austrags. Die Robotertechnik wird benutzt, größere Materialien aus einem Abfallstrom herauszunehmen (143).

Einsatzgebiet
Nach Stand der Technik ist eine Anwendung mit Fluss- oder Meeresplastik nicht bekannt. In der Literatur gibt es keine Hinweise auf die optische Erkennung dieser Stoffe, geschweige denn auf deren typische Verunreinigungen wie Sand, Salz oder Erde oder Veränderung durch Wasserbewegung, UV-Licht und pflanzlichen Bewuchs.
Auch der Einfluss dieser Produkteigenschaften wie Produktgewicht, -schwerpunkt oder Restfeuchte auf das Austragssystem ist nicht bekannt. Es ist offenkundig, dass durch die Mechanik eine Vereinfachung im Vergleich zum pneumatischen Austrag erzielt würde, weil die Materialfeuchte und die unterschiedlichen Stückgewichte aufgrund der Materialrestfeuchte beim mechanischen Austrag weniger ins Gewicht fallen würden als bei der Pneumatik.

Die folgende Tabelle fasst die wichtigsten Informationen zu diesem System zusammen:

Tabelle 61 Optische Sortierung mit mechanischem Austrag

Optische Sortierung mit mechanischem Austrag	
Effekt & Funktion	Mechanische Austragsarten können Druckstempel, Saugrüssel oder Roboterarmaustrag sein.
Einsatz bekannt	Nein, getrocknete und entleerte Materialien sind für die optische Erkennung problemlos. Der Einfluss von Produktgewicht, -schwerpunkt oder Restfeuchte ist ungeklärt.
Durchsatz	Gegenüber der Pneumatik die Totzeit der mechanischen Bewegungen ist weniger Durchsatz zu erwarten. Jedoch dank der höheren Kräfte, die der mechanische Austrag bewältigen kann, können sehr viel schwerere Materialien verarbeitet werden, was mehr Durchsatz bedeutet. Nach Fa. Bowe können z. B. schon jetzt in logistischen Anwendungen auch große (bis zu 800 mm x 600 mm) und schwere Stoffe bzw. Pakete (bis zu 31,5 kg) erkannt und mechanisch ausgetragen werden (144).
Leistungsbedarf	Mittelhoch für mechanische Kräfte.
Platzbedarf	Kann geringer sein, weil die mechanischen Austragssysteme anders funktionieren als ein pneumatisches Austragsystem.
Schnittstellen, Betriebsfluide	Der Einlass geschieht mit der Aufgabe auf das Beschleunigungsband. Der Auslass passiert an der jeweiligen Auswurfstelle.
Sensoren	Kontrolle der Funktionen durch Sensoren nötig.
Vorteile	Genaue Sortierergebnisse.
Nachteile	High-Tech mit hohen Investitions-, Betriebskosten und Platzbedarf.

4.3.4 Bedienersortierung mit Touchscreen & pneum. Austrag

Wirkprinzip: Kamera + Auge + Pneumatischer Austrag
Die bedienergesteuerte Kameraerkennung hat zum Ziel, die Vorteile der Kameraerkennung, der Produkterkennung durch das menschliche Auge und den pneumatischen Ausschuss der erkannten Produkte zu kombinieren. Dafür wird durch ein Kamerasystem ein Bild erzeugt, dass einem Bediener auf einem Touchscreen dargestellt wird. Zur Erkennung hat der Bediener einige Augenblicke, in denen das Bild feststeht. Der Bediener kann durch Anklicken die Produkte wählen, die durch den pneumatischen Ausschuss vom Hauptstrom getrennt werden sollen. Nachdem der Bediener seine Wahl bestätigt hat, wird er von dem Kamerasystem mit einem neuen Standbild versorgt, das die nächsten Produkte zeigt.

Durchsatz
In der Tat ist der Durchsatz eines solchen Erkennungssystems relativ gering. Im Vergleich zur automatischen Erkennung jedoch erlaubt dieses System, dass der Bediener Produkte erkennt und anwählt, die für die automatische Erkennung fremde Produkte wären. Insofern werden die menschliche Intelligenz und Erfahrung des Bedieners gewinnbringend eingebracht.

Einsatzgebiet
Es existieren keine Systeme, die mit Fluss- oder Meeresplastik arbeiten. Aber diese flexible Erkennung durch das bedienergesteuerte Kamerasystem ermöglicht natürlich den Auswurf von Materialien, die durch Fluss- oder Meeresbedingungen so verändert sind, dass eine Standarderkennung durch ein computergesteuertes System nicht möglich wäre.
Die bedienergesteuerte Kameraerkennung „Tri Télé-Opéré" wurde für Verpackungsabfälle in Frankreich (145) (146)

angewendet und hat auf die handelsübliche Ausschussmethode des pneumatischen Auswurfs zurückgegriffen. Jedoch ist vorstellbar, die bedienergesteuerte Kameraerkennung auch mit anderen Austragsmethoden zu kombinieren.

Die folgende Tabelle fasst die wichtigsten Informationen zu diesem System zusammen:

Tabelle 62 Bedienersortierung mit Touchscreen und pneumat. Austrag

Bedienersortierung mit PC und pneumatischem Auslass	
Effekt & Funktion	Kamera + Auge + Pneumatischer Austrag
Einsatz bekannt	Nein, aber der Einsatz für getrocknete Materialien ist problemlos.
Durchsatz	Gering wegen prozessbedingter Verzögerung auf Touchscreen.
Leistungsbedarf	Hoch, wegen des Kompressors des pneumatischen Austrags.
Platzbedarf	Relativ groß.
Schnittstellen, Betriebsfluide	Der Einlass geschieht mit der Aufgabe auf das Sortierband. Der Auslass passiert an der jeweiligen Auswurfstelle.
Sensoren & Aktoren	Kontrolle der optischen Funktionen.
Vorteile	Kein Kontakt des Bedieners mit den Abfällen. Genaue, jederzeit beeinflussbare Sortierergebnisse.
Nachteile	Relativ hohe Investitionskosten, Betriebskosten und Platzbedarf bei relativ geringem Durchsatz.

4.3.5 Optische Sortierung mit hydraulischem Austrag

Der pneumatische Austrag kann auch durch einen hydraulischen ersetzt werden, so wie sie in der Abbildung 135 illustriert wird:

Abb. 135 Hydraulischer Austrag zur Seite

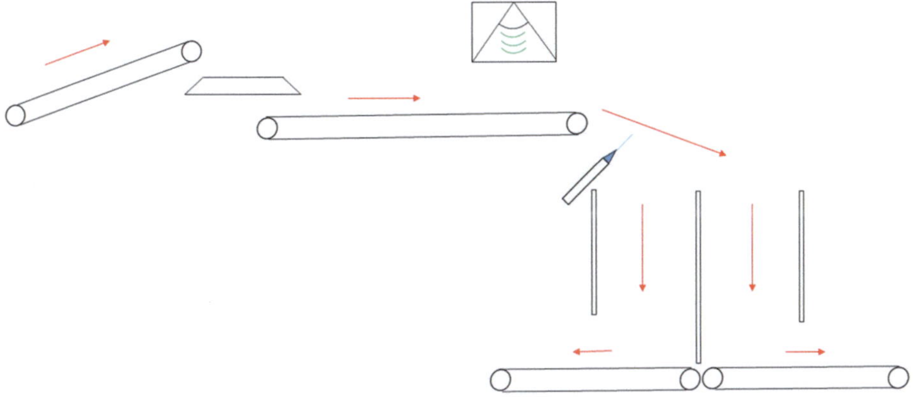

Abb. 136 Optische Sortierung mit hydraulischem Austrag

Die folgende Tabelle fasst die wichtigsten Informationen zu diesem System und seiner Anwendung mit Fluss- und Meeresplastik zusammen:

Tabelle 63 Sortierung mit hydraulischem Austrag

Optische Sortierung mit hydraulischem Austrag	
Effekt & Funktion	Der Wasserstrahl trägt die Materialien aus, die von der optischen Sortierung erkannt worden sind. Dazu muss der Druck, der Durchsatz und die Richtung des Wasseraustrags dem Gewicht und dem Volumen angepasst werden.
Einsatz bekannt	Nein, kein Einsatz für Fluss- oder Meeresabfälle bekannt (Hier: Darstellung eines Prototyps).
Durchsatz	Nicht bekannt.
Leistungsbedarf	Die Antriebsleistung sollte niedriger sein als bei vergleichbaren Anwendungen mit pneumat. Austrag.
Platzbedarf	Nicht bekannt.
Schnittstellen, Betriebsfluide	Der Eintrag kann durch ein Förderband oder Rutsche erfolgen. Der Austrag erfolgt je nach Austragsfraktion.
Sensoren & Aktoren	Die optische oder elektromagnetische Erkennung kann die verschiedenen optischen Systeme nach Stand der Technik beinhalten.
Vorteile	Die Möglichkeit, einen feuchten oder nassen Inputstrom zu behandeln, eröffnet ganz andere Möglichkeiten für Waschlinien von Kunststoff nach Stand der Technik. Bisher wurde davon ausgegangen, dass die optische Sortierung nur bei trockenem Input möglich und eine optische Nachsortierung während des Waschvorgangs ausgeschlossen sei.
Nachteile	Der hydraulische Austrag ist eine technische Idee, zu der es keinerlei Referenzanlagen gibt. Der pneumatische Austrag in Kombination mit einer optischen Sortierung stellt nicht nur den Stand der Technik dar, sondern spiegelt lange Optimierungsarbeit der Abstimmung zwischen Erkennen und Austragen verschiedenster Inputmaterialien wider.

4.3.6 Fe-Metallerkennung (ÜBM usw.)

Wirkweise und Bauarten
Permanent- und Elektromagnete können verschiedentlich in einen Prozess integriert werden:

- Rohrmagnete: Permanentmagnete werden in Rohren oder Förderübergängen z. B. an einer Klappe installiert. Diese Magnete sind „Polizei"-Einrichtungen, die den seltenen Fall von Fe-Metallen im Produktstrom herausholen sollen. Herunterfallende Nägel, Schrauben, kleine Bleche usw. können so festgehalten werden. Durch die Klappe können die gesammelten Fe-Metalle entnommen werden.
- Magnetrolle: Förderbänder können eine Magnetrolle besitzen, die Teil der Stirntrommel (der zweiten Spanntrommel) ist. So werden Fe-Metalle beim Abwurf vom Förderband durch das Magnetfeld abgelenkt und in einer Schurre gesammelt.
- Überbandmagnet: Über einem Förderband für den Produktstrom wird ein Abzugsband installiert. Durch einen Magnet werden Fe-Metalle nach oben zum Abzugsband gezogen. Das Abzugsband transportiert die Fe-Metalle zu einem Abwurfpunkt, an dem die Wirkung des Magnets aufhört und die Fe-Metalle abgeworfen werden können.

Einsatz mit Fluss- und Meeresplastik
Wenn Fluss- und Meeresplastik noch feucht ist und an Oberflächen haftet (ohne vorherige Trocknung und Abscheidung von organischen Störstoffen) oder wenn die Partikelgröße noch stark variiert (ohne Vorzerkleinerung), dann sind Apparate der Fe-Metallerkennung nicht effizient, weil sie zu viel oder zu wenig Material absondern bzw. verstopfen. Auf der anderen Seite kann Fluss- und Meeresplastik nur weiterverwendet werden, wenn es systematisch von allen metallischen Störstoffen entfrachtet wird.

Die folgende Tabelle fasst die wichtigsten Informationen zu diesem System und seiner Anwendung mit Fluss- und Meeresplastik zusammen:

Tabelle 64 Fe-Metallerkennung

Fe-Metallerkennung (ÜBM usw.)	
Effekt & Funktion	Eisenhaltige Metalle werden entweder durch Permanent- oder Elektro-Magneten erkannt.
Einsatz bekannt	Ja, im nachgeordneten Prozess, wenn die Fluss- und Meeresabfälle vorher getrocknet, vorzerkleinert und vereinzelt worden sind.
Durchsatz	Je nach Bauart und Förderbreite. Die verschiedenen Hersteller (147) (148) (149) (150) brauchen genaue Pflichtenhefte, bevor sie eine Maschinenauslegung machen.
Leistungsbedarf	Je nach Bauart und Förderbreite für Elektromagnete. Keine angeschlossene Leistung für Permanentmagneten.
Platzbedarf	Je nach Bauart und Förderbreite.
Schnittstellen	Die Fraktion der Fe-Metalle bleibt hängen bzw. wird abgeschieden.
Sensoren	Nicht notwendig in der jeweiligen Basisausführung.
Vorteile	Einfache Entfrachtung nach Stand der Technik.
Nachteile	Nur Fluss- und Meeresplastik, das in einen Zustand überführt worden ist, der dem von DSD-Plastikabfall vergleichbar ist, kann von diesen Geräten bearbeitet worden.

4.3.7 Nichteisen(NE)-Metallerkennung

Wirkweise und Austragssysteme
Nichteisen(NE)-Metalle können durch ein elektromagnetisches Feld erkannt werden.
Es empfiehlt sich, die NE-Metallerkennung nach die Fe-Metallerkennung zu setzen.
Oft handelt es sich um eine NE-Metallbrücke, die im rechten Winkel über einem Förderband sitzt.
Die NE-Erkennung kann mit verschiedenen Austragsmechanismen ausgestattet werden:

- Durch eine Fallklappe im Auslauf eines Förderbands fallen die erkannten NE-Metalle aus dem Hauptstrom heraus.
- Pneumatische Ventile schießen die NE-Metalle heraus, die durch eine genaue NE-Erkennung identifiziert worden sind.

Einsatz
Wenn Fluss- und Meeresplastik noch feucht ist und an Oberflächen haftet (ohne vorherige Trocknung und Abscheidung von organischen Störstoffen) oder wenn die Partikelgröße noch stark variiert (ohne Vorzerkleinerung), dann sind Apparate der NE-Metallerkennung nicht effizient, weil sie zu viel oder zu wenig Material absondern bzw. verstopfen.
Auf der anderen Seite kann Fluss- und Meeresplastik nur weiterverwendet werden, wenn es systematisch von allen metallischen Störstoffen entfrachtet wird.

Die folgende Tabelle fasst die wichtigsten Informationen zu diesem System und seiner Anwendung mit Fluss- und Meeresplastik zusammen:

Tabelle 65 NE-Metallerkennung

NE-Metallerkennung	
Effekt & Funktion	NE-Metalle werden durch ein elektromagnetisches Feld erkannt.
Einsatz bekannt	Ja, im nachgeordneten Prozess, wenn sie getrocknet, vorzerkleinert und vereinzelt worden sind.
Durchsatz	Je nach Bauart und Förderbreite. Die verschiedenen Hersteller (147) (148) (149) (150) brauchen genaue Pflichtenhefte, bevor sie eine Maschinenauslegung machen.
Leistungsbedarf	Je nach Bauart und Förderbreite.
Platzbedarf	Je nach Bauart und Förderbreite.
Schnittstellen	Die Fraktion der NE-Metalle wird ab- oder ausgeschieden.
Sensoren	Nicht notwendig.
Vorteile	Einfache Entfrachtung nach Stand der Technik.
Nachteile	Nur Fluss- und Meeresplastik, das in einen Zustand überführt worden ist, der dem von DSD-Plastikabfall vergleichbar ist, kann von diesen Geräten bearbeitet worden.

4.3.8   Sortierprozess für Wertstoffsammlungen

In Wertstoffsammlungen getrennt gesammelte Verpackungsplastikabfälle, verkürzt hier genannt: DSD-Abfälle (151), werden nach AVV (152) unter der Abfallklasse „15 01" geführt. Die Standardprozess-Ausführungen können bei Anlagenbauern als schlüsselfertiges Projekt gekauft werden. Als vereinfachte Sortierschritte werden nach Abb. 137 festgehalten:

- Grobsortierung: Je nach Sammlungsart müssen große, sperrige Einzelteile von Hand herausgenommen oder durch einen Vorzerkleinerer heruntergebrochen werden. Bei einer Sammlung, in der keine sperrigen Stoffe auftreten, kann ein Grobsieb diese Teile vom Hauptstrom abtrennen.

- Feinsortierung: Feinteile können gesundheitsschädlich und explosions- oder feuergefährlich sein. Deshalb werden sie ebenfalls dem Hauptstrom entnommen.

- Fe- und NE-Metallerkennung: Typische Verpackungen wie Dosen, Deckel, Aluminiumpapier müssen aussortiert werden.

- Weitere Sichtung oder Siebung in Abhängigkeit des jeweiligen Wertstoffsammelsystems: In Deutschland wird den Bürgern in vielen Gemeinden eine *„Blaue Tonne"* zur Sammlung von Papier- und Pappenfraktionen zur Verfügung gestellt. Im europäischen Ausland befinden sich diese Stoffe ebenfalls in der *„Gelben Tonne".* In einigen Kommunen gibt es auch Glasverpackungen, die innerhalb der Wertstoffsammlung miterfasst werden und nicht zum *Glascontainer* gebracht werden müssen. Deshalb sind Sichter für schwere Gläser oder Ballistikseparatoren für Flachkörper wie Kartonverpackungen und Papiere sinnvolle weitere Sichtungs- und Siebschritte.

- Sortierung: Für die Plastikabfälle werden sortenreine Endfraktionen für PE, PP, PVC, PET, PS u. Ä. erzeugt. Die weitergehende Sortierung nach Farben ist Stand der Technik.

- Qualitätskontrolle: Eine Nachsortierung kann per Hand oder durch optischen Sortierer erfolgen.

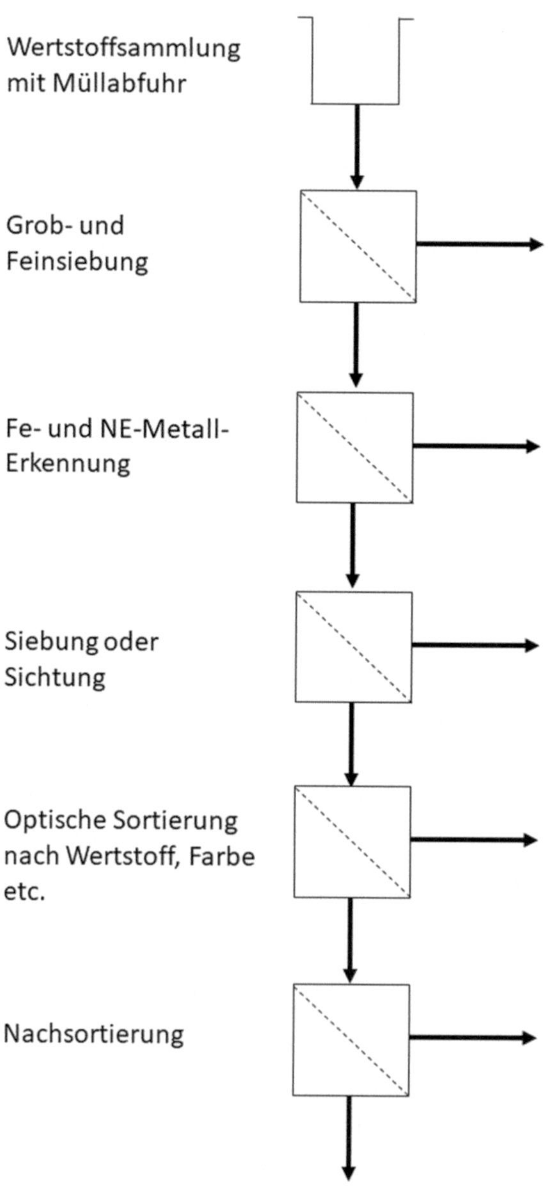

Abb. 137 Blockdiagramm: Sortierung nach Wertstoffsammlung

5 Vorzerkleinern, Shreddern, Schneiden, Mahlen

Zur besseren Übersicht der möglichen Anwendungen sollen in Abb. 138 die jeweiligen Input- und Outputmaterialgrößen in einer gemeinsamen Darstellung veranschaulicht werden:

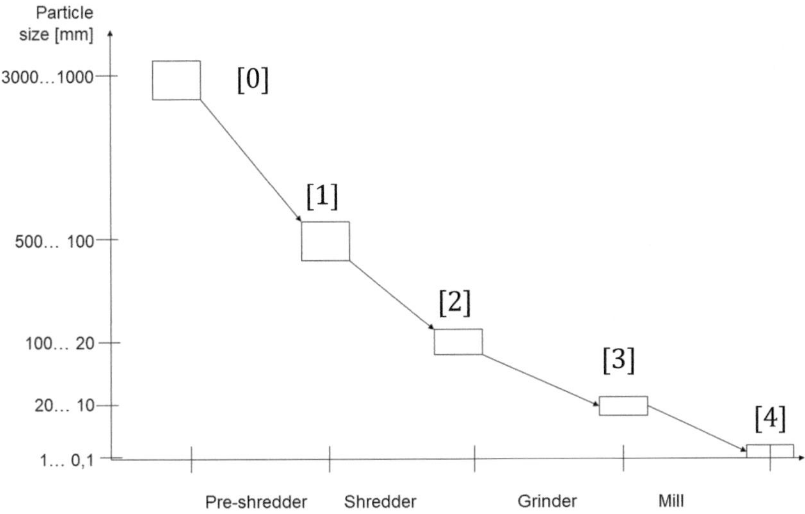

Abb. 138 Darstellung Zerkleinerungsschritte

Vorzerkleinerer: Bei Fängen von großen Meeresabfällen [0] finden sich in den Sammelnetzen durchaus Bojen, Plastikcontainer, Fischernetze und -seile, Plastik-Karkassen von Schiffen, Autos und Maschinen und ähnlich große Produkte, die durchaus ganz oder teilweise aus Kunststoff sein können. Ein Vorzerkleinerer hat die Möglichkeit, ein heterogenes Inputmaterial [0] von einem bis drei Metern Größe in ein standardisiertes Output-Maß [1] von ca. 300-500 mm zu bringen. Der Vorzerkleinerer wird im Kapitel 3.2.6 beschrieben.

Shredder: Für vorzerkleinerte oder Standard-Plastikprodukte [1] wie Kanister, Essens-Schalen (Engl.: Trays), Flaschen oder Becher kann der Shredder ca. 300-500 mm großes Inputmaterial zu Kunststoff-Stücken [2] verarbeiten. Für diese Kunststoff-Stücke sind je nach Inputmaterial eine Output-Partikelgröße, z. B. zwischen 20 und 100 mm zu ermitteln und eine geeignete Sieblochung festzulegen. Diese geshredderten Stücke ermöglichen, dass in einem Trocken- oder Waschprozess Störstoffe wie Mineralien, Metalle, Holz u. Ä. herausgeholt werden und andere Kunststoffe z. B. durch optische Erkennung oder in einem Schwimm-Sink-Becken abgesondert werden. Der Shredder wird im Kapitel 5.1 beschrieben.

Schneidmühlen (Engl.: Grinder oder Granulator): Schneidmühlen können Kunststoff-Stücke zu Flocken [3] (Engl.: Flakes) verarbeiten. Für diese Output-Flocken sind je nach Inputmaterial eine Output-Partikelgröße, z. B. zwischen 10 und 20 mm zu ermitteln und eine geeignete Sieblochung festzulegen.
Wenn die Standard-Plastikprodukte [1] störstofffrei sind, also keine mineralischen oder metallischen Störstoffe besitzen, kann eine Schneidmühle sofort, ohne Zwischenschritt durch den Shredder, eingesetzt werden. Aufgrund des geringen Schneidspalts in der Schneidmühle muss das Inputmaterial störstofffrei sein, um wiederholte Verstopfungen und Messerbrüche zu vermeiden. Die so erzeugten Flakes (Engl. für Flocken) können dem wertstoffgerechten Recycling des Kunststoffs am Ende überführt werden. Zunächst ist aber meist ein weiterer Trennprozess durch Sichten und/oder im Schwimm-Sink-Becken nötig. Die Schneidmühle wird im Kap. 5.2 beschrieben.

Feinmahl-Mühlen oder Pulverisierer: In verschiedenen Bereichen des wertstoffgerechten Recyclings ergibt es Sinn, den Output [4] zu pulverisieren. Der Pulverisator wird im Kap. 5.3 beschrieben.

5.1 Shredder

Funktionsprinzip
Ein Kunststoffshredder ist eine Zerkleinerungsmaschine, die für
Kunststofftypen angepasst wird. Dafür besitzt der Shredder ei-
nen oder mehrere Rotoren, bestückt mit Rotormessern, die das
Material im Zusammenspiel mit Stator- bzw. Gegenmessern zer-
kleinern. In der Regel ist der Messerspalt zwischen Stator- und
Rotormessern ein bis mehrere Millimeter groß.
Das Material wird mehrfach geschnitten, bis es durch die Sieblo-
chung unterhalb des Shredders passt und den Shredder-Raum
verlassen kann.

Beschickungsarten
Das Eingangsmaterial kann auf mehrere Arten in den Zerkleinerungsraum eingeführt werden.
Eine Möglichkeit besteht darin, mit einem Gurtförderer das Material bis oberhalb des Shredders hinzuführen und dann im freien
Fall auf die Rotoren fallen zu lassen. Durch einen Schneckenförderer kann ein ähnlicher Effekt erzielt werden.
In jedem Fall sollte ein Pufferraum oberhalb bzw. vor dem Shredder installiert werden, weil die Schneidarbeit des Shredders nicht
linear kontinuierlich erfolgt.

Nachdrückvorrichtung (Engl.: Pusher)
Zur Vergleichsmäßigung und kontinuierlichen Beschickung der
Rotoren ist es sinnvoll, eine Nachdrückvorrichtung oder
Schwingarm im Zerkleinerungsraum anzubringen, der das Mate-
rial kontinuierlich oder in einem Bewegungszyklus den Rotoren
zwangszuführt (153).

Nass-Shredder

Es ist möglich, Wasser in den Zerkleinerungsraum gezielt einzu-
düsen. Der Schneidvorgang wird dadurch gezielt beeinflusst.
Die erforderliche Schneidkraft wird gesenkt.
Störstoffe und Ablagerungen werden durch das Wasser heraus-
getragen.
Das geshredderte Produkt ist also teilweise gewaschen worden.
Ebenfalls wird so ein Teil der Reibungswärme beim Schneidvor-
gang abgeführt.

Meeresplastik-Anpassung

Bei der Verwendung mit Meeresplastik kann ein Shredder schnell
durch Muscheln, Kies, Steine, Sand oder Metalle blockiert bzw.
abgenutzt werden. Eine direkte Nutzung eines Shredders für un-
sortiertes Meeresplastik ist deshalb nicht ratsam. Eine Vorsortierung ist immer angeraten.

Siehe auch Kapitel 3.2.6 zum „Vorzerkleinerer".

Diese funktionale Einschränkung stellt einen Unterschied zur Benutzung im Recyclingbereich mit Postconsumer-Kunststoffen
dar.
Bei Postconsumer-Kunststoffen kann ein Shredder mit geringeren Betriebsrisiken eingesetzt werden, weil die Herkunft des Materials und eine gezielte Vorsortierung gewährleistet bzw. kon-
trollierbar sind.

Die folgende Tabelle fasst die wichtigsten Informationen zu diesem System und seiner Anwendung mit Fluss- und Meeresplastik
zusammen:

Tabelle 66 Shredder

Shredder	
Effekt & Funktion	Durchschneiden von Materialien im Spalt zwischen Messern (Rotor) und Gegenmessern (Stator); Nachdrückvorrichtung zum Einführen des Materials in den Messerspaltbereich.
Einsatz bekannt	Ja, verschiedene Einsatzgebiete werden von Shreddern erfolgreich abgedeckt, zum Beispiel Fischernetze und -kordeln (154).
Durchsatz und angeschlossene Leistung	Der Durchsatz hängt von der Kunststoffart und der Maschinengröße ab. Maschinengewicht und angeschlossene Leistung sind Ergebnisse konstruktiver Auslegungen. Am Beispiel der Fa. Lindner (155) sollen diese Maschinenauslegungen illustriert werden:

	Micromat 1500	Micromat 2000	Micromat 2500
Aufgabetrichtervolumen [m³]	3,4	4,5	5,6
Rotorlänge [mm]	1525	2025	2525
Motor [kW]	90	132	160
Gewicht [kg]	11.700	13.700	15.700

Platzbedarf	Je nach Maschinengröße
Schnittstellen	Das Inputmaterial wird oberhalb des/der Rotoren aufgegeben. Es verbleibt so lange im Schneidraum, bis es so weit geschnitten ist, dass es durch die Sieblochung passt. Das Outputmaterial wird dem Shredderraum unterhalb des Siebs entnommen.
Sensoren & Aktoren	Trichter über Shredder: Füllstandsonde Rotor: Drehwächter Stromstärke: Maximalbelastung-Abschaltung Wartungszugänge an Sieb und Rotor: Sicherheitsschalter
Vorteile	Der Shredder produziert ein Outputprodukt mit einer definierten Partikelgröße.
Nachteile	Der Shredder ist anfällig für Störstoffe, die die Messer beschädigen und den Schneidspalt blockieren können.

5.2 Schneidmühle

Eine Schneidmühle ist eine Maschine, in der Eingangsmaterial sehr fein zerkleinert wird.

Messerspalt und Sieblochung
Der Spalt zwischen feststehenden und drehenden Messern (Rotor- und Statormesser), liegt meist bei weniger als einem Millimeter. Trotz des geringen Messerspalts ist die Sieblochung meist sehr viel größer, zum Beispiel 10, 15 oder 20 mm.
Durch den geringen Messerspalt wird der Kunststoff als Inputmaterial mehrfach geschnitten und so lange vom Sieb zurückgehalten, bis seine Endgröße so klein ist, dass es durch die Sieblochung passt.
Es ist abzuraten, Kunststoffmaterial als Inputmaterial zu verwenden, dessen Materialdicke grösser ist als der Messerspalt, weil dieses Material mehrfach geschnitten werden müsste, um durch den Spalt zu fallen.

Schneidprozess
Je nach Anwendungsfall ist der Rotor einer Schneidmühle unterschiedlich gestaltet. Idealerweise sitzen die Messer in einer schrägen Ebene.
Um eine kontinuierliche Abschneidung zu bewirken, müssen die Messer in der schrägen Ebene zu den Gegenmessern sitzen. Würde über die ganze Nutzbreite im selben Moment das Material geschnitten werden, wäre ein Blockade-Effekt sehr schnell möglich.
Die Stator- oder Gegenmesser können in einer Reihe in zwei oder auch drei Reihen um den Umfang des Rotors positioniert sein. Je nach Input-Material ist die Anzahl dieser Statormesserreihen zu bestimmen.

Nass-Schneidmühle
Es ist möglich, Wasser in den Zerkleinerungsraum gezielt einzu-
düsen. Der Schneidvorgang wird dadurch gezielt beeinflusst. Die
erforderliche Schneidkraft wird gesenkt.
Störstoffe und Ablagerungen werden durch das Wasser heraus-
getragen. Das gemahlene Produkt ist also teilweise gewaschen
worden. Ebenfalls wird so ein Teil der Reibungswärme beim
Schneidvorgang abgeführt.

Anpassung an Input-Material
Eine Maschinenanpassung an das Input-Material ist einfach,
wenn die Art des Postconsumer-Inputmaterials bekannt ist, zum
Beispiel Folien, Fasern oder Hartkunststoffe. Auch die Kunststoffart spielt eine wichtige Rolle. Werden nun im Meeresplastik verschiedene Sorten von Kunststoff in Form von Fasern, Folien und
Hartkunststoffen gleichzeitig in die Schneidmühle eingeführt,
muss die Schneidmühle für das schwierigste Material ausgelegt
sein. Das führt in der Regel zu einem geringeren Durchsatz.
Deshalb ist auch hier das Recycling von Meeresplastik potenziell
teurer als das Recycling von gut vorsortiertem Postconsumer-
Kunststoff. Bei unsachgemäßem Gebrauch mit Metallstücken
oder Steinen im Inputmaterial können Messer ausbrechen:

Abb. 139 Rotormesser, durch Metallstücke beschädigt

Die folgende Tabelle fasst die wichtigsten Informationen zu diesem System und seiner Anwendung mit Fluss- und Meeresplastik zusammen:

Tabelle 67 Schneidmühle

Schneidmühle	
Effekt & Funktion	Durchschneiden von Materialien im Spalt zwischen Messern (Rotor) und Gegenmessern (Stator). Konstruktive Varianten: Trocken und Nass-Schneidmühlen.
Einsatz bekannt	Ja, verschiedenste Einsatzgebiete werden von Schneidmühlen erfolgreich abgedeckt, zum Beispiel Fischernetze, Plastikflaschen, Flip-Flops oder Verpackungsreste, um Material für Ziegel und Mauersteine zu erzeugen.
Durchsatz	Der Durchsatz hängt von der Kunststoffart und der Maschinengröße ab. Am Beispiel der Nass-Schneidmühlen der Fa. Previero sollen die Auslegungsdaten dargestellt werden. *Rotortyp* Je nach Kunststoffart fällt das Material frei aus dem Rotor heraus, wie z. B. PET-Flakes es tun würden. Hier sind offene Konturen zum Schneiden hilfreich. Andere Materialien lagern sich am und im Rotor an und „wollen" nicht herausfallen wie z. B. Folien- oder „Big Bag"-Flakes. Dafür sind Konturen hilfreich, in denen sich geschnittene Materialien nicht oder weniger einlagern können. Deshalb kann der Rotor einer Schneidmühle nach Herstellerangaben verschiedene Konturen einnehmen. Entweder stehen die Rotorschneiden frei in den Raum („Offener Rotor"), sie liegen in der Kontur des Rotordurchmessers an („Geschlossener Rotor") oder es gibt einen geometrischen Kompromiss („Halb-offener Rotor"). *Rotorgröße und Anzahl der Rotormesser* Der Durchsatz wird bestimmt durch die Nutzbreite, die in einem Rotor durch die Rotorlänge gegeben ist, und die mögliche Beladehöhe, mit der die Maschine beladen werden kann. Das ist in einem Rotor der Rotordurchmesser (Rotor-ø). Je öfter bei einer Umdrehung des Rotors geschnitten werden kann, desto höher ist der Durchsatz. Deshalb ist die Anzahl der Rotormesser wichtig, die um den Umfang des Rotors angeordnet sind.

	MU508	MU610	MU812	MU916
Zitiert nach:	(156)	(157)	(158)	(159)
Rotor-ø [mm]	450	550	750	850
Länge [mm]	800	1000	1200	1600
Anzahl Messer	3 oder 5	3 oder 5	5 oder 6	7

Optionen zur Steigerung des Durchsatzes
Die Fa. Previero (160) nennt konstruktive Optionen, die das Durchsatzvermögen der Maschine steigern können:
- Heruntergesetzte Auslass-Förderschnecke zu einer Vergrößerung der Auslasskapazität;
- Nickel-verstärktes Mahlgehäuse, um den Verschleiß zu mindern;
- Wasserkühlung des Mahlraums, um die Erhitzung beim Schneiden zu mindern und so das Erweichen der Kunststoffe zu vermeiden und die Schneidkapazität zu erhöhen.

Leistungs-bedarf und Maschinengewicht

Am Beispiel der Maschinen der Fa. Zerma (161) seien hier typische Auslegungen für Schneidmühlen genannt:

Eigenschaften: Baugröße:	Rotor-ø [mm]	Rotorlänge [mm]	Motor [kW]	Gewicht [kg]
350/500	350	500	22	1800
500/600	500	600	45-55	3100
500/1000	500	1000	75-90	4200
600/800	600	800	75-90	4500
700/1000	700	1000	90-110	7100
800/1200	800	1200	110-160	10400
800/1600	800	1600	132-200	12500
800/2000	800	2000	2 x 160	13500
1100/1200	1100	1200	200	14000
1100/2400	1100	2400	2 x 200	22000

Platzbedarf	Je nach Baugröße.
Schnittstellen	Das Inputmaterial wurde oberhalb des/der Rotoren aufgegeben. Es verbleibt so lange im Schneidraum, bis es so weit geschnitten ist, dass es durch die Sieblochung passt. Das Outputmaterial wird dem Mahlraum unterhalb des Siebs entnommen.
Sensoren & Aktoren	Trichter über Schneidmühle: Füllstandssonde. Rotor: Drehwächter. Stromstärke: Maximalbelastung-Abschaltung. Wartungszugänge an Sieb und Rotor: Sicherheitsschalter.
Vorteile	Die Schneidmühle produziert ein Outputprodukt mit einer definierten Partikelgröße.
Nachteile	Die Schneidmühle ist anfällig für Störstoffe, die die Messer beschädigen und den Schneidspalt blockieren können. Siehe Abb. 139.

5.3 Feinmahlmühle oder Pulverisator

Eine Feinmahl-Mühle ist eine Maschine, in der Eingangsmaterial sehr fein zerkleinert wird. Deshalb wird die Feinmahl-Mühle auch Pulverisator genannt (162) (163). Am Beispiel der Fa. Herbold Meckesheim GmbH kann man zwei Bautypvarianten beschreiben:

- Die Fein-Schneidmühle des Typen „SMF" (164) ist eine Schneidmühle, dessen Schneidspalt sehr eng eingestellt ist.
- Die Feinmahl-Mühle des Typen „PU" ist eine Prallscheibenmühle mit zwei Scheiben, die sehr schnell und dicht zueinander laufen. Dabei entsteht eine Mikronisierung oder Pulvererzeugung (165). Um das Outputprodukt als Feingut zu optimieren, empfiehlt Herbold eine doppelte Prallscheibenmühle „Twin", wobei die erste das Feingut erzeugt und die zweite das ausgesiebte Grobgut nochmals zermahlt (166).

Die folgende Tabelle fasst die wichtigsten Informationen zu diesem System und seiner Anwendung mit Fluss- und Meeresplastik zusammen:

Tabelle 68 Pulverisator

Pulverisator	
Effekt & Funktion	Feinmahlen durch Fein-Schneid- oder Mahl-Mühle
Einsatz bekannt	Nein, nur für bestimmte Kunststoffarten sinnvoll: • Feinmahlung weicher, faserförmiger, dünnwandiger und/oder elastischer Stoffe, wie z. B. Bohr- und Frässpänen aus Kunststoff wie PE oder Zellstoff in Plattenform (164). • Prallscheibenmühle: Einsatz bei körnigen oder spröden Materialien, z. B. PE-Granulat oder Hart-PVC-Mahlgut (165).
Durchsatz	Der Durchsatz hängt von der Kunststoffart, der zu erzeugenden Pulverpartikelgröße und dem Maschinentyp ab. Am Beispiel der Maschinen der Fa. Herbold seien diese Abhängigkeiten erläutert (166), wobei der Durchsatz in [kg/h] angegeben wird:
Leistungsbedarf	Der Leistungsbedarf hängt vom Durchsatz ab (166):
Platzbedarf	Je nach Maschengröße und -typ.
Schnittstellen, Betriebsfluide	Das Inputmaterial wurde oberhalb des/der Rotoren aufgegeben. Das Outputmaterial wird unterhalb des Siebs entnommen.
Sensoren	Stromstärke: Maximalbelastung-Abschaltung.
Vorteile	Partikelgröße des Outputs.
Nachteile	Maschinenaufwand nur in Spezialanwendungen für sortenreine Anwendungen vertretbar.

Durchsatz-Tabelle (eingebettet in Zeile *Durchsatz*):

Maschinentyp:	PU 300	PU 500	PU 500 Twin
Output :			
100 % < 500 µm	250	250	500
100 % < 600 µm	300	600	1200
96 % < 800 µm	400	800	1600

Leistungsbedarf-Tabelle (eingebettet in Zeile *Leistungsbedarf*):

	PU 300	PU 500	PU 800
Angeschlossene Leistung [kW]	22-30	45-75	90-110
Mahlleistung: Durchsatz [kg/h]	50-500	150-1000	300-2000
Maschinengew. [kg]	100	1800	3000

5.4 Trocken-Schneidprozess (Standard)

Definition
Sortierte Polymere (PE, PP, PET, PS usw.) können in einem Trockenprozess, das heißt in einem Zerkleinerungs- und Sortierprozess ohne Waschvorgang, bearbeitet werden.
Ein sogenannter Trockenprozess ist die Aufarbeitung von Kunststoffabfällen, die sowohl Postconsumer-Abfälle sein können als auch Post-Production-Abfälle.

Wirkweise
Die Wirkweise des Standardprozesses kann bei Anlagenbauern als schlüsselfertiges Projekt gekauft werden.

Bsp. Konservendosendeckel
Der Trockenprozess ist dadurch gekennzeichnet, dass der Verschmutzungsgrad des Eingangsmaterials relativ gering ist.
Dieser muss in der Tat so gering sein, dass er im Endprodukt als Restverschmutzung akzeptabel ist.
Der Trockenprozess hat nicht die Aufgabe zu waschen oder zu reinigen. Störstoffabscheider im Sinne von „Polizei"-Einrichtungen können Teil des Trockenprozesses sein, sollten aber z. B. nur einmal pro Stunde anschlagen.
Ein typisches Beispiel kann ein Konservendosendeckel sein, der versteckt oder verklemmt in einer Plastikverpackung in den Trockenprozess gelangt ist. Er sollte durch eine Metallbrücke oder einen Überbandmagnet ausgeschieden werden. Die Ausschleusung eines Konservendosendeckels wäre also kompatibel mt einem Trockenprozess.

Bsp. Tomatenketchup
Ein gegenteiliges Beispiel wäre Tomatenketchup in einer Plastikflasche.

Dieses Tomatenketchup würde in einer Trockenlinie nicht entfernt werden, weil die Plastikflasche als Gutmaterial akzeptiert würde. Die Spuren von Ketchup können also nicht im Trockenprozess entfernt werden.

In einer Waschlinie würden dagegen die letzten Spuren von Ketchup ausgewaschen werden.

Es liegt in der Verantwortung des Betreibers, der das Inputmaterial am besten kennt, zu entscheiden, ob die halbvolle Ketchupflasche eine Ausnahme ist, die statistisch nicht ins Gewicht fällt oder ob die Verschmutzung durch Essensreste einen Prozentsatz im Input erreichen, um einen Waschprozess zu rechtfertigen.

Aufbau nach Abb. 140

Der Aufbau einer Trockenprozesslinie entspricht dem einer Waschlinie:

- Durch den Shredder entstehen Plastikstücke.
- Diese müssen von Störstoffen befreit werden.
- Durch die Schneidmühle werden aus (großen) Stücken (kleine) Flocken.
- Nach einer Schneidmühle werden die entstandenen Plastikflakes zum zweiten Mal von Störstoffen befreit.

Durch diese doppelte Zerkleinerung – zuerst Shredder, dann Schneidmühle – ist es möglich, auch mit dem Gutmaterial vermischte und verhakte Störstoffe – siehe Beispiele des Tomatenketchups und des Konservendosendeckels – von der Gutfraktion zu trennen.

Durch das schrittweise Vorgehen ergibt sich die Möglichkeit, energie- und kostensparend zuerst die vom Shredder produzierten Kunststoffstücke zu sortieren und dann im zweiten Prozessschritt die Plastikflakes je nach Dichte, Farbe, Größe etc. zu sortieren.

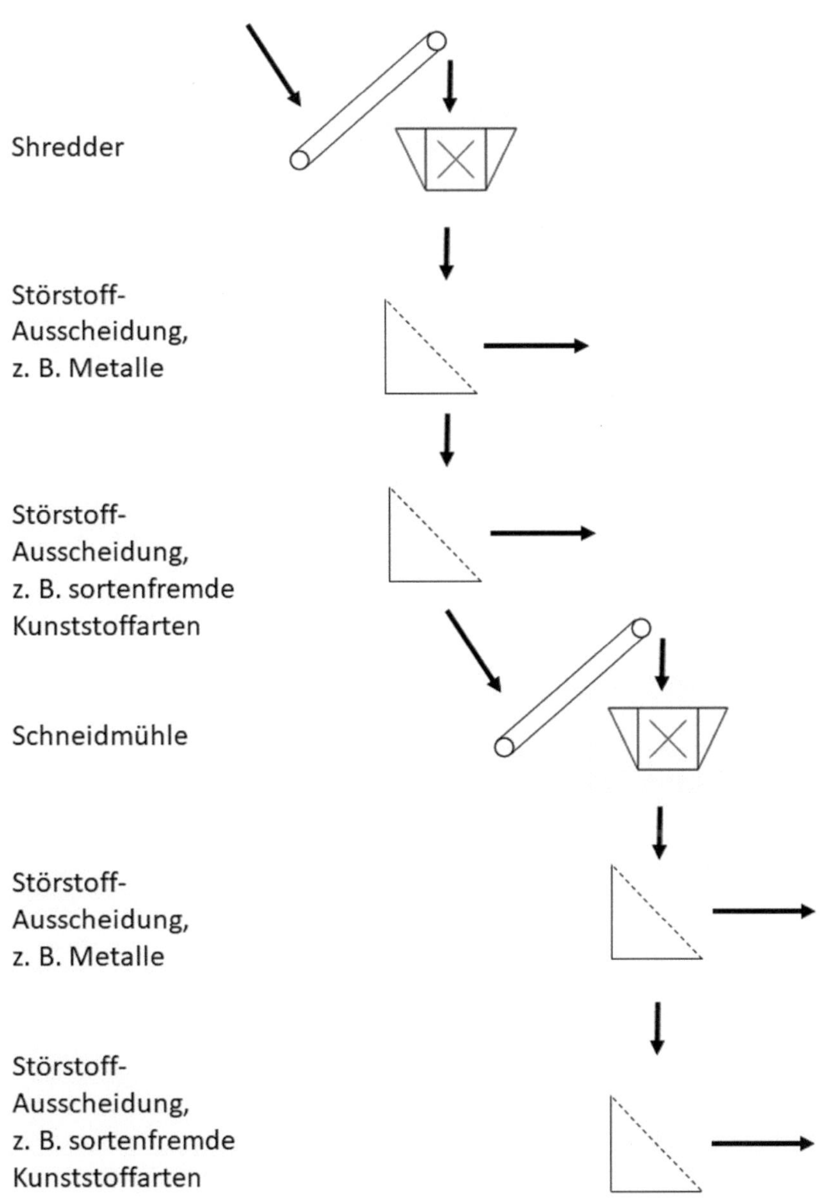

Abb. 140 Vereinfachtes Blockdiagramm des Trockenprozesses

6 Waschen, Trocknen

Nach Stand der Technik gibt es drei Hauptschritte vor dem werkstoffgerechten Recycling von Verpackungsmaterialien:

- Sammlung durch Container, Müllfahrzeuge usw.
- Sortierung in einer Sortieranlage, die für Verpackungsmaterialien geeignet ist,
- Wäsche der sortierten Materialien.

In diesem Kapitel 6 werden die Wasch- und Trocknungsvorgänge nach der Sortierung der Fluss- und Meeresplastikarten in werkstoffreine Outputströme beschrieben.

6.1 Waschen

Wie in anderen industriellen Waschprozessen müssen die geeigneten Waschmittel und -maschinen sowie die angepassten „Waschprogramme" gefunden werden.

6.1.1 Rührer und Mischer

Wirkweise
Ein Rührwerk ist ein Rührer, der in einem Tank oder Becken angeordnet ist. Die Rührer sind der Rührsituation angepasst und können vertikale Paddel, horizontale Teller u. Ä. sein.

Bauvarianten

Die Anordnung kann vertikal oder horizontal sein:

- Das Vertikalrührwerk ist der Standard in Mischtanks zum Vermengen von Wasser mit Chemikalien oder zum kontinuierlichen Herstellen einer homogenen Suspension zwischen Waschwasser und Plastik-Flakes.
- Das Horizontalrührwerk befindet sich zum Beispiel an der Wasseroberfläche eines Schwimm-Sink-Tanks, um eine Wasserbewegung zu bewirken.

Einsatz

Eine Dosierung von Meeres- und Flussplastik erscheint schwierig. Aufgrund des hohen Anteils der Störstoffe wie Schlamm und Sand sind Fluss- und Meeresabfälle oft miteinander verhakt und können nicht einfach auf einfache Art dosiert werden.

Das Anrühren von Fluss- und Meeresplastik ohne Shredderung erscheint nicht möglich nach Stand der Technik.

Sobald Fluss- und Meeresplastik geshreddert sind, können sie auch gemischt werden. Jedoch sind geschredderte Plastikstücke immer noch relativ groß und der Durchmischungseffekt entsprechend gering.

Eine gute Durchmischung kann jedoch nach Schneiden von Meeres- und Flussplastik erzielt werden.

Das gezielte Anrühren einer Suspension ist für die Kalt- und Heißwäsche von Kunststoffrecycling notwendig.

Weil die geschnittenen bzw. gemahlenen Flakes in einer Wassersuspension relativ schnell absinken können, muss bei der Tank- und Rührwerkauswahl darauf geachtet werden.

Die folgende Tabelle fasst die wichtigsten Informationen zu diesem System und seiner Anwendung mit Fluss- und Meeresplastik zusammen:

Tabelle 69 Rührwerk

Rührwerk	
Effekt & Funktion	Anrühren einer Suspension durch Drehbewegung.
Einsatz bekannt	Nein.
Durchsatz	Material- und baugrößenabhängig. In einer Waschlinie werden je nach Inputmaterialart 1-5 t/h Trockensubstanz an Inputmaterial verarbeitet.
Leistung	Material- und baugrößenabhängig.
Platzbedarf	Material- und baugrößenabhängig.
Schnittstellen	Tankein- und -auslass.
Sensoren	Füllstandsmessung. Überlastschutz des Rührwerks.
Vorteile	Nur durch das gelungene Herstellen einer Suspension kann ein Waschvorgang von Verpackungsabfällen effektiv werden.
Nachteile	Rührwerk kann verhaken und stehen bleiben bei Anhäufung von Plastikstücken oder -Flakes.

6.1.2 Wasch-Förderschnecke mit Sieb

Wirkweise

Eine Wasch-Förderschnecke mit Sieb hat eine Wassereinsprühung durch Ventile von oben.

Sie kann über die ganze Förderlänge angeordnet werden. Eine langsame Förderbewegung wird durch die Wendelschnecke erzeugt.

Zwischen Wendelrand und Siebfläche kommt es zu einer Reibung, die den Reinigungseffekt verbessert. Durch das Sieb kann das Waschwasser wieder abfließen.

Einsatz

Ein Einsatz mit Verschmutzungen von Fluss- und Meeresplastik ist nicht bekannt.

Die folgende Tabelle fasst die wichtigsten Informationen zu diesem System zusammen:

Tabelle 70 Wasch-Schneckenförderer mit Sieb

Wasch-Förderschnecke mit Sieb	
Effekt & Funktion	Durch Wasserventile bewirktes Besprühen des Materials in den Wendelschnecken. Von langsamer Drehbewegung der Wendel der Förderschnecke erzeugte Förderbewegung. Reinigungseffekt durch Reibung im Spalt zwischen Wendelrand und Siebfläche. Durch Schwerkraft erzeugte Entwässerung des Produkts durch die Siebfläche.
Einsatz bekannt	Nein, aber mit Salzwasser versetzte Postconsumer-Abfälle können in VA-Förderschnecken gewaschen und entwässert werden.

Durchsatz	Material- und baugrößenabhängig. In einer Waschlinie werden je nach Inputmaterialart 1-5 t/h Trockensubstanz an Inputmaterial verarbeitet.
Leistungsbedarf	Ca. 2-5 kW je nach Baugröße.
Platzbedarf	Je nach Baugröße: Die Wasch-Förderschnecke kann 2-10 m lang sein.
Schnittstellen & Betriebsfluid	Der Einlass befindet sich oberhalb des Förderschneckenbeginns. Der Auslass befindet sich unterhalb der Förderschneckenende. Das Waschwasser wird von oben eingesprüht und kann nach unten durch das Sieb entweichen.
Sensoren & Aktoren	Der Wassereinlass wird mit einem Regelventil dosiert. Der Schneckenförderer besitzt einen Getriebemotor.
Vorteile	Das Waschen durch Reibung wird platzsparend und effektiv getätigt. Der Energieaufwand für den langsam drehenden Schneckenrotor ist relativ niedrig.
Nachteile	Der Wascheffekt ist begrenzt wirksam und nicht zu vergleichen mit einem Friktionswäscher.

6.1.3 Friktionswäscher

Der Friktionswäscher hat zwei Aufgaben, die in der Maschine kombiniert sind:

Reibungssituation: Paddel am Sieb
Die erste Aufgabe besteht darin, das Input-Material durch Reibung zu waschen und so Störstoffe von den Kunststoffoberflächen zu rubbeln, reiben, kratzen und schneiden und dann im Waschvorgang mit dem Wasser zu entfernen.
Dazu wird das Inputmaterial von oben [1] in den Friktionswäscher eingeführt. Siehe Abbildung 141.
Der schräg angestellte Rotor [2] besitzt Paddel, die so lang sind, dass sie an das Sieb heranreichen. Durch die kontinuierliche Drehbewegung des Rotors gegen das Sieb wird eine Reibung des Materials zwischen Paddelspitze und Sieboberfläche provoziert. Dadurch wird das Eingangsmaterial ausgequetscht. Während das Inputmaterial durch die Rotorbewegung nach oben steigt und dort die Maschine verlässt [3], fällt das Wasser mithilfe der Schwerkraft durch die Sieblöcher nach unten [4] aus.

Inputspezifische Maschinenkonfiguration
Je nach Materialart, wie Hartkunststoffe oder Folienmaterial, und je nach Partikelgröße des vorgeshredderten Materials müssen die Paddelabstände zur Sieboberfläche neu eingestellt werden.

Typische Störstoffe, die auf diese Weise im Friktionswäscher abgesondert werden, sind Folien, Aufkleber und organische Verschmutzungen, die sich an der Oberfläche der Hartkunststoffteile befinden.

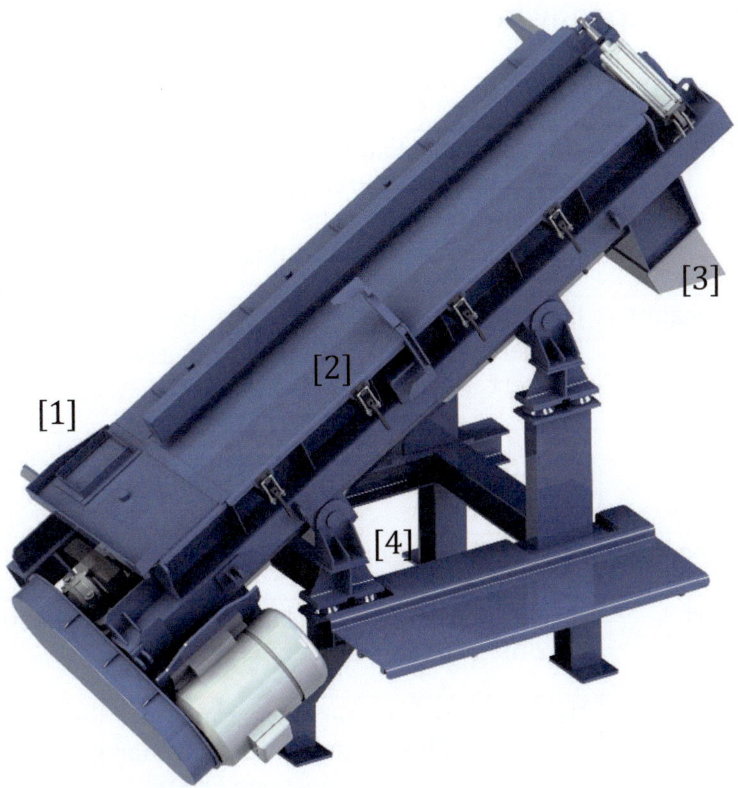

Abb. 141 Friktionswäscher nach (171)

Abführen des Waschwassers
Die zweite Aufgabe wird durch die schräge Aufstellung des Friktionswäschers erzeugt. Das Waschwasser kann durch ein Sieb mit entsprechender Sieblochung, wie zum Beispiel zwei, drei oder vier Millimeter Siebloch-Durchmesser, in den Abwasserkanal abfließen.
Eine typische Aufstellung eines Friktionswäschers ist in Abb. 141 gegeben.
Die folgende Tabelle fasst die wichtigsten Informationen zusammen:

Tabelle 71 Friktionswäscher

Friktionswäscher	
Effekt & Funktion	Von schneller Paddelbewegung erzeugte Zentrifugalkräfte. Reibung durch Spaltabstand zwischen Paddelspitzen und Siebfläche. Durch Schwerkraft erzeugte Entwässerung des Produkts.
Einsatz bekannt	Ja, mit Salzwasser versetzte Postconsumer-Abfälle können in VA-Friktionswäschern gewaschen und entwässert werden.
Durchsatz	Material- und baugrößenabhängig. Für Waschlinien sind Durchsatzraten von 1-5 t/h nötig.
Leistungsbedarf	Ca. 10-20 kW je nach Baugröße.
Platzbedarf	Je nach Baugröße 3-4 m lang. Durch Schrägaufstellung ca. 2 m hoch.
Schnittstellen	Der Friktionswäscher besitzt mehrere Ein- und Ausläufe: Das Waschwasser wird auf der ganzen Länge eingebracht und verlässt den Friktionswäscher durch das Sieb in einer Wanne am unteren Ende. Durch die schräge Aufstellung des Friktionswäschers wird eine kontinuierliche Entwässerung des Eingangsmaterials erzeugt. Das Input-Material wird am unteren Ende in den Friktionswäscher eingeführt, wandert durch die Rotorbewegung schräg nach oben und verlässt den Friktionswäscher am höchsten Punkt des Rotors.
Sensoren & Aktoren	Der Wassereinlass wird mit einem Regelventil dosiert. Die Abreinigung des Siebs muss durch Wasserventile angesteuert werden.
Vorteile	Das Waschen durch Reibung wird platzsparend und effektiv getätigt.
Nachteile	Durch die Reibung entstehen Feinteile (Mikroplastik). Der Energieaufwand für den schnell drehenden Paddelrotor ist relativ hoch.

6.2 Nass-Dichtetrennung (Schwimm-Sink-Verfahren)

Die Trockensichtungsverfahren, die auf Dichte- bzw. auf Gewichtsunterschiede der Produkte beruhen, werden im Kapitel 4.1 beschrieben.

Das Schwimm-Sink-Verfahren ist eine Dichtetrennung von Stoffen, die an der Wasseroberfläche schwimmen, also leichter sind als das Wasser selbst, von den Stoffen, die absinken, also schwerer sind als Wasser.

6.2.1 Schwimm-Sink-Becken

Das Schwimm-Sink-Becken ist eine Trennungsmaschine, in der eine schwimmende Fraktion von einer sinkenden Fraktion abgetrennt wird.

Wirkweise nach Abb. 142
Das Wasser, das mit dem Input-Material [1] durchmischt ist, wird auf der einen Seite des Schwimmsinkbeckens eingeführt. Es durchläuft ein oder mehrere Becken, in denen sich die Sinkfraktion niederlassen kann.

Sinkfraktion
Als Sinkfraktion werden Materialien bezeichnet, die im Wasser aufgrund ihrer höheren Dichte absinken. Dazu darf das Wasser nur eine geringe Strömgeschwindigkeit haben, um den Sinkprozess zu ermöglichen. In einem Schwimmsinkbecken helfen Paddel, die an verschiedenen, an der Wasseroberfläche angeordneten Paddeltrommeln [2] installiert sind. Diese Trommeln ermöglichen eine bekannte Strömungsbewegung.

Schwimmfraktion
Materialien, deren Dichte leichter ist als die von Wasser, schwimmen an der Oberfläche. Das Wasser bewegt sich durch die

Paddelbewegung begünstigt zusammen mit der Schwimmfraktion in Richtung des Ausgangsbereichs [3].

Einsatzgebiet
Für Fluss- und Meeresplastik wäre es hilfreich, schwere Abfälle wie Metalle, Steine, Sand, Korallen, Muscheln, Tierkadaver wie tote Vögel, Fische und Krebse usw. im Schwimmsinkbecken von einer Schwimmfraktion zu trennen. Jedoch würden Kunststoffarten, die schwerer sind als Wasser, wie z. B. PVC und PET, mit der Sinkfraktion gesammelt werden. Schwimmende Kunststoffarten wie PE und PP würden von der Sinkfraktion abgetrennt werden.

[1] Einlass   [2] Paddeltrommeln   [3] Auslass

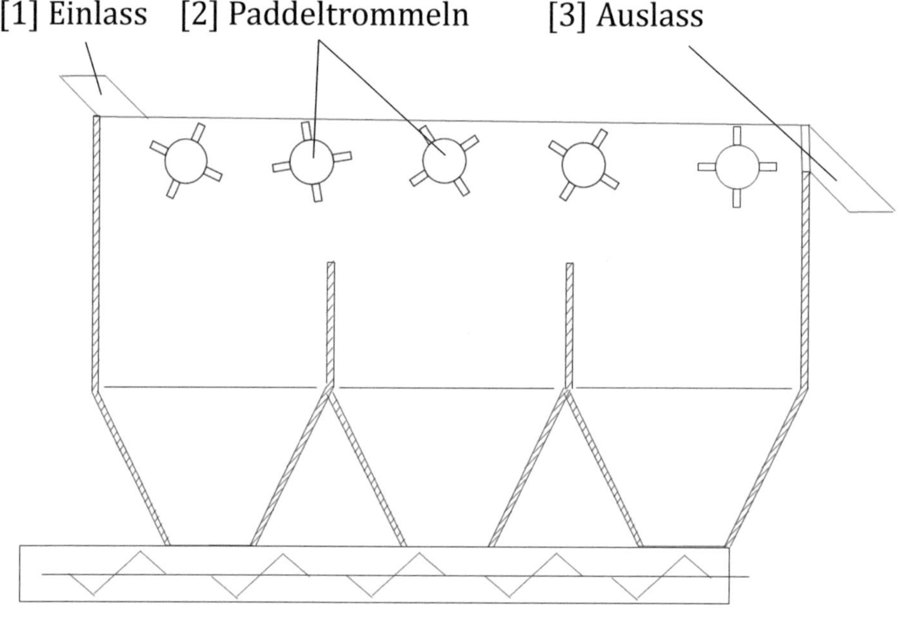

Abb. 142 Prinzipskizze eines Schwimm-Sink-Beckens

Die folgende Tabelle fasst die wichtigsten Informationen zu diesem System und seiner Anwendung mit Fluss- und Meeresplastik zusammen:

Tabelle 72 Schwimm-Sink-Becken

Schwimm-Sink-Becken	
Effekt & Funktion	Dichtetrennung im Wasser.
Einsatz bekannt	Nein, jedoch sind Anwendungen für verschiedene Trägerflüssigkeiten, auch für Salzwasser bekannt. In einer Salzwasser-Anwendung für PET-Trennung wurde diese Maschine bereits benutzt.
Durchsatz	Relativ gering, weil das Trennverhalten von der Absinkgeschwindigkeit der Sinkfraktion abhängt. In Waschlinien sind Durchsatzraten von 1-5 t/h üblich.
Leistungsbedarf	Die Antriebsleistung der notwendigen Pumpe, um das Material-Wasser-Gemisch zu fördern, sowie die Antriebsleistung der Motoren, der Paddelwalzen an der Wasseroberfläche können relativ gering sein.
Platzbedarf	Der Flächenbedarf zum Aufstellen eines Schwimm-Sink-Beckens ist hoch. Er kann z. B. Breite x Länge = 3 m x 8 m sein.
Schnittstellen, Betriebsfluide	Das Einführen des Inputmaterials passiert an der Wasseroberfläche am hinteren Ende. Die Schwimmfraktion wird an der Wasseroberfläche am vorderen Ende entnommen. Die Sinkfraktion wird am tiefsten Punkt des Beckens herausgenommen.
Sensoren & Aktoren	Das Absinken ist ein natürlicher Prozess, der nicht beschleunigt werden kann. Das heißt, dass das Materialverhalten in der Maschine nach einer Inbetriebnahme beobachtet und gemessen werden kann, ohne dass es durch eine Sensorik speziell überwacht wird.
Vorteile	Der natürliche Effekt des Absinkens der Sinkfraktion und des Herausnehmens der Schwimmfraktion an der Wasseroberfläche funktioniert auch in einer provisorischen oder vereinfachten Maschinenauf-stellung.
Nachteile	Natürliches Absinken kann nicht beschleunigt werden. Deshalb ist ein relativ großes Becken nötig. Deshalb ist die Aufstellfläche im Vergleich zu einem beschleunigten Schwimm-Sink-Verfahren wie z. B. des Hydrozyklons, recht groß.

6.2.2 Hydro-Zyklon

Der Hydrozyklon ist eine verfahrenstechnische Trennmaschine. Er trennt eine schwimmende von einer sinkenden Materialfraktion ab. Während in einem Schwimmsinkbecken die schwimmende Fraktion an der Oberfläche bleibt und die sinkende Fläche zum Beckengrund absinkt, wird die Trennung im Hydrozyklon anders gestaltet.

Zyklon-Wirkweise nach Abb. 143 und 144
Der Hydrozyklon übernimmt die physikalische Wirkweise des Luftzyklons. Der Luftzyklon besitzt einen zylindrischen Hauptteil und einen konisch auslaufenden Unterteil. Die Luft wird tangential in den zylindrischen Hauptteil eingebracht und so in Drehung versetzt. Sie kann nach unten entweichen und trifft auf den sich verjüngenden Unterteil des Zyklons. Durch diese Querschnittsverengung werden zwei Effekte produziert. Der erste Effekt besteht darin, dass die Luft nach innen gedrückt wird und durch ein inneres Tauchrohr nach oben aufsteigen kann. Der zweite Effekt liegt darin, dass durch die Wandreibung im konischen Unterteil schwerere Anteile in der Luft wie Staub oder andere Feststoffe zurückgehalten werden und zum unteren Auslass durch die Schwerkraft herabsinken.

Wasser als Fluid
Im Hydrozyklon gibt es eine ähnliche Aufgabenverteilung. Das Wasser dringt tangential in den zylindrischen Zyklonteil [1] ein und wird durch die Schwerkraft in Drehbewegung nach unten gefördert.
Im konischen Teil [2] erfahren die schwereren Anteile im Wasser an der Wand eine Reibungskraft. Durch die Schwerkraft wird das Absinken begünstigt.

Die schwimmenden Teile verbleiben im Wasser und können durch das innere Tauchrohr nach oben [3] entweichen. So wird eine Trennung zwischen Schwimm- und Sinkfraktion erreicht. Im Beruhigungstank [4] wird das Wasser druck- und strömungslos gemacht.

Abb. 143 Ansicht eines eingebauten Hydrozyklons nach (171)

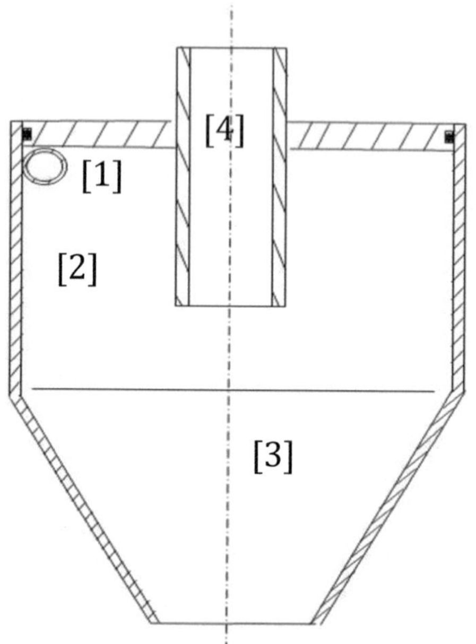

Abb. 144 Prinzipskizze: Hydrozyklon

Die Schwimmfraktion können z. B. Hartkunststoffe oder Folien aus PE oder PP sein, die Sinkfraktion kann z. B: aus PVC- oder PET-Stücken bestehen.

Je nach Inputmaterial ist die Sink- oder Schwimmfraktion die Gut- bzw. Schlechtfraktion.

Für Fluss- und Meeresplastik würden sich noch andere Zusatzstoffe in der Schwimm- und Sinkfraktion befinden wie z. B. Schilf, Algen, Sand, Muscheln.

Die folgende Tabelle fasst die wichtigsten Informationen zu diesem System und seiner Anwendung mit Fluss- und Meeresplastik zusammen:

Tabelle 73 Hydro-Zyklon

Hydro-Zyklon	
Effekt & Funktion	Zentrifugalkräfte schaffen ein spezifisches Strömungsprofil in einem Zylinder, der sich nach unten verjüngt.
Einsatz bekannt	Nein, Anwendungen nicht bekannt. Aber diese Maschine wurde bereits in einer Salzwasser-Anwendung für PET-Trennung benutzt.
Durchsatz	Der Durchsatz hängt vor allem von der Partikelgröße, der Beschleunigung durch die Pumpe, dem Durchmesser des Zyklons, der Eintauchtiefe des Innenrohrs usw. ab. In Waschlinien sind Durchsatzraten von 1-5 t/h üblich.
Angeschlossene Leistung	Die Antriebsleistung der Pumpe hängt von der Größe des Hydrozyklons, insbesondere seines Durchmessers ab.
Platzbedarf	Der Hydrozyklon ist kleiner als ein vergleichbarer Schwimm-Sink-Tank.
Schnittstellen, Betriebsfluide	Der Einlass ist das tangential eingeführte Rohrstück im Hydrozyklon. Auslässe sind das Tauchrohr für die Schwimmfraktion nach oben und der konische Flansch für die Sinkfraktion nach unten.
Sensoren & Aktoren	Durchfluss-Sensor hilfreich: Die Pumpe erzeugt einen Durchsatz mit einer hohen Fließgeschwindigkeit. Drucksensor hilfreich: Zur Überprüfung des Gleichgewichts im Hydrozyklon reicht es aus, den von der Pumpe erzeugten Druckunterschied zu überprüfen.
Vorteile	Die Effizienz ist bei kleinem Platzbedarf hoch.
Nachteile	Ein Hydrozyklon lässt sich durch die Geometrie und durch die Pumpenleistung beeinflussen. Andere Einstelleigenschaften gibt es nicht.

6.2.3 Dekanter-Zentrifuge (Drei-Weg)

Wirkweise nach Abb. 145
Die Dekanter-Zentrifuge mit dreifachem Auslass ist verfügbar bei
verschiedenen Herstellern (167) (168).
Eine Suspension wird durch ein zentrales Rohr [1] in den Förderschneckenkörper [2] hineingegeben.
Sie verlässt nach ca. zwei Drittel Gesamtlänge den Schneckenkörper durch ein radiales Loch [3].
Die Dekanter-Trommel [4] ist ein Hüllrohr, das sich schneller als
der Schneckenkörper selbst dreht.
Diese Differenzialgeschwindigkeit zwischen Dekanter-Trommel
und Schneckenkörper ist notwendig für die Trennung der Phasen.

Drei Outputs
Schlämme oder Feststoffe werden im verjüngenden Teil [5] des
Schneckenkörpers nach links herausgedrückt, während das Wasser durch die Dekanter-Trommelbewegung nach rechts gefördert
wird.
Durch die Schneckendrehbewegung werden die Schlämme bzw.
die Feststoffe kontinuierlich eingedickt.
Gleichzeitig wird durch die Zentrifugalkraft in der Dekanter-
Trommel das schwerere Material nach außen gedrückt. Durch geeignete Geometrien und sogenannte, einstellbare Schälscheiben
kann der flüssige Austrag nach rechts unterschieden werden in
den druckbeaufschlagten Austrag [6] des Wassers nahe am In-
nendurchmesser des Hüllrohrs und den drucklosen Austrag [7]
der Schwimmfraktion nahe am Außendurchmesser des Schneckenkörpers.

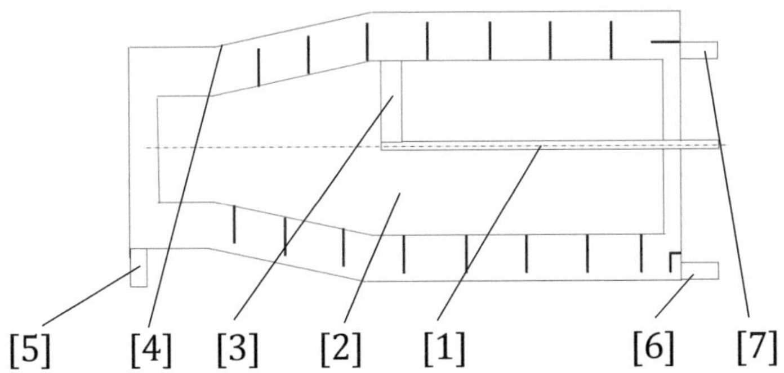

Abb. 145 Prinzipskizze einer Dekanter-Zentrifuge (Drei-Weg)

Die folgende Tabelle fasst die wichtigsten Informationen zu diesem System und seiner Anwendung mit Fluss- und Meeresplastik zusammen:

Tabelle 74 Dekanter-Zentrifuge (Drei-Weg)

Dekanter-Zentrifuge (Drei-Weg)	
Effekt & Funktion	Dichtetrennung im Wasser.
Einsatz bekannt	Nein, weil die Wechselwirkungen mit den Verschmutzungspartikeln in den Fluss- und Meeresplastiksammlungen unbekannt sind.
Durchsatz	Relativ hoch wegen der hohen Beschleunigung des Materials bei der Trennung.
Angeschlossene Leistung	Die Antriebsleistung der beiden Motoren für Dekanter-Trommel und Förderschnecke.
Platzbedarf	Relativ klein.
Schnittstellen	Input [1] und Outputs [5], [6] und [7] nach Abb. 145.
Sensoren & Aktoren	Die Dekanter-Zentrifuge ist eine genau einstellbare Maschine mit hoher Umdrehungszahl. Bei einer Inbetriebnahme muss ein Gleichgewicht der drei Ausgangsströme hergestellt werden. Deshalb gibt es verschiedene herstellerbezogene Sensoren und Einstellungen.
Vorteile	Die Beschleunigung ist > 100 g. Im Vergleich: Der Hydrozyklon erreicht ca. 20 g. Das Schwimm-Sink-Becken nur 1 g. Dadurch sind ein hoher Durchsatz und eine hohe Trennschärfe in der Dekanter-Zentrifuge möglich.
Nachteile	Die Vorbereitung vor der Dekanter-Zentrifuge muss genau sein. Die Sichtung muss erlauben, abrasive, metallische und große Störstoffe zu entfernen. Auch das Mahlen des Hauptstroms muss zu einem Stoffstrom mit genauer Partikelgröße führen. Partikelgrößenunterschiede wirken sich empfindlich auf die Trenngenauigkeit aus.

6.3 Entwässern und Trocknen

Entwässern wird im Folgenden jede Maschinenfunktion bezeichnet, die mit mechanischen Mitteln versucht, die Restfeuchte eines Produkts zu senken.
Trocknen wird im Folgenden jede Maschinenfunktion bezeichnet, die mithilfe von thermischer Hitze versucht, die Restfeuchte eines Produkts zu senken.

6.3.1 Horizontaltrockner/Paddeltrockner

Wirkweise
Der Paddeltrockner ist eine mechanische Entwässerungsmaschine. Er hat zum Ziel, durch einen Paddelrotor Eingangsmaterial zu entwässern und im besten Fall so zu trocken, dass eine weitere Bearbeitung als Trockenmaterial zum Beispiel mit einer pneumatischen Förderung möglich ist.

Durchgangsbereich
Zur Erreichung dieser Maschinenfunktion besitzt der mechanische Trockner einen Durchgangsbereich für das feuchte Material sowie einen Abflussbereich für das entnommene Wasser.
Der Durchgangsbereich für das Input-Material ist dadurch charakterisiert, dass es wie in einer Waschtrommel einen Rotor gibt, der das Material aufwirbelt, weiter fördert und durch Reibung vom Wasser befreit.

Abflussbereich
Der Abflussbereich wird dadurch erzeugt, dass das Wasser, das vom Produkt abgelöst wird, durch ein Sieb und über eine Wanne im unteren Bereich des mechanischen Trockners in den Abwasserkanal abfließen kann.

Auslegung
Für die Maschinenfunktion sind der Durchmesser und die Länge der Trommel (siehe Abb. 146) wichtig sowie deren Geschwindigkeit und letztendlich auch der Abstand der Paddelspitzen zum Sieb.

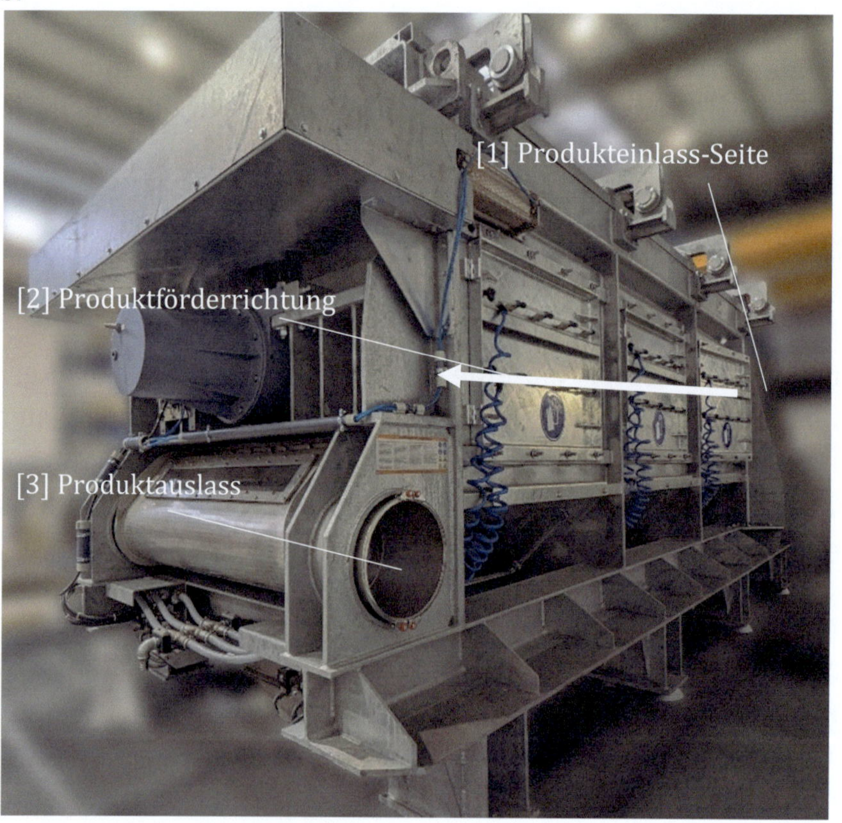

Abb. 146 Horizontaltrockner nach (171)

Reinigungssystem
Idealerweise besitzt der mechanische Trockner ein automatisches Reinigungssystem, mit dem die Sieblochungen von Unreinheiten, die sich im Wasser befinden und sich in den Löchern festsetzen, befreit werden.

Dazu zählen Faserstoffe aus Etiketten und Aufklebern sowie kleine Folienreste, die nicht im Produkthauptstrom verbleiben.

Baugröße und Durchsatz
Die Baugröße eines Paddeltrockners wird durch die Trocknungslänge, den Durchmesser und die Rotationsgeschwindigkeit der Trommel bestimmt. Der effektive Durchsatz hängt von der Eingangsfeuchte sowie der gewünschten Ausgangsfeuchte ab. Natürlich ist es möglich einen höheren Durchsatz zu erzielen mit einem schlechteren Trocknungsergebnis.

Einsatz für Fluss- und Meeresplastik
Im Vergleich zur Nutzung dieses Maschinentyps mit Postconsumer-Kunststoffen würde der mechanische Trockner beim Einsatz mit Meeresplastik durch die erhöhten Schmutzpartikel-aufkommen zusätzlich belastet werden und einen höheren Reinigungsaufwand benötigen.

Die folgende Tabelle fasst die wichtigsten Informationen zu diesem System und seiner Anwendung mit Fluss- und Meeresplastik zusammen:

Tabelle 75 Horizontaltrockner

Horizontaltrockner/Paddeltrockner	
Effekt & Funktion	Entwässerung durch Schwerkraft; Reibung zwischen Paddelspitzen und Siebfläche.
Einsatz bekannt	Nein, weil die Wechselwirkungen mit den Verschmutzungspartikeln in den Fluss- und Meeresplastiksammlungen unbekannt sind.
Durchsatz	Abhängig vom Durchmesser und Länge der Trommel. In Waschlinien sind Durchsatzraten von 1-5 t/h üblich.
Leistungsbedarf	Die Antriebsleistung des Antriebmotors der Trommel.
Platzbedarf	Abhängig vom Durchmesser und Länge der Trommel.
Schnittstellen, Betriebsfluide	Einlass: an der ersten Stirnfläche. Auslass: an der gegenüberliegenden Stirnfläche. Abreinigung durch Wasser: Option durch Abreinigungsmechanismus.
Sensoren & Aktoren	Überlastschutz der Trommel.
Vorteile	Durch die Horizontalaufstellung wird das Material kontinuierlich über die Länge entwässert.
Nachteile	Große Aufbaulänge.

6.3.2 Vertikaltrommeltrockner

Wirkweise nach Abb. 147
Der Vertikaltrommeltrockner ist dadurch gekennzeichnet, dass
ein Rotor [2] in einer vertikalen Kammer gedreht wird und das
eingeführte Material [1] durch Fliehkraft gegen die Siebwand der
Kammer gedrückt und getrocknet wird.

[1] Input   [2] Rotor   [3] Output

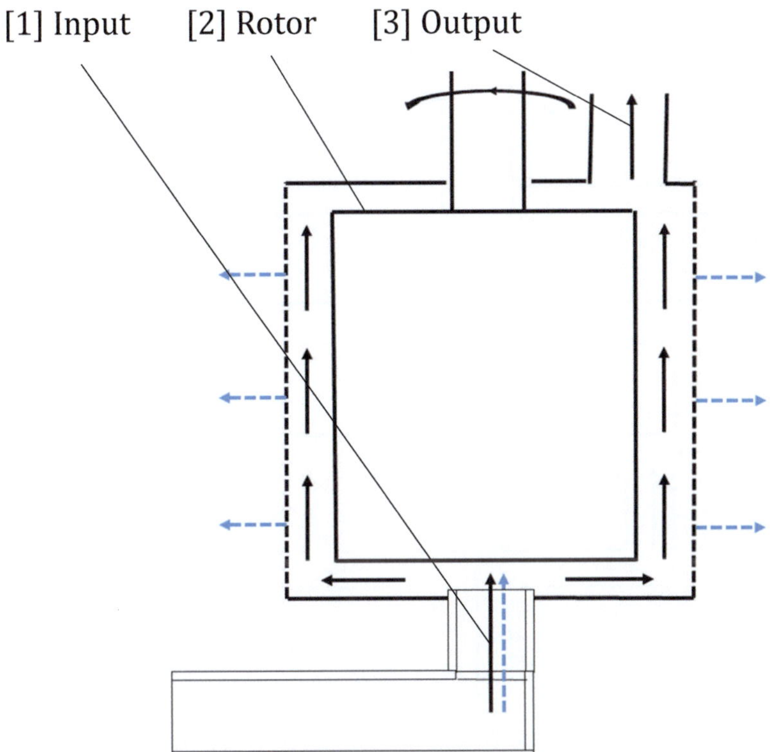

Abb. 147 Vertikaltrockner (Bauvariante: Einkammer-Trockner)

Bauvariante: Vertikaltrockner als Einkammer-Trockner
In der Einkammer-Variante wird das Material von unten eingeführt und innerhalb an der Siebwand entlang nach oben befördert. Das Material wird währenddessen entwässert.

Das Wasser kann durch die Sieblöcher der Trommelkammer entweichen. Das nachfolgende, feuchte Material drückt auf das teilentwässerte Material und begünstigt zusammen mit der Rotordrehung die Materialbewegung nach oben.

Bauvariante: Mehrkammer-Trockner nach Abb. 148
In der Mehrfachkammer-Variante wird dieser Prozess mehrfach wiederholt. Das Material wird von unten [1] kontinuierlich eingeführt und in einer ersten Kammer entwässert.

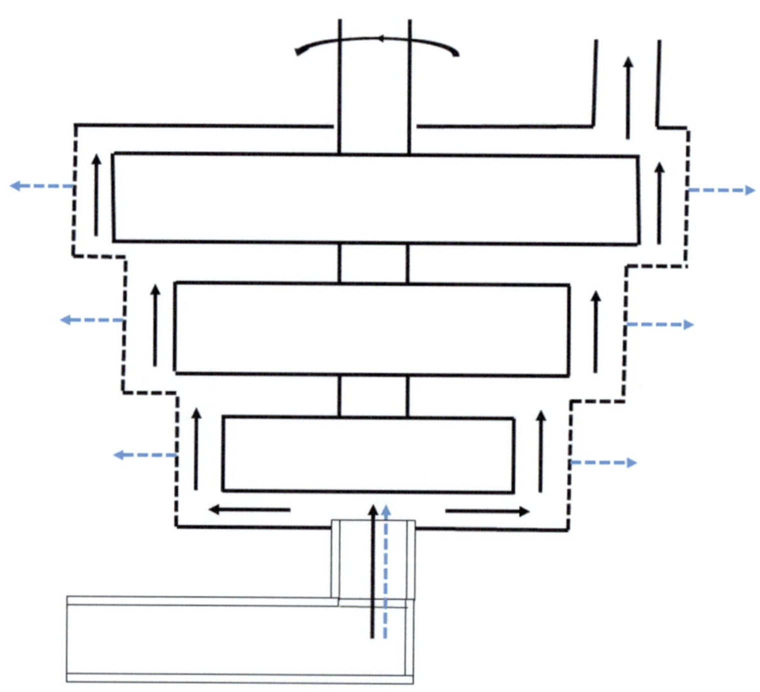

Abb. 148 Mehrkammer-Trockner

Durch das nachfolgende Material wird das vorgetrocknete Produkt in der ersten Kammer nach oben in eine größere Kammer gedrückt, wo es weiter und stärker trocknet, weil durch die größeren Siebdurchmesser höhere Fliehkräfte herrschen. Die Rotorbewegung begünstigt das Aufsteigen des Materials im Siebkorb.

Die nachfolgenden Materialien drücken das weitergetrocknete Material in die nächsthöhere Kammer [2], die wiederum einen weiterhin größeren Durchmesser besitzt. Die nachfolgende Abbildung zeigt die Aufstellung eines solchen Mehrkammer- oder Stufentrockners:

Abb. 149 Vertikaltrockner nach (171)

Die folgende Tabelle fasst die wichtigsten Informationen zu diesem System und seiner Anwendung mit Fluss- und Meeresplastik zusammen:

Tabelle 76 Vertikaltrockner

Vertikaltrockner	
Effekt & Funktion	Zentrifugalkraft.
Einsatz bekannt	Nein.
Durchsatz	Nicht für Fluss- und Meeresplastik bekannt. In Waschlinien sind Durchsatzraten von 1-5 t/h üblich.
Leistungsbedarf	Je nach Baugröße.
Platzbedarf	Je nach Baugröße.
Schnittstellen, Betriebsfluide	Das feuchte Material wird von unten eingeführt. Das trockene Material verlässt den Vertikaltrockner oben. Das Restwasser wird durch die Siebe abgeführt.
Sensoren & Aktoren	Feuchte-Sensor im Input- und Outputmaterial. Getriebemotor der Trocknertrommel.
Vorteile	Platzsparende Aufstellung.
Nachteile	Entwässerungskapazität, die durch die Bauhöhe begrenzt ist.

6.3.3 Solar- oder Abwärme-Trocknung

Solar- und Abwärmetrocknung benutzt keine industriellen Energieträger, sondern nur bereits vorhandene solare oder nicht genutzte Wärme, wie z. B. im folgenden Drei-Etagen-Trockner:

[1] Einführung des feuchten Materials und Dosierung

[2] Heissluft

[3] 2. Etage

[4] 3. Etage

[5] Auslass

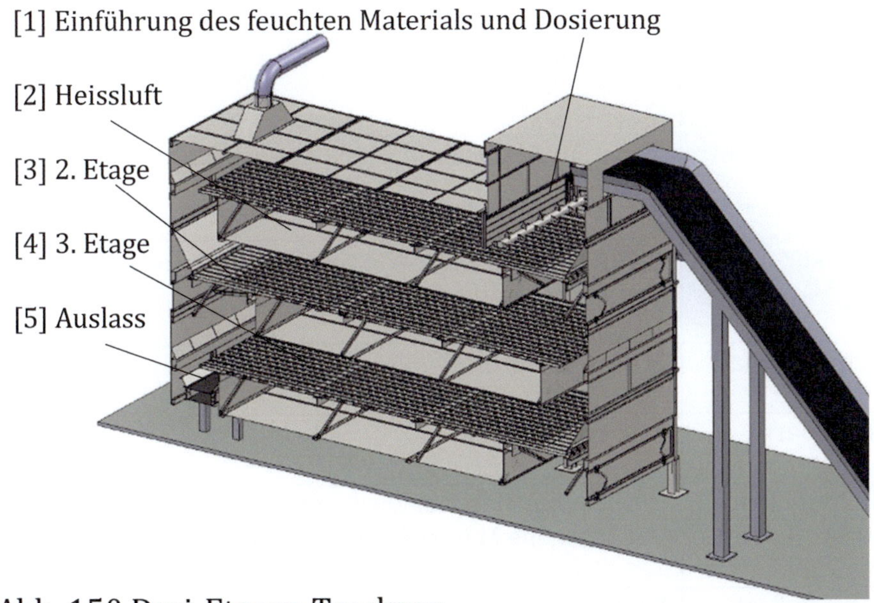

Abb. 150 Drei-Etagen-Trockner

In den folgenden Bildern sind die Trocknung von Algen (Abb. 151) und von Plastikstücken aus Verpackungsabfällen (Abb. 152) dargestellt:

Abb. 151 Algen-Trocknung

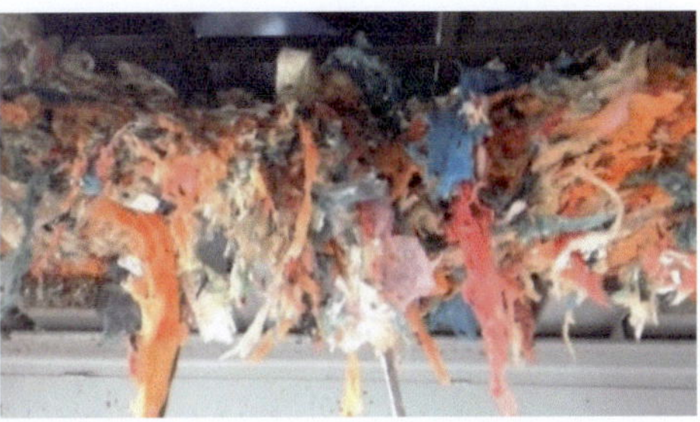

Abb. 152 Plastikstücke in Mehr-Etagen-Trockner

Die Nutzung kann folgendermaßen zusammengefasst werden:

Tabelle 77 Solar- und Niedertemperaturtrockner

Solar- und Abwärme-Trocknung	
Effekt & Funktion	Siehe Kapitel 3.3.1 und 3.3.2.
Einsatz bekannt	Nein. Für ähnliche Materialien wie Plastikstücke oder Algen: ja.
Durchsatz	Nicht bekannt. Für Waschlinien sind Durchsatzraten von 1-5 t/h nötig.
Leistungsbedarf	Je nach Baugröße.
Platzbedarf	Je nach Baugröße.
Schnittstellen, Betriebsfluide	Das feuchte Material wird von oben eingeführt. Das trockene Material verlässt den Trockner unten.
Sensoren & Aktoren	Feuchte- bzw. Temperatur-Sensoren im Input- und Outputmaterial. Motoren der Fördermittel.
Vorteile	Plastikstücke können energiesparend mit Solarenergie bzw. industrieller Abwärme getrocknet werden.
Nachteile	Der Platzbedarf ist für Solartrockner extrem hoch, für Abwärmetrockner immer noch sehr hoch.

6.3.4 Industrielle, thermische Trocknung

Wirkweise
Eine industrielle Trocknung ist durch verschiedene Konstruktionsprinzipien sichergestellt. Die Wärmeenergie kommt von Öl-, Gas- oder Kohleverfeuerung. Auch elektrische Widerstände werden als Wärmequelle eingesetzt. Die folgende Tabelle fasst die wichtigsten Informationen für Fluss- und Meeresplastik zusammen:

Tabelle 78 Industrielle, thermische Trocknung

Industrielle, thermische Trocknung	
Effekt & Funktion	Wärmeerzeugung durch Lufterhitzung durch elektrische Widerstände, Gasverbrennung oder andere fossile Brennstoffe.
Einsatz bekannt	Nein.
Durchsatz	Nicht bekannt.
Leistungsbedarf	Je nach Baugröße. Für Waschlinien sind Durchsatzraten von 1-5 t/h nötig.
Platzbedarf	Sehr gering, weil die Luft zielgenau auf ca. 90 °C erhitzt werden kann.
Schnittstellen, Betriebsfluide	Das feuchte Material wird eingeführt und mit der Heißluft vermischt. Das trockene Material verlässt den Trockner mit der Abluft.
Sensoren & Aktoren	Feuchte- und Temperatur-Sensoren im Input- und Outputmaterial sind notwendig.
Vorteile	Plastik-Flakes können platzsparend und genau getrocknet werden. Es kann ein gleichbleibender, vorhersehbarer Durchsatz erzeugt werden.
Nachteile	Der Energiebedarf ist für industrielle Trockner sehr hoch und ein entscheidender Betriebskostenfaktor. Fossile Brennstoffe wären zusätzlich nachteilig. Durch den geringen Wert von Fluss und Meeresplastik wird eine positive Betriebskostenbilanz zusätzlich erschwert.

6.4 Abwasserbehandlung

Das benutzte Wasser wird nach Stand der Technik in einem geschlossenen Kreislauf gefahren und muss aus diesem Grund zyklisch reinigt werden. In diesem Kapitel werden nur mechanische Formen der Abwasserreinigung angesprochen.

6.4.1 Abwasser-Sieb und -Trommel

Feinanteile im Waschprozess
Beim Waschen von Fluss- und Meeresplastik entstehen oder lösen sich Feinanteile von den Kunststoffen: Diese sind organischer Herkunft wie z. B. Nahrungsreste. Sie können auch mineralischer Herkunft sein, also Staub, Keramik, Glas, Sand und Erde. Und schließlich gibt es Faserstoffe aus Papier, Pappen und Etiketten, Metallreste, Metallstaub und Mikroplastik. Die Feinanteile sind zum Teil schon im Eingangsprodukt vorhanden oder entstehen erst beim Wasch- und Schneidprozess.

Wirkweise
Wassersiebe haben das Ziel, das benutzte Waschwasser von Feinstoffen zu befreien. Dazu wird das befrachtete Wasser in das drehende oder vibrierende Wassersieb gegeben und unter dem Sieb ausgelassen, während die Feinanteilfracht separat oberhalb des Siebs herausgenommen werden kann. Es gibt Bauartvarianten, die nach Stand der Technik horizontale Trommelsiebe, horizontale Vibriersiebe oder vertikal drehende Siebscheiben sind. Es werden folgende Maschengrößen unterschieden:

- $> 1\,mm$: Diese Siebe erreichen eine Grobsiebung im Wasser.
- $500\,\mu m$ bis $1\,mm$: Diese Siebe sind geeignet, Mikroplastik zu entfernen.

- 100 bis 500 µm: Diese Siebe entfrachten Wasser von kleinen Feinstoffen und sind geeignet, bei hohem Faseranteil nicht zu saturieren. Faseranteile haben aufgrund ihrer Partikelgröße und wegen möglicher Leimreste die Tendenz, 500 µm-Siebe zu verstopfen.

Die folgende Tabelle fasst die wichtigsten Informationen zu diesem System und seiner Anwendung mit Fluss- und Meeresplastik zusammen:

Tabelle 79 Überblick Abwassersieb

Abwassersieb	
Effekt & Funktion	Siebfunktion und Antrieb als Exzenterantrieb zum Vibrieren oder als Drehmotor für die Drehbewegung.
Einsatz bekannt	Ja, Wassersiebe sind Teil der Abwassertechnik, die auch für Fluss- und Meereswasser benutzt wird.
Durchsatz	Proportional zu Durchmesser und Sieblochgröße.
Leistungsbedarf	Hängt von der Wassersiebfläche und dem Wasserdurchsatz ab.
Platzbedarf	Entspricht dem Durchmesser.
Schnittstellen, Betriebsfluide	Input über Sieb; Feststoffaustrag: auf der Eintragsseite.
Sensoren	Ohne
Vorteile	Nach Stand der Technik ist es möglich, gesiebtes Abwasser sauberer in den Fluss oder in das Meer zurückzugeben, als das entnommene Wasser ursprünglich war. Dies ist in Bezug auf die Mikroplastik-Problematik ein wichtiger Punkt.
Nachteile	Wasseraufbereitung ist immer ein Kostenpunkt, der aus Sicht der Betriebskostenrechnung gerne reduziert wird. Jedoch erscheint die hier dargestellte, notwendige Siebung des Abwassers als alternativlos.

6.4.2 Sandklassierer

Grobe Feinanteile im Waschprozess
Beim Waschen von Fluss- und Meeresplastik entstehen oder lösen sich viele mineralische und organische Feinanteile von den Kunststoffen, die besonders bei der Vorwäsche auftauchen.
Je nach Fundort haben Fluss- und Meeresplastik einen hohen Anteil an Fremdstoffen mineralischer Natur wie Schlamm, Sand und organischer Natur wie Schilf, Algen usw.

Wirkweise
Sandklassierer besitzen einen Trenntank und eine Entwässerungsschnecke (169). Das Inputmaterial durchläuft den Tank, bevor es durch die Entwässerungsschnecke in Fest- und Flüssiganteil getrennt wird.
Im Trenn-Tank soll der organische Anteil aufschwimmen, während er mineralische absinkt. Während das Wasser in der Entwässerungsschnecke durch Schwerkraft ausscheidet, wird der mineralische Anteil in einen Container am Ende der Schnecke gefördert.

Die folgende Tabelle fasst die wichtigsten Informationen zu diesem System und seiner Anwendung mit Fluss- und Meeresplastik zusammen:

Tabelle 80 Sandklassierer

Sandklassierer	
Effekt & Funktion	Schwimm-Sink-Tank zum Trennen von organischen und mineralischen Produkten. Entwässerungsschnecke.
Einsatz bekannt	Nein, aber vorstellbar in der Wasseraufbereitung für schwer belastetes Inputmaterial, z. B; in der Vorwäsche einer Waschanlage.
Durchsatz	Proportional zur Fremstoff-Fracht.
Angeschlossene Leistung	Hängt von der Schneckenlänge ab.
Platzbedarf	Der Platzbedarf hängt vom Durchmesser des Trenntanks und von der Länge der Entwässerungsschnecke ab.
Schnittstellen	Input über Trenntank; Feststoffaustrag: Schwimmfraktion im Tank. Sinkfraktion am Ende der Schnecke.
Sensoren & Aktoren	Ohne
Vorteile	Nach Stand der Technik ist es möglich, organische und mineralische Stoffe mithilfe der Dichte voneinander zu trennen.
Nachteile	Schwere organische Anteile können sich mit der Mineralik-Fraktion vermischt und mit ihr abgetrennt werden.

6.4.3 Dekanter (Zwei-Weg) zur Schlammabscheidung

Wirkweise
Die Dekanter-Zentrifuge mit zweifachem Auslass ist verfügbar bei verschiedenen Herstellern (167) (168).
Eine Suspension wird durch ein zentrales Rohr in den Förderschneckenkörper hineingegeben. Sie verlässt nach ca. zwei Drittel Gesamtlänge den Schneckenkörper durch ein radiales Loch.
Die Dekanter-Trommel ist ein Hüllrohr, das sich schneller als der Schneckenkörper selbst dreht.
Diese Differenzialgeschwindigkeit zwischen Dekanter-Trommel und Schneckenkörper ist notwendig für die Trennung der Phasen.
Schlämme werden im verjüngenden Teil des Schneckenkörpers nach links herausgedrückt, während das Wasser durch die Dekanter-Trommelbewegung nach rechts herausgefördert wird.
Durch die Schneckendrehbewegung werden die Schlämme bzw. die Feststoffe kontinuierlich eingedickt.

Die folgende Tabelle fasst die wichtigsten Informationen zu diesem System und seiner Anwendung mit Fluss- und Meeresplastik zusammen:

Tabelle 81 Dekanter-Zentrifuge (Zwei-Weg)

Dekanter-Zentrifuge (Zwei-Weg)	
Effekt & Funktion	Dichtetrennung im Wasser.
Einsatz bekannt	Ja, der Zwei-Weg-Dekanter wird seit Jahrzehnten als Stand der Technik in der Wasseraufbereitung eingesetzt. Er kann deshalb auch als Schlammabscheidung in der Waschbearbeitung von Fluss- und Meeresplastik eingesetzt werden.
Durchsatz	Relativ hoch wegen der hohen Beschleunigung des Materials bei der Trennung.
Leistungsbedarf	Die Antriebsleistung der beiden Motoren für Dekanter-Trommel und Förderschnecke.
Platzbedarf	Relativ klein.
Schnittstellen	Input (1); Outputs (5).
Sensoren & Aktoren	Die Dekanter-Zentrifuge ist eine genau einstellbare Maschine mit hoher Umdrehungszahl. Bei einer Inbetriebnahme muss ein Gleichgewicht der beiden Ausgangsströme gefunden werden. Deshalb gibt es verschiedene herstellerbezogene Sensoren und Einstellungen.
Vorteile	Die Beschleunigung ist > 100 g. Im Vergleich: Der Hydrozyklon erreicht ca. 20 g; das Schwimm-Sink-Becken nur 1 g. Dadurch sind ein hoher Durchsatz und eine hohe Trennschärfe in der Dekanter-Zentrifuge möglich.
Nachteile	Die Vorbereitung vor der Dekanter-Zentrifuge muss genau sein. Die Sichtung muss erlauben, abrasive, metallische und große Störstoffe zu entfernen. Auch das Mahlen des Hauptstroms muss zu einem Stoffstrom mit genauer Partikelgröße führen. Partikelgrößen-unterschiede wirken sich empfindlich auf die Trenngenauigkeit aus.

6.4.4   Schlammpresse für verdickten Schlamm

Wirkweise

Die Schlammpresse ist eine Schneckenpresse. Das Eingangsmaterial ist feuchter Schlamm. Die zwei Austragsstoffe sind das ausgepresste Restwasser und der gepresste bzw. entwässerte Schlamm.

Die Schlammpresse wird im hinteren Maschinenbereich mit feuchtem oder nassem Schlamm befüllt.

Eine Schnecke führt den Schlamm von hinten nach vorne. Diese Schnecke ist angestellt, um die Entwässerung zu unterstützen.

Im unteren Bereich der Schnecke ermöglicht ein Sieb das Abfließen von Wasser in den Restwasseraustrag.

Der Restwasseraustrag befindet sich am hinteren Teil der Schlammpresse. Die teilentwässerten und gepressten Schlammanteile werden am oberen vorderen Teil der Presse in einen Container übergeben, nachdem sie durch eine letzte Blende gefördert worden sind.

Diese Blende ist dann hilfreich, wenn Feuchte bzw. Wasser zurückgehalten und nur trockene Anteile im inneren Bereich der Blende ausgetragen werden sollen.

Die folgende Tabelle fasst die wichtigsten Informationen zu diesem System und seiner Anwendung mit Fluss- und Meeresplastik zusammen:

Tabelle 82 Schlammpresse

Schlammpresse	
Effekt & Funktion	Verdichten und Entwässern in der Schnecke.
Einsatz bekannt	Nein, aber diese Technik hat in der Entschlammung von Abwasser eine bewährte Anwendung.
Durchsatz	Je nach Pressengröße können ca. 500-2000 kg/h teilgepresster Schlamm mit ca. 30-40 % Trockensubstanz (TS)-Gehalt erzeugt werden.
Leistungsbedarf	Ca. 15-30 kW je nach Maschinengröße.
Platzbedarf	Der Platzbedarf einer Schlammpresse hängt vor allem von seiner Aufstelllänge ab, die typenbedingt variieren kann.
Schnittstellen, Betriebsfluide	Die Eingangsmaterial-Schnittstelle ist die Übergabe des feuchten Schlamms von oben am hinteren Ende. Der Output verlässt die Pressschnecke vorne unten durch Schwerkraft. Das Restwasser wird unter dem Sieb aufgefangen.
Sensoren & Aktoren	Eine Standard-Schlammpresse kann ohne spezifische Sensorik arbeiten, wenn die Mechanik in Betrieb genommen und geregelt worden ist.
Vorteile	Eine Schlammpresse ist eine Standardlösung, um flüssigen Schlamm zu verdicken.
Nachteile	Für diese Schlammeindickung ist ein Maschinen- und Energieaufwand nötig, der gegen die Logistikkosteneinsparung des Transports und Lagerung des flüssigen Schlamms gerechnet werden muss.

6.4.5 Flotation

Wirkweise nach Abb. 153
Zum Abscheiden gelöster Schwebstoffe werden diese zur Flockung und Flotation gebracht.
Dazu wird in einem Flokkulator [1] ein Koagulationsmittel und ein Neutralisationsmittel dem Abwasser zugesetzt. So kann das Abwasser im Flotationsbecken [2] die Schwebstoffe ausflocken mithilfe von Luftbläschen, die von unten in das Becken eingegeben werden.
Dabei entsteht eine Schlammdecke an der Wasseroberfläche, die mit einem Kratzförderer [3] in eine Richtung [4] bewegt wird.
Das von den Schwebstoffen befreite Abwasser erhält die Möglichkeit, auf der entgegengesetzten Seite [5] zu dekantieren und kann dem Prozess als gereinigtes Abwasser erneut per Pumpe zugeführt werden.
Sinkende Schlammpartikel werden durch einen Schneckenförderer [6] am Beckenboden abgeschöpft.
Sowohl die schwimmende Schlammdecke als auch der abgesunkene Schlamm werden einer Schlammpresse [7] zugeführt.

Einsatzgebiet
Durch die spezifischen Verschmutzungsarten der verschiedenen Typen von Fluss- und Meeresplastik muss die Flotation für deren Recycling jeweils neu ausgelegt werden.

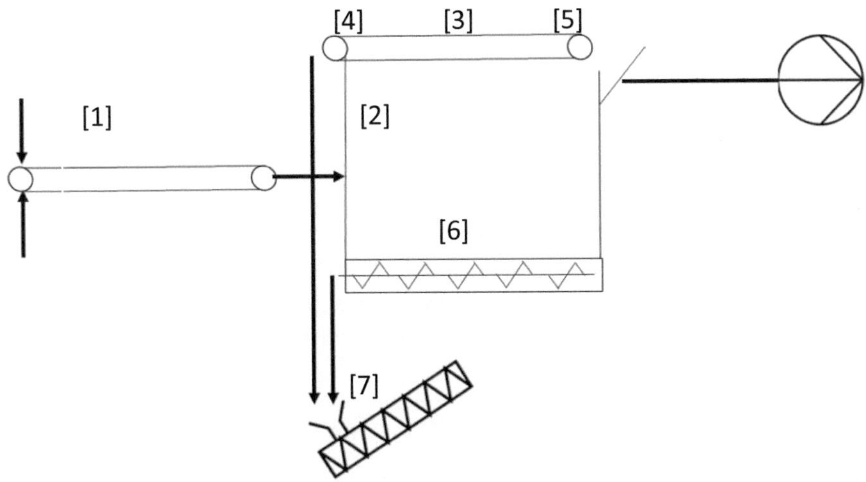

Abb. 153 Prinzipskizze einer Flotationstufe

Die folgende Tabelle fasst die wichtigsten Informationen zu diesem System und seiner Anwendung mit Fluss- und Meeresplastik zusammen:

Tabelle 83 Flotation

Flotation	
Effekt & Funktion	Binden, Aufschwemmen und Absondern von schwebenden Feststoffen im Wasser.
Einsatz bekannt	Ja, die Flotationsbecken gehören zum Stand der Technik in der Abwasseraufbereitung. Wie andere Techniken muss auch dieses System an speziellen Auslegungsparameter für Fluss- und Meeresplastik angepasst werden.
Durchsatz	Verschiedene Hersteller (170) (171) (172) stellen Lösungen z. B. von 2 bis 35 m³/h Abwasser-Durchsatz vor.
Leistungsbedarf	der angeschlossenen Pumpen: Pumpen für die verschiedenen Input- und Outputstoffe und deren Dosierung.
Platzbedarf	Der Platzbedarf eines Flotationsbecken hängt vor allem von seiner Aufstelllänge bzw. -durchmesser ab, die typenbedingt variieren kann.
Schnittstellen, Betriebsfluide	Input: Abwasser, eingeführte Chemikalien. Output: gereinigtes Abwasser, Schlamm. Eingesetzte Chemikalien sind Koagulationsmittel, Neutralisationsmittel, Reinigungsmittel, Entschäumer, Polymer usw.
Sensoren	Mehrere Sensor-Messungen erscheinen sinnvoll: • Füllstandsmesser jedes Chemikalienbehälters, • Durchflussmesser des Abwasser-Einlasses, • Durchflussmesser des Auslasses des gereinigten Wassers • pH-Messer, • Füllstandsmesser oder Gewichtsmessung des abgeführten Schlamms usw.
Vorteile	Bis auf den abgeführten Schlamm, der durch Klarwasser ersetzt werden muss, ist ein vollständiger Kreislauf des Waschwassers möglich.
Nachteile	Für diese High-Tech-Lösung sind die Investitions- als auch die Betriebskosten aufgrund der Chemikalien hoch.

6.5 Waschprozesse (Standards)

Wie in anderen industriellen Waschprozessen kann die Wäsche von Kunststoffabfällen auf verschiedene Weise, in verschiedenen Teilabschnitten und Programmen erfolgen. In diesem Kapitel werden die Waschprozess-Standards vorgestellt.

6.5.1 Kaltwäsche

Zielsetzung der Kaltwäsche
Im Vergleich zu einem Trockenprozess (siehe Kapitel 5.4) kann die Kaltwäsche (173) die Plastikabfälle reinigen, was in einem Trockenprozess unmöglich ist. Je nach Verschmutzungsgrad kann der Maschinenpark angepasst werden. Bsp.: Tomatenketchup.

Verfahrenstechnische Position der Kaltwäsche
Für die Standard-Kaltwäsche ergeben sich drei Einbauvarianten (174) (175):

- <u>Sofort nach dem Sortierprozess</u> (176) für schwach verschmutztes Inputmaterial;
- <u>Erst nach einem (zusätzlichen) Vorwaschprozess</u> für mittelstark verschmutztes Inputmaterial;
- Bei einer (zusätzlichen) Heißwäsche für stark verschmutztes Inputmaterial wird die Schneidmühle vor der Heißwäsche installiert; Haupt-Kaltwäsche und Trocknung erfolgen <u>nach der Heißwäsche</u>.

Wasserqualität in Vorwäsche, Heißwäsche und Kaltwäsche
In einem intensiven Waschprozess erfolgt die Kaltwäsche nach erfolgreicher Vorwäsche und danach installierter Heißwäsche. Insofern stellt die Kaltwäsche den letzten Waschvorgang dar.

Die Vorwäsche benutzt das durch die Verschmutzung des Inputmaterials stark belastete Wasser in einem separaten Kreislauf.
Auch die darauffolgende Heißwäsche hat ihren eigenen Wasserkreislauf.

Auch für die Kaltwäsche und damit dritte Waschstufe sollte ein
eigener Kreislauf angelegt und dabei die beste Wasserqualität benutzt werden, um ein optimales Waschergebnis zu erzeugen.
Diese hohe Wasserqualität wird meist durch Einleitung von Klarwasser erreicht, das der Betreiber vom Brunnen- bzw. Trinkwas-
sernetz abruft.

Wirkweise in vier Schritten nach Abb. 155
Die Kaltwäsche besteht aus der Schneidmühle, der Hauptwäsche,
der Trocknung und der Wasseraufbereitung.

Erster Schritt der Kaltwäsche: Schneidmühle
Die Kaltwäsche ist charakterisiert durch einen Schneidvorgang,
der es ermöglicht, die Kunststoffe auf eine Partikelgröße zu ver-
kleinern, in der keinerlei Störstoffe mehr Teil eines verbleibenden Kunststoff-Flakes sind.

Es werden in der Schneidmühle die Plastikstücke zu Kunststoff-
Flakes verarbeitet.

Die Partikelgröße wird so gewählt, dass andere Kunststoffarten –
an einer Plastikflasche z. B. der Drehverschluss – und alle Störstoffe – an einer Plastikflasche z. B. das Papieretikett mit seinem
Leim – vollständig vom verbleibenden Kunststoff-Flake abgesondert werden.

Diese Partikelgröße liegt je nach Kunststoffart, Kunststoffver-
wendung und Störstoffvorkommen zwischen 6 und 20 mm und
wird im Regelfall als Sieblochungsgröße der Schneidmühle gewählt.

Störstoffe in Plastikverpackungsabfällen
Die Störstoffe, die bei dieser Partikelgröße abgetrennt werden können, sind z. B. Papier- und Plastiketiketten, Flaschenverschlüsse, Federn, Kugeln und kleine Ventile von Sprühflaschen, eingearbeitete PS-Schaumteile, Verstärkungen im Boden- oder Ausgussbereich, Papier- oder Pappenhalter an Bechern oder an Plastikbesteck, Becherdeckel in einer anderen Kunststoffart, metallische oder Plastik-Schrauben zwischen Plastikteilen usw.

Zweiter Schritt der Kaltwäsche: Hauptwaschgang
Nach Befreiung des Hauptwerkstoffes von diesen Störstoffen in der Schneidmühle kann durch den Hauptwaschgang eine Abtrennung der verschiedenen Fraktionen erfolgen.
Dafür bietet sich das Prinzip der Schwimm-Sink-Trennung an. Schwimmende und sinkende Fraktionen werden voneinander getrennt und können in weiteren Prozessschritten verarbeitet werden. In der Abb. 154 wird eine solche Schwimm-Sink-Trennung durch einen Hydrozyklonen bewerkstelligt:

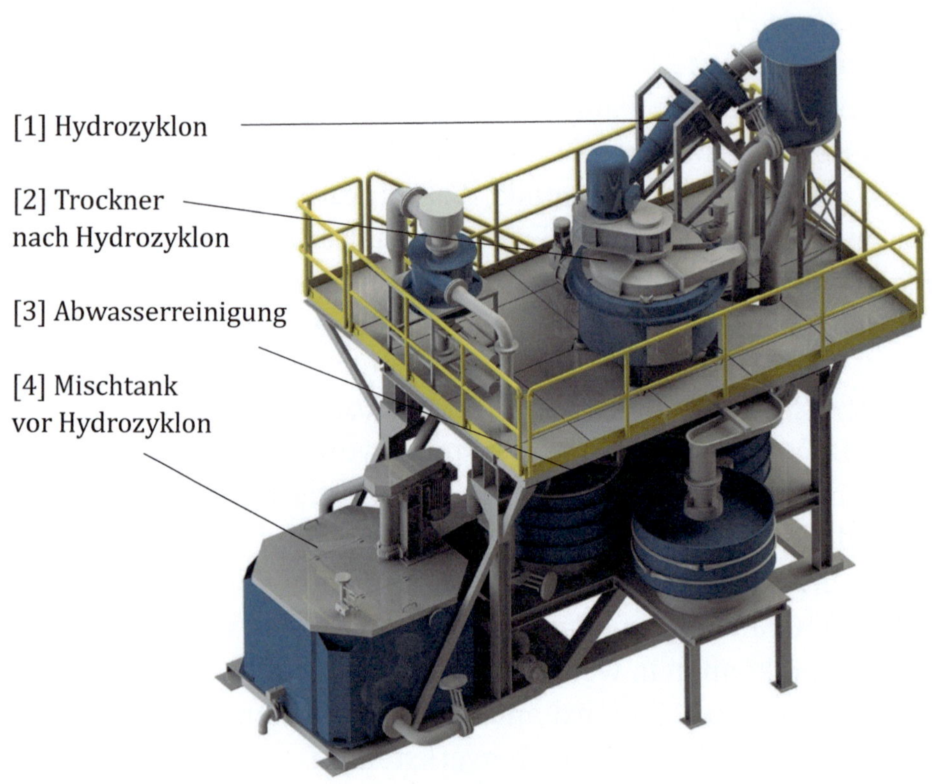

Abb. 154 Hydrozyklonstufe als Kaltwäsche nach (171)

Dritter Schritt: Trocknung
Der letzte Funktionsschritt innerhalb des Verfahrens der Kaltwäsche besteht darin, den Hauptmassenstrom durch eine mechanische oder thermische Trocknung zu entwässern und so das im Kaltwäschevorgang benutzte Wasser zurückzugewinnen. So wird vermieden, dass die Verschmutzung des Abwassers in weitergehende Prozessschritte weitergetragen wird.

Vierter Schritt: Wasseraufbereitung
Über ein Kanal- und Grubensystem muss das Abwasser aufgefangen und einem Abwassersieb zugeführt werden, um wenigstens eine mechanische Reinigung durchzuführen.

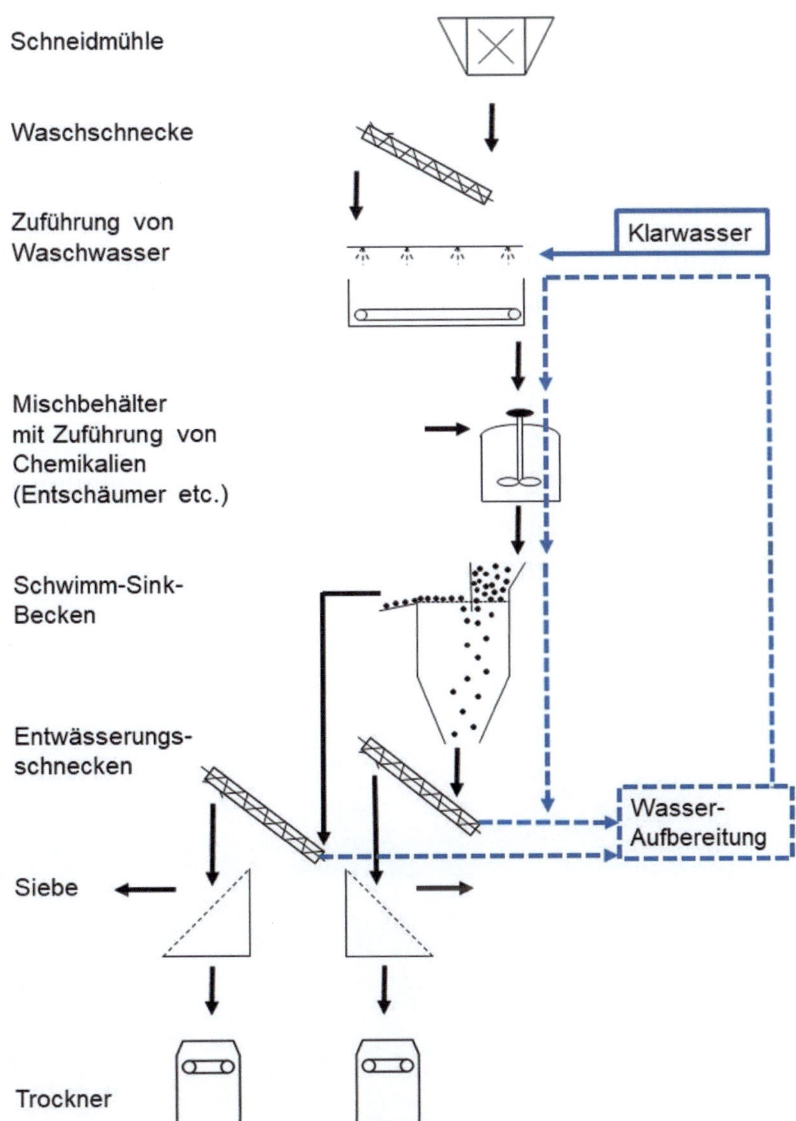

Abb. 155 Vereinfachtes Blockdiagramm einer Kaltwäsche

Output-Flakes (Abb. 156-158)
Je nach Input kann der Output sehr unterschiedlich sein:
- „Leichte" Kunststoffe: So werden im Allgemeinen die Polyolefine genannt (PE und PP). Sie schwimmen im

Schwimm-Sink-Prozess auf. Sie können auch im Windsichter als leichtere Fraktion abgetrennt werden.

- „Schwere" Kunststoffe: Sie sind schwerer als Wasser. Dazu zählen z. B. PET und PVC. Sie können auch im Windsichter als schwere Fraktion gesammelt werden.
- Zyklonprodukt Staub: Im Zyklon können sehr leichte Stoffe wie Staub abgesondert werden. Die Lagerung und der Transport von Staub bergen Risiken für Explosionen (177) und für die Gesundheit z. B. der Sortierer (178) bei der Kontrolle der Produktqualität.
- Sichter- oder Zyklonprodukt Metalle: Im Windsichter oder Zyklon können schwerere Produkte herausfallen wie z. B. Metallpartikel, die erst spät im Waschprozess von den Kunststoff-Flakes abgelöst wurden.

Abb. 156 „Leichte" Kunststoffe nach Windsichter

Abb. 158 „Schwere" Kunststoffe (PET, PVC usw.)

Abb. 157 Schwere Störstoffe & Metalle nach Sichter

6.5.2 Vorwäsche + Kaltwäsche

Die folgenden Abbildungen 159-161 zeigen typisches Inputmaterial für Vorwasch-Stufen:

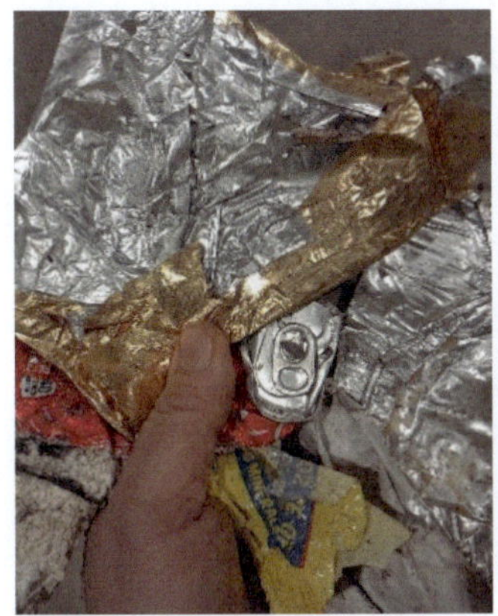

Abb. 159 Metalle als Verpackungsreste vor dem Waschen

Abb. 160 Schwere" Kunststoffe (PET, PVC usw.) vor dem Waschen

Abb. 161 „Leichte" Kunststoffe vor dem Waschen

Wirkweise in drei Schritten nach Abb. 166
Die Vorwäsche beinhaltet einen Shredder, eine Vorwascheinheit und eine interne Wasserbehandlung.

Erster Schritt der Vorwäsche: Shredder
Unterschiedliche Größen des Inputmaterials verhindern ein industriell rentables Waschen.
Auch müssen die geschlossenen Behälter wie z. B. Getränkeflaschen von Restflüssigkeiten und Restinhalten befreit werden. Sonst bleibt das Waschen ineffizient. Deshalb werden die Abfälle auf eine einheitliche Stück-Größe geshreddert.
Darüber hinaus ermöglicht die Shredderung, dass ineinander verkeilte und verhakte Materialien voneinander getrennt

werden. Der typische Fall ist eine Metallbüchse, die z. B. mit einer Plastikflasche verklemmt oder verhakt ist.

Typische Reststoffe, die in der Vorwaschstufe von den Postconsumer-Kunststoffen abgelöst wurden, sind z. B. Metalle (Getränkedosen, Deckel), Faserstoffe (Etiketten, Papiereinlagen), Sand, Staub, organische Stoffe, aber auch Restfüllungen von Plastikbehältern, die dann ins Waschwasser überführt werden.

Die gewaschenen Kunststoff-Stücke (siehe Abb. 162-164) können problemlos in einen weiteren Prozess überführt werden:

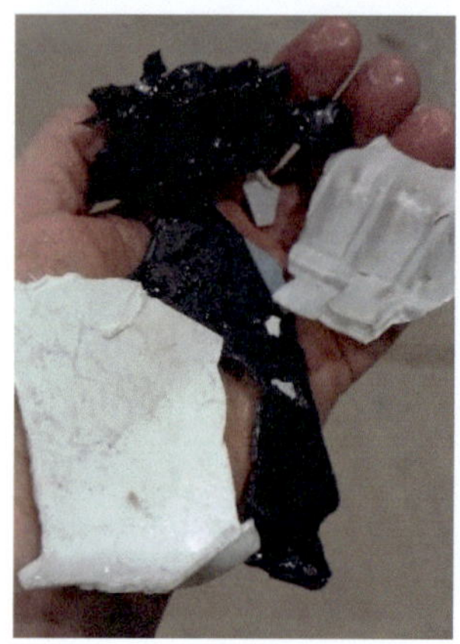

Abb. 162 „Schwere" Kunststoffe (PET, PVC usw.) nach dem Vorwaschen

Abb. 163 Metalle nach dem Vorwaschen

Abb. 164 „Leichte" Kunststoffe nach dem Vorwaschen

Zweiter Schritt der Vorwäsche: Die Vorwascheinheit

Typischerweise folgt auf den Shredder eine Vorwascheinheit als zweite Prozessstufe innerhalb der Vorwäsche.

Die Vorwascheinheit wird gekennzeichnet durch eine Schwergutabtrennung, die nach dem Schwimm-Sink-Prinzip funktioniert.

Ebenfalls werden schwere Inhaltsstoffe wie Dreck, Sand, Nahrungsmittelreste und Schlamm durch Sieben entfernt.
Nach der Vorwäsche ist das Entwässern sinnvoll, damit der interne Wasserkreislauf erhalten und die Verschmutzung nicht in eine spätere Waschstufe verschleppt wird.

Dritter Schritt: Interner Wasserkreislauf
Die letzte funktionale Aufgabe der Vorwäsche besteht darin, dass das benutzte Waschwasser innerhalb der Vorwäsche bleibt.
Dazu wird ein Kanalsystem mit Grube angelegt, um das Abwasser zu sammeln und nach einer Siebung in Kreislauf zu pumpen.

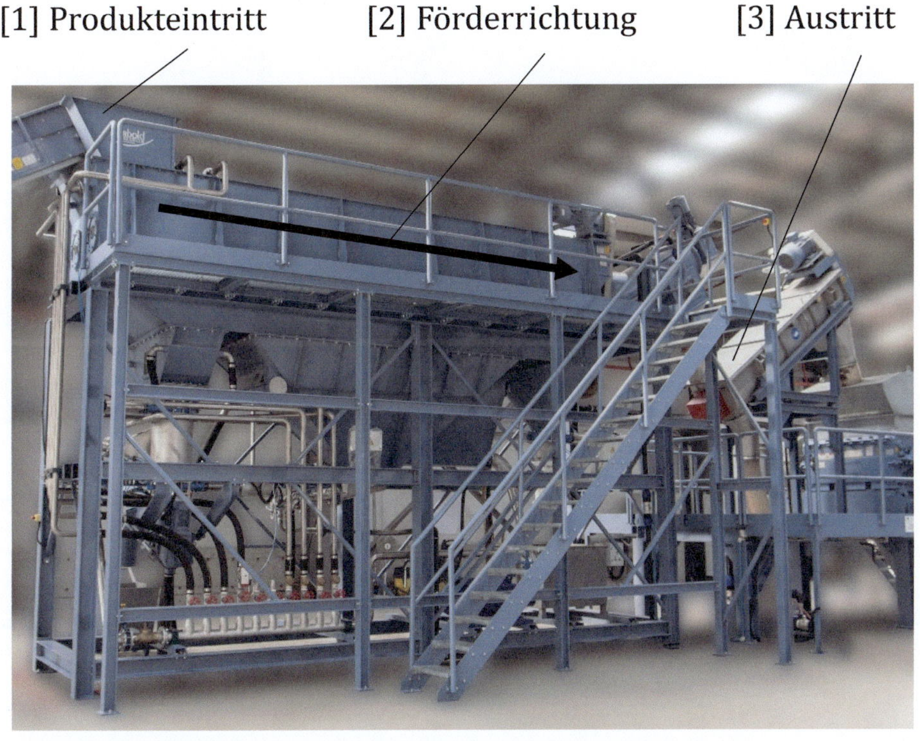

Abb. 165 Vorwasch-Anlage: Gesamtansicht nach (171)

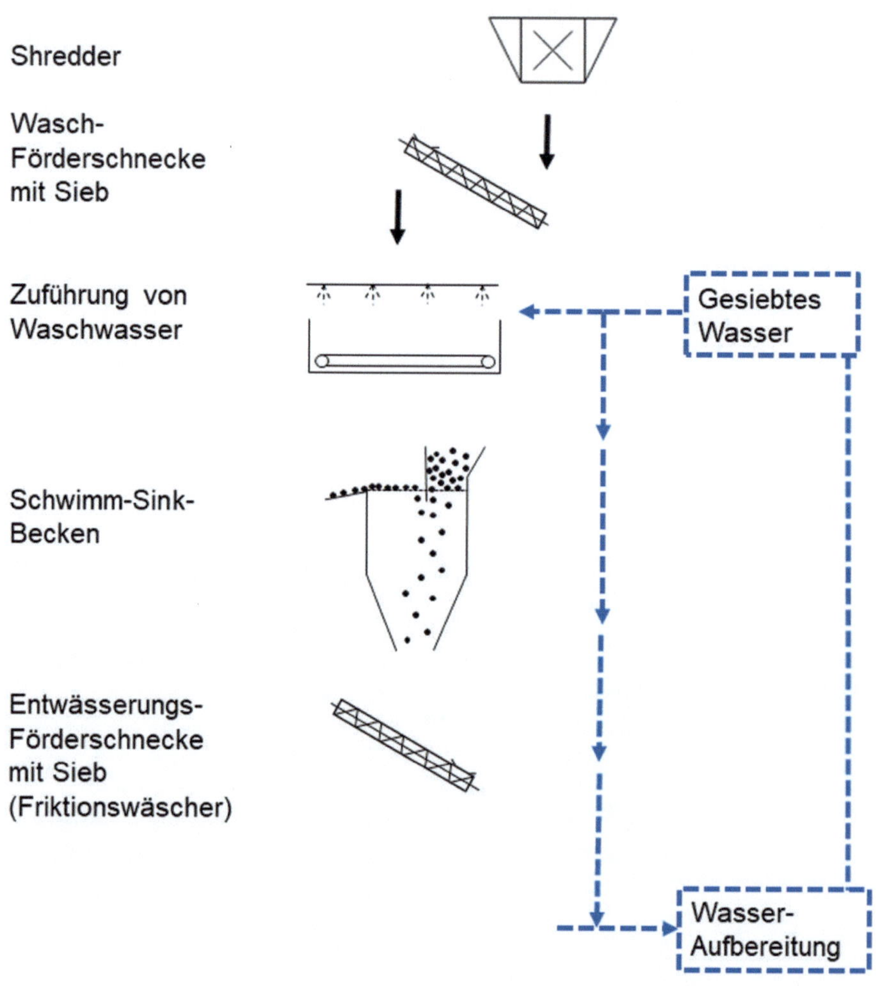

Abb. 166 Blockdiagramm: Vorwasch-Anlage für Kunststoffstücke

6.5.3 Vorwäsche + Heißwäsche + Kaltwäsche

Abgrenzung der Heißwäsche von der Kaltwäsche
Die Heißwäsche ist ein für Postconsumer-Kunststoffe herkömmliches Verfahren, um stark verschmutzte Kunststoffarten zu waschen. Im Vergleich zu einer Kaltwäsche benutzt die Heißwäsche erhitztes Wasser nur bis ca. 90° Celsius, weil höhere Temperaturen zu einem Aufweichen der Polymere führen könnten. Nach Stand der Technik werden verschiedene Laugentypen für die Heißwäsche benutzt. Der Einsatz von Chemikalien und von erhitztem Wasser verschlechtert die Kostensituation für das Kunststoffrecycling. Deshalb wird die Heißwäsche nur dann angewandt, wenn sie absolut notwendig ist.

Vier Einzelschritte in der Heißwäsche nach Abb. 168
Die Heißwäsche besteht aus vier hintereinander geschalteten Prozessschritten, die das Waschergebnis zusammen erzielen.

1. Der erste Schritt ist das Vermischen und Vorwaschen mit dem heißen Wasser und den Chemikalien.
2. Im zweiten Schritt werden die Plastik-Flakes weiterhin verrührt, während sie im Heißwasser mit den Chemikalien verweilen.
3. Der dritte Schritt besteht darin, das heiße Wasser von den Kunststoffen zu lösen und abzuspülen.
4. Der vierte Vorgang ist das Trocknen der gewaschenen Output-Flakes, um das Austragen der Chemikalien in den weitergehenden Prozess zu vermeiden.

Benutzte Chemikalien
Als Chemikalien finden sich in der Heißwäsche oft die folgenden Produkte wie flüssige Seife oder ein anderes Reinigungsmittel, Lauge (NaCl oder KaCl z. B.), Säure (zum Neutralisieren) oder Entschäumer.

Einsatz für Fluss- und Meeresplastik
Die Präsenz von Mikroorganismen und Algen im Meeresplastik oder von Flussschlamm in Flussplastik führen zu einem erhöhten Reinigungsbedarf. Dafür sind höhere Mengen an Chemikalien und Heißwasser nötig.

Diese erhöhten Mengen sind beispielhaft im Kapitel 1.4.1 genannt worden. Aus ihnen wird ersichtlich, warum Meeresplastik im Recycling teurer ist als herkömmliche Postconsumer-Kunststoffabfälle z. B. aus der Wertstoffsammlung, die keine zusätzlichen Verschmutzungen erfahren haben.

Die Aufstellung einer solchen Heißwäsche wird in der Abb. 167 illustriert: Das zu waschende Material wird von oben in den ersten Wasch- und Verteiltank [1] eingeführt.

Dieser Tank mischt das Produkt mit dem Heisswasser und den Chemikalien.

Dann wird das Gemisch in die Waschtanks [2] eingeführt, bevor das saubere Produkt entwässert [3] und getrocknet wird.

Die Anmischung der Waschlauge mit heißem Wasser wird separat in einem Heisswasser-Tank [4], bevor sie mit dem Produkt in [1] gemischt wird.

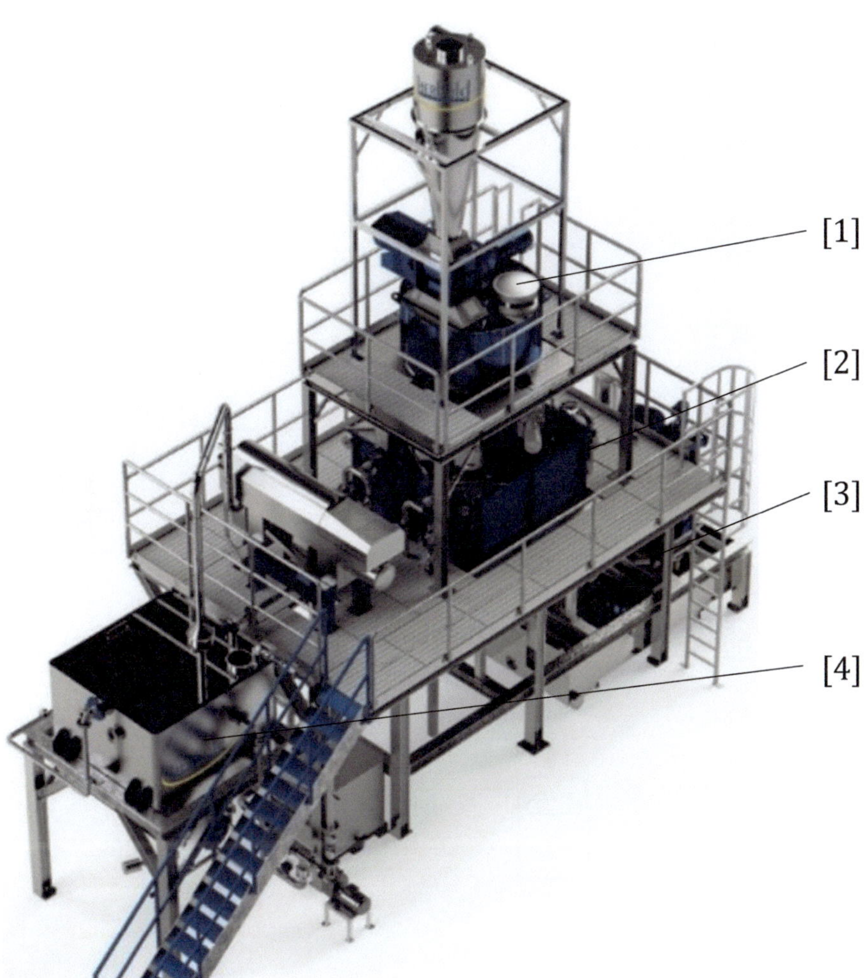

Abb. 167 Heißwäsche: Gesamtansicht nach (171)

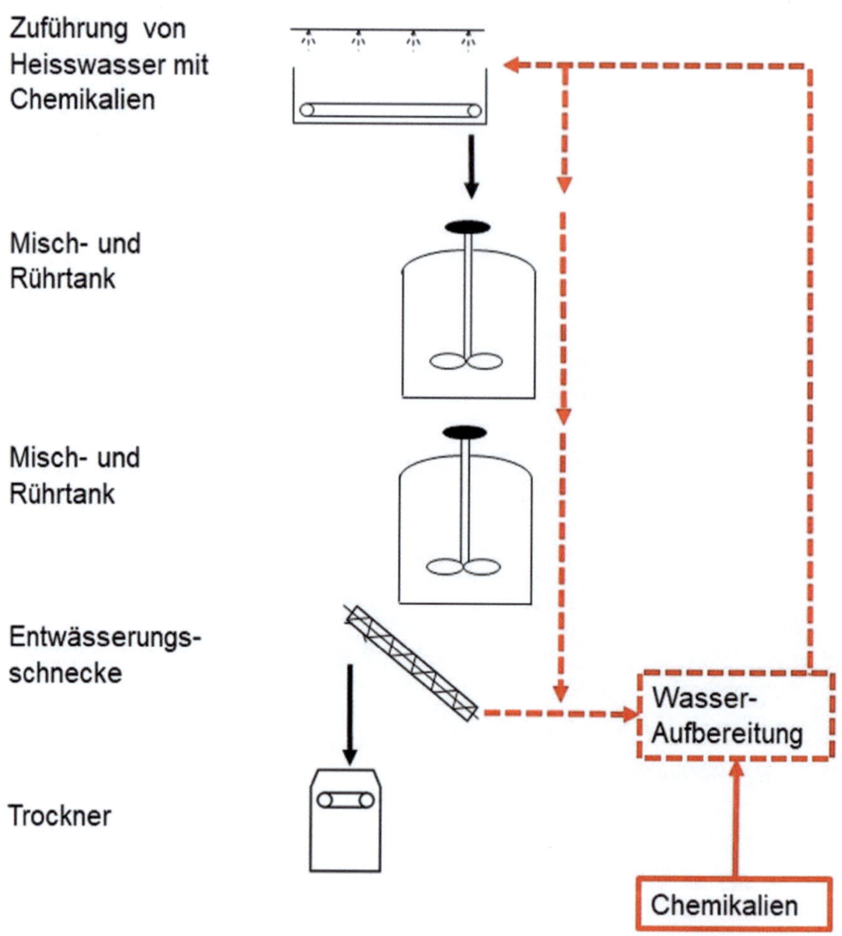

Abb. 168 Vereinfachtes Blockdiagramm: Heißwäsche

7 Erzeugung von Zwischenprodukten

7.1 Shredder für Kunststoffstücke

Der Shredder ist ein Zerkleinerer, der Kunststoffstücke herstellt. Siehe Kapitel 5.1 „Shredder".

Wenn die Verunreinigung des Inputmaterials geringfügig ist, kann der Shredder in einem Trockenprozess eingesetzt werden. Siehe Kapitel 5.4 „Trockenprozess".

Wenn die Verunreinigung des Inputmaterials einen Waschprozess notwendig macht, wird der Shredder zum Teil eines Vorwaschprozesses. Siehe Kapitel 6.5.2 „Vorwaschprozess".

7.2 Schneidmühle für Kunststoff-Flakes

Die Schneidmühle ist ein Zerkleinerer, der Plastik-Flakes herstellt. Siehe Kapitel 5.2 „Schneidmühle".

Wenn die Verunreinigung des Inputmaterials geringfügig ist, kann die Schneidmühle in einem Trockenprozess eingesetzt werden. Siehe Kapitel 5.4 „Trockenprozess".

Wenn die Verunreinigung des Inputmaterials einen Waschprozess notwendig macht, wird die Schneidmühle zum Teil eines Waschprozesses. Siehe Kapitel 6.5.1 „Kaltwäsche".

© Der/die Autor(en), exklusiv lizenziert an
Springer Fachmedien Wiesbaden GmbH, ein Teil von Springer Nature 2024
W. Rauch et al., *Mechanische Recyclingtechnik für Fluss- und Meeresplastik*,
https://doi.org/10.1007/978-3-658-40778-0_7

7.3 Feinschneidmühle für Kunststoffpulver

Die Feinschneidmühle ist ein Zerkleinerer, der Kunststoffpulver herstellt.
Siehe Kapitel 5.3 „Feinschneidmühle"

7.4 Agglomerator (Teilschmelze) für geschnittenes Granulat

Erster Schritt im Agglomerationsprozess: Der Agglomerator
Der Agglomerator stellt eine verfahrenstechnische Maschine dar, in der Polymer-Flakes oberflächlich angeschmolzen werden, um sie zu einer größeren Dichte zu bringen. Die größere Schüttdichte dieses teilgeschmolzenen Granulats ermöglicht einen wirtschaftlichen Transport und eine nahezu staubfreie Lagerung.

Beschickung
Dazu besteht der Agglomerator aus einer Agglomerationskammer, in der die leichten Kunststoff-Flakes durch Reibung erhitzt, verdichtet und zum Teil verschmolzen werden. Diese Kammer wird durch eine Förderschnecke beschickt.

Feststehende und Drehscheibe
Diese Beschickungsschnecke ist Teil einer feststehenden Scheibe. Gegenüber dieser feststehenden Scheibe ist die Drehscheibe, die im Abstand zur feststehenden Scheibe regelbar ist. Die Drehscheibe kann durch einen Motor in der Drehgeschwindigkeit angepasst werden. Der Abstand zur feststehenden Scheibe erzeugt eine Reibungssituation im Inputmaterial, welches sich dadurch erhitzt. Die Reibungswärme reicht aus, das Material anzuschmelzen. So wird aus den Flakes des Eingangsmaterials ein angeschmolzenes Granulat.

Agglomerationsvorgang nach Abb. 171
Ein Agglomerator führt den Flakes keine zusätzliche Wärme zu, sondern versetzt sie durch eine Scheibenbewegung lediglich in Bewegung. Zwischen einer feststehenden Scheibe und einer Drehscheibe bewegen sich die Flakes und reiben sich an den Scheibenprofilen.
Dadurch wird in Abhängigkeit des Abstands der Scheiben ein stabiles Niveau an Reib-temperatur erreicht. Durch diese Reibungswärme wird die Oberfläche der Flakes angeschmolzen.
Dabei werden mehrere Flakes zu einem Agglomerat zusammengeklebt. Diese Agglomerate haben die längliche Gestalt von „Nudeln" (siehe Abb. 169). Diese Geometrie wird wiederum durch den Scheibenabstand erzeugt (179).

Auslass
Im unteren Ausgangsbereich des Agglomerators verlässt das teilgeschmolzene Material durch freien Fall und angesaugt durch ein Gebläse die Agglomerationszone kontinuierlich.

Anlagenparameter
Ein stabiles System ist dann erreicht, wenn diese Agglomerate kontinuierlich den Scheibenbereich verlassen. Dabei sind die Betriebstemperatur und der Stromstärkenverbrauch des Agglomerators charakteristisch für ein gegebenes Inputmaterial.

Zweiter Schritt im Agglomerationsprozess: Nachschneidemühle
Eine Schneidmühle schneidet die „Nudeln" in Granulate, deren Größe durch das Sieb unter der Schneidmühle bestimmt wird (siehe Abb. 170). Je nach Kunststoffart ist eine Abkühlung der Agglomerate nötig.

Dritter Schritt im Agglomerationsprozess: Windsichter
Das geschnittene Granulat wird einem Windsichter zugeführt. Hat sich im Agglomerator Staub halten können bzw. wenn in der Nachschneidmühle Staub neu entstanden ist, kann dieser Staub im nachfolgenden Sichter vom Granulat abgetrennt werden. Die Feinstoffe können durch eine Rohrleitung zum Agglomerator zurückgeführt werden.

Einsatz
Das Agglomerieren von verschiedenen Kunststoffarten ist bekannt und erprobt (180).
Jedoch ist für Fluss- oder Meeresplastik eine Agglomeration nur nach einem erheblichen Sortier- und Waschaufwand möglich.

Abb. 169 „Nudeln" nach dem Agglomerator

Abb. 170 Granulat nach der Schneidmühle

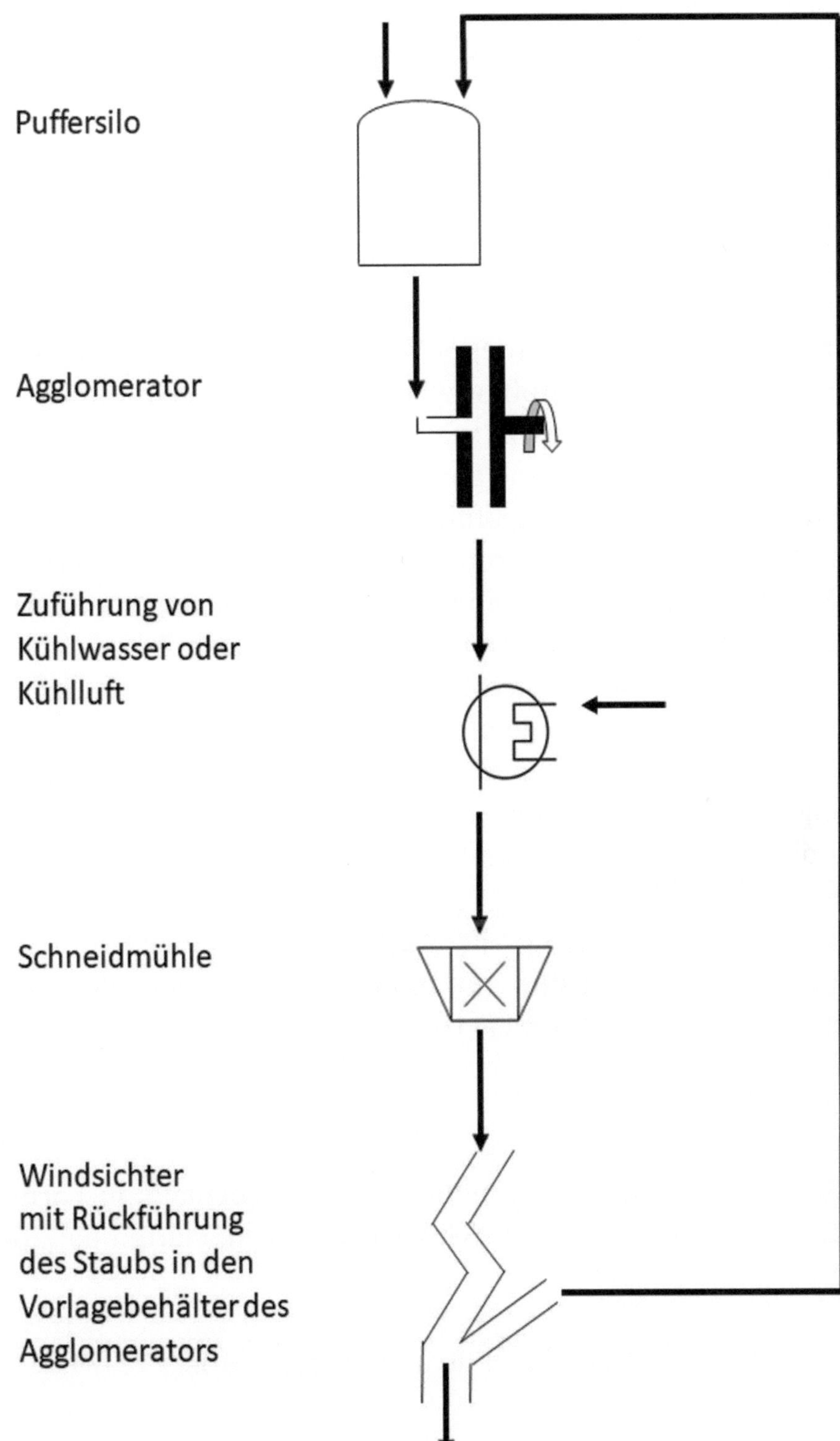

Abb. 171 Vereinfachtes Blockdiagramm: Agglomerierungsprozess

7.5   Extruder (Repolymerisierung) für Neupolymer-Granulat

Wirkweise nach Abb. 175

Extruder können verwendet werden, um durch Zuführung von Hitze das Aufschmelzen der Kunststoffe zu bewirken, so die Polymer-Verbindung aufzuheben und damit eine neue Polymerisierung zu ermöglichen. Dieses Verfahren ist der Weg, um aus ursprünglichen Kunststoffen wirklich neue Kunststoffe, im Englischen „Virgin Plastics", zu machen.

Wenn die Sortierung und das Waschen der Postconsumer-Kunststoffe erfolgreich durchgeführt worden sind, dann handelt es sich beim späteren Extrudieren nicht um eine Verschlechterung der Kunststoff-Qualität, im Englischen „Downcycling", sondern um das Recycling zu einem gleichwertigen Kunststoff.

Dazu werden die Kunststoff-Flakes erhitzt und durch eine (oder mehrere) Schnecken gemischt und einer Extrusionsdüse zugeführt. Eine Kalibrierung für ein Produkt erfolgt z. B. durch ein geeignetes Sieb oder Filter. Siehe Filterrückstand in Abb. 175. Nach Abkühlung können die Endproduktstränge geschnitten oder gesägt werden.

Die Hauptvarianten der Extruder sind der Einwellen-Extruder (181) (182) (183) und der Zweiwellen-Extruder oder Doppelschneckenextruder (184) (185).

Das bekannteste Extruderprodukt sind die Pellets, Granulate oder Nurdles.

Andere Zwischen- Endprodukte können ebenfalls in Form von Rohren, Stäben, Profilen, Schläuchen, Folien, Platten usw. durch Extruder erzeugt werden.

Siehe Input, Filterrückstände und Pellets in Abb. 172-74.

| Abb. 172 Kunst-stoff-Flakes vor Verarbeitung in Extruderlinie | Abb. 173 Extrudierte Pellets | Abb. 174 Filter-rückstand |

Einsatz für Fluss- und Meeresplastik

Die Eignung für Fluss- oder Meeresplastik ist nicht erwiesen.
Die Eignung für Postconsumer-Kunststoffprodukte ist nur dann gegeben, wenn die Kunststoffe genau nach Polymer-Arten sortiert und gewaschen worden sind, um alle Fehl- und Störstoffe zu entfernen.
Die Extrusion funktioniert nur für bekannte Partikelgrößen und Stoffzusammensetzungen.

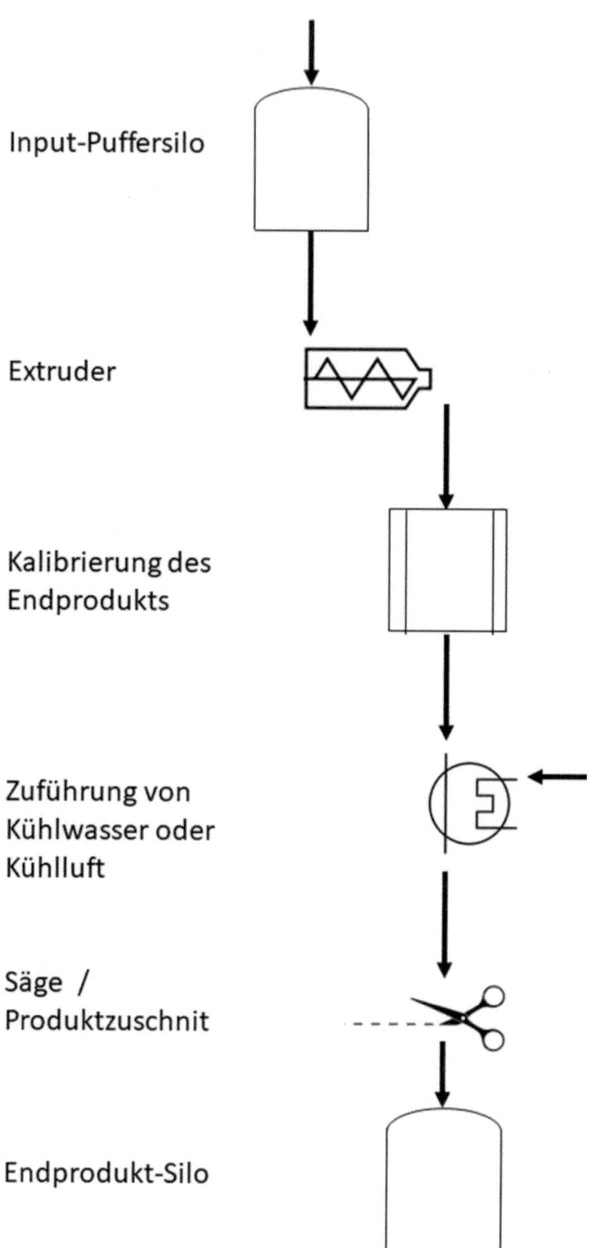

Abb. 175 Vereinfachtes Blockdiagramm: Extrusionsprozess

7.6   Shredder + Schneidmühle für Ersatzbrennstoffe (EBS)

Zielsetzung
Neben dem werkstoffgerechten Recycling ist eine energetische Verwertung von Kunststoffabfällen möglich.
Dazu werden Fluss- und Meeresplastik zu Ersatzbrennstoffen (EBS) verarbeitet.
Diese EBS werden mit

- unterem Heizwert,
- Chlor-Gehalt und
- Quecksilber-Gehalt

in der Norm EN 15359 charakterisiert (186).

Der Chlor- und Quecksilber-Gehalt sind für die Verbrennungsanlagen wichtig, weil sie Schutzmaßnahmen erfordern.

Deshalb ist es üblich, z. B. systematisch die PVC-Materialien, die einen solchen Chlor-Gehalt haben, vorher aus den EBS abzutrennen.

Wirkweise nach Abb. 176
Der EBS-Herstellungsprozess ist mit dem Trockenprozess (siehe Kapitel 5.4 „Trockenprozess") vergleichbar.
Er ist durch Shredder und Schneidmühle gekennzeichnet.
Störstoffe, die die Brennerfunktion beeinträchtigen oder diesen beschädigen könnten, müssen entfernt werden. Dazu zählen Steine oder Metalle.

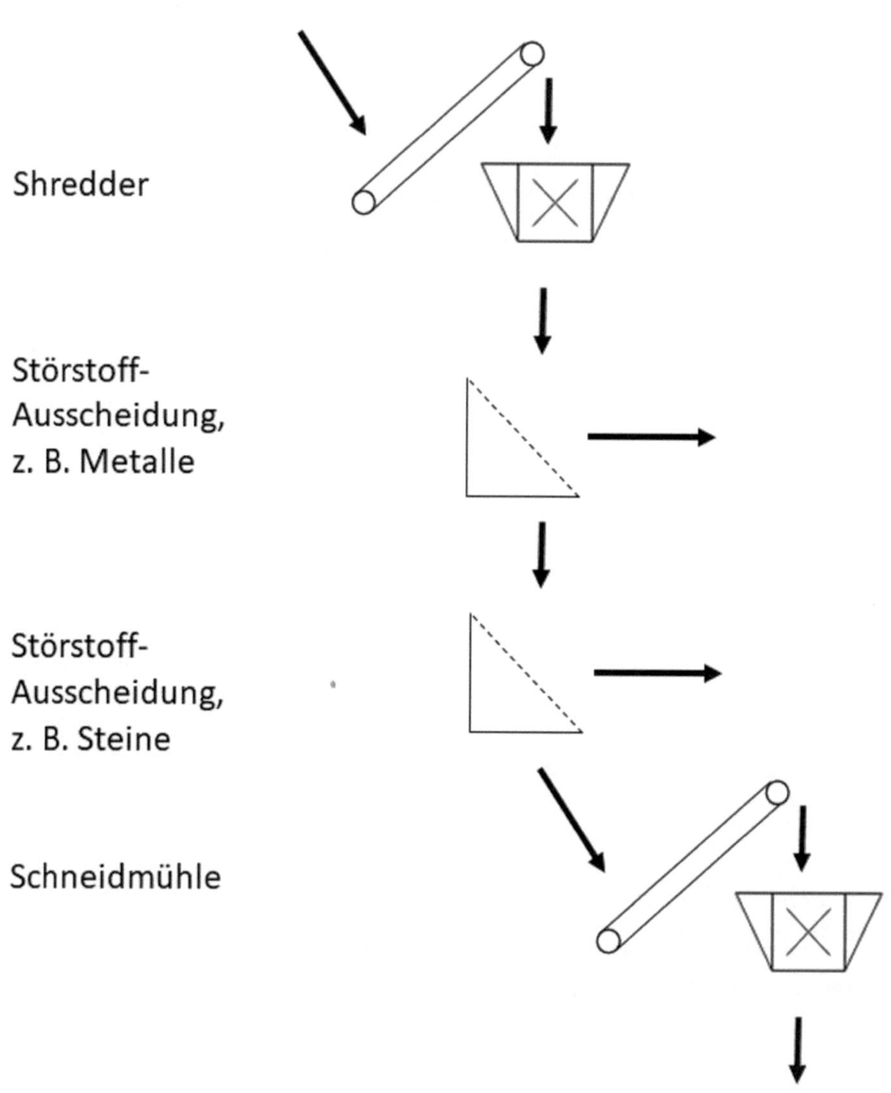

Abb. 176 Vereinfachtes Blockdiagramm: EBS-Prozess

7.7   Ballenpresse

Bauvarianten: Vertikal- und Horizontalpresse
Die Ballenpresse gibt es in zwei Ausführungen. Die erste Ausführung ist die Vertikalpresse für kleine Anwendungen. Hier werden die zu pressenden Materialien meist von Hand eingelegt und dann durch den Vertikalstempel verschlossen und verdichtet, kann eine vertikale Verdichtung stattfinden.
Seitlich eingelegte Drähte oder Bänder geben dem verpressten Ballen Haltekräfte (187).
Die zweite Ausführung ist die Horizontalpresse oder Kanalpresse, die für großen Durchsatz ausgelegt ist.
Die Horizontalpresse besitzt eine vertikale Materialzuführung. Das Material wird jedoch umgeleitet in einen horizontalen Presskanal (188).
Je nach Ballengröße kann eine solche Presse Kunststoff-Ballen produzieren, die ca. zwischen 200 Kilogramm und 1000 kg Ballengewicht liegen.

Einsatz
Im Bereich des Fluss- und Meeresplastiks sind beide Varianten der Ballenpresse zu empfehlen. Die Vertikalpresse ist hilfreich für kleine Sortieranlagen.
Die Horizontalpresse macht dann Sinn, wenn ein größerer Durchsatz von z. B. 3.000 kg/h gefahren wird.

Die folgende Tabelle fasst die wichtigsten Informationen zusammen:

Tabelle 84 Ballenpresse

Ballenpresse	
Effekt & Funktion	Verdichten in Kammer bzw. im Kanal.
Einsatz bekannt	Nein, aber diese Technik stellt in den meisten Bereichen der Sekundarstoffe den Stand der Technik dar.
Durchsatz	Je nach Pressengröße: 1.000 bis 5.000 kg/h.
Leistungsbedarf	50-500 kW je nach Maschinengröße.
Platzbedarf	Der Platzbedarf einer Ballenpresse hängt bei der Vertikalpresse von den Abmessungen des Vertikalpresskanals, bei der Horizontalpresse von der Länge des Horizontalpresskanals ab.
Schnittstellen, Betriebsmittel	Die Eingangsmaterial-Schnittstelle ist die Übergabe des Schüttguts in den Kanal. Der Output verlässt den Presskanal bei einer Vertikalpresse durch eine Klappe, bei der Horizontalpresse durch Entnahme des Ballens mit einem Gabelstapler. Drähte, Bänder bzw. Folien als Betriebsmittel, sonst zerfallen die Ballen.
Sensoren & Aktoren	Typische Sensoren in einer solchen Maschine sind die Füllstandsensoren des Silos, die Stromstärke-Überwachung der Presse und der Sicherheitsschalter der Wartungszugangsklappe.
Vorteile	Das Schüttgut wird zu verdichteten Ballen und ermöglicht das wirtschaftliche Lagern und Transportieren von Wertstoffen.
Nachteile	Die gepressten Ballen müssen wieder geöffnet werden. Bei geringem Warenwert muss also später nochmals Zeit und Energie investiert werden.

7.8   Brikett- oder Stangenpresse

Wirkweise

Die Brikett- oder Stangenpresse verdichtet loses, pressbares Material in ein Brikett, das je nach Durchgangsquerschnitt eine runde oder rechteckige Form erhält.

Die Presse besitzt ein Inputmaterial-Silo. Dieses Silo verfügt über einen exzentrischen Auslass im Boden.

Das geschnittene Material fällt in den Presskanal, in dem der Pressstempel hin- und herfährt. Das Rührwerk des Silos ist auf die Pressstempel-Bewegung abgestimmt.

Bei jedem Vorschub des Pressstempels wird ein weiteres Brikett bzw. ein weiterer Teil der Stange oder des Pakets gepresst.

Die Presskanalführung kann an das Inputmaterial angepasst und optional gekühlt werden, wenn die zu erwartende Verpressungswärme zu hoch ist.

Einsatzgebiete

Für Fluss- und Meeresplastik kann eine Brikettpresse benutzt werden. Für verschiedene Kunststoffarten, aber auch für verschiedene Pflanzen wie getrocknete Algen oder geschnittenes Schilfgras ist die Brikettpresse geeignet.

Die folgende Tabelle fasst die wichtigsten Informationen zu diesem System und seiner Anwendung mit Fluss- und Meeresplastik zusammen:

Tabelle 85 Brikettpresse

Brikettpresse	
Effekt & Funktion	Verdichten in Kammer bzw. Kanal. Am Beispiel der Angaben der Fa. Mütek (189) wird die Wirkweise von Brikettpresse im Folgenden erläutert.
Einsatz bekannt	Nein, aber diese Technik stellt in ähnlichen Bereichen der Sekundärstoffe den Stand der Technik dar: Stroh, Holzschnitzel, Grassilage, Elefantengras. (190)
Durchsatz	Je nach Pressengröße der Baureihe „MAP" der Fa. Mütek können 100-1200 kg/h zu Briketts verdichtet werden. (191)
Leistungsbedarf	11-47 kW je nach Maschinengröße der Baureihe „MAP".
Platzbedarf	Der Platzbedarf einer Brikettpresse hängt besonders von der verwendeten Silogröße ab.
Schnittstellen, Betriebsfluide	Die Eingangsmaterial-Schnittstelle ist die Übergabe des Schüttguts in das Silo. Der Output verlässt den Presskanal in ein Förderband oder in einen Auffangbehälter.
Sensoren & Aktoren	Typische Sensoren in einer solchen Maschine sind die Füllstandsensoren des Silos, die Stromstärke-Überwachung der Presse, der Sicherheitsschalter der Wartungszugangsklappe und eventuell die Temperaturüberwachung im Presskanal.
Vorteile	Das Schüttgut wird zu verdichteten Standard-Briketts oder Paketen.
Nachteile	Für diese gepressten Briketts von Kunststoffprodukten gibt es in 2023 keinen Markt wie z. B. bei den Holzbriketts. Der Brennwert eines Kunststoff-Briketts wäre so hoch, dass auch Verbrennungsöfen nach Stand der Technik Probleme damit hätten. Das Verpressen von Fluss- und Meeresabfällen wie Schilf oder Algen wäre eventuell hilfreich mit der Zielsetzung einer thermischen Nutzung.

8 Vergleich der Anlagenkonzepte mit Wertstoffsammlung

Die so genannten „DSD-Abfälle" aus der getrennten Wertstoffsammlung sind hier als Vergleichsmaterialien für Fluss- und Meeresplastik mehrfach zu Rate gezogen worden. Deshalb soll in diesem Kapitel ein strukturierter Vergleich zwischen DSD-Verpackungsmaterialien auf der einen und Fluss- und Meeresplastik auf der anderen Seite gezogen werden, um maschinen- und verfahrenstechnische Schlussfolgerungen daraus zu ziehen.

8.1 Inputmaterial

	DSD-Abfälle ("Gelbe Tonne")	Fluss- und Meeresplastik
Inputmaterial-Eigenschaften	Partikelgröße bestimmt; Feuchtegrad bekannt; Zusammensetzung: bekannt; Input nicht mit Organik vermischt.	Partikelgröße unbestimmt; Feuchtegrad unbekannt; Zusammensetzung: unbekannt; Input mit organischen Abfällen vermischt.

DSD-Abfälle

DSD-Abfälle haben eine bestimmte Partikelgröße, weil nur definierte Verpackungsabfälle im „Grüne Punkt"-System erfasst werden. Auch sind die Öffnungen der „Gelben Tonnen", die für die Wertstoffsammlung eingesetzt werden, so begrenzt, dass z. B. Sperrmüll geometrisch gar nicht in die „Gelben Tonnen" passt.
Ihre Feuchte ist begrenzt, weil organische Abfälle vom Sammelsystem ausgeschlossen werden. Oft bieten die Stadtwerke sogar eine „Braune Tonne" für Kompostabfälle an.
Die Zusammensetzung ist bekannt. Statistiken der eingesammelten Abfälle geben Aufschluss, was bearbeitet werden muss.

Fluss- und Meeresplastik

Die Partikelgröße ist unbestimmt, weil auch Sperrmüll und große Gegenstände mit den Fluss- und Meeresabfällen vermischt sein können. An welchem Sammelort (Flussufer, -bett, Strand, Meeresoberfläche, Meeresgrund usw.) welche Abfallarten ankommen, hängt von den örtlichen Gegebenheiten, von Schüttdichte, Sinkverhalten, Strömung usw. ab. Die Feuchte ist unbekannt. Wenn die Abfälle vom Flussufer oder vom Strand kommen, sind sie eher trocken. Wenn sie direkt aus dem Fluss oder Meer kommen, sind sie tropfnass. Die Zusammensetzung ist aus oben genannten Gründen unbekannt. Natürlich sind Fluss- und Meeresplastik mit organischen Abfällen vermischt, im Fluss besonders mit Schilf, Erde und anderen Pflanzen, im Meer mit Algen und Meerestieren.

8.2 Erfassen und Einsammeln

	DSD-Abfälle ("Gelbe Tonne")	Fluss- und Meeresplastik
Erfassen und Sammeln	DSD-Abfälle: bekannt; "Gelbe Tonnen": Baugrößen bekannt; Transport: vollständig mechanisch.	Je nach Sammelort: Abfälle unterschiedlich; Sammlung: Ortsangepasst; Transport: händisch, teilmechanisch.

DSD-Abfälle

Die Baugrößen der "Gelben Tonnen" der Wertstoffsammlung sind z. B. 120, 240, 1100 Liter (192). Da sie der Müllabfuhr bekannt sind, kann das Entleeren der Tonnen vollkommen mechanisiert mit einer Kippvorrichtung vollzogen werden.

Beim Entleeren kann die einzelne Tonne per Bar-Code erkannt und gewogen werden. Deshalb ist es heute Stand der Technik, dass die Bürger eine gewichtsbezogene Abrechnung der Müllabfuhr bekommen können.

Fluss- und Meeresplastik
Je nach Sammelort sind Plastikabfälle sehr unterschiedlich: Strandabfälle sind in der Mehrzahl keine Plastikabfälle. Die Größe kann schwanken zwischen Sperrgut und Mikroplastik.
Flussabfälle stecken oft in der Erde oder im Lehm oder sind damit zusätzlich beschwert. Treibende Flussabfälle ähneln Plastikabfällen der DSD-Sammlung. Treibende Meeresabfälle sind oft durch Algen, Salz oder Muscheln verschmutzt.

8.3 Fördern, Vorzerkleinern, Trocknen

	DSD-Abfälle ("Gelbe Tonne")	Fluss- und Meeresplastik
Fördern, Vorzerkleinern, Trocknen	Vereinzelung möglich; Dosierung: möglich; Vorzerkleinerung: ohne Trocknen möglich.	Vereinzelung nicht möglich; Dosierung: nicht möglich; Vorzerkleinerung: erst nach Trocknung möglich.

DSD-Abfälle
Eine Vereinzelung der DSD-Abfälle ist möglich, weil schon beim Benutzen die Verpackungsabfälle meist getrennt bleiben.
Die Dosierung ist wegen begrenzter Partikelgröße möglich.
Eine Vorzerkleinerung ist meist nicht nötig, wäre aber ohne Trocknung möglich.

Fluss- und Meeresplastik
Eine Vereinzelung von Fluss- und Meeresplastik ist wegen der Restfeuchte durch organische Abfälle und wegen des Sperrguts nicht möglich. Eine Dosierung ist wegen der nicht definierten Partikelgröße nicht möglich. Dosierung braucht immer den Extremfall des größten anzunehmenden Partikels.
Eine Vorzerkleinerung erscheint nötig, um eine Standardpartikelgröße zu erzeugen. Sie ist aber nur nach Trocknung sinnvoll.

8.4 Sieben, Sichten, Sortieren

	DSD-Abfälle ("Gelbe Tonne")	Fluss- und Meeresplastik
Sieben, Sichten, Sortieren	Standard-Maschinen: bekannt. Industrieller Durchsatz: bekannt; Output: vorhersehbar.	Standard-Maschinen: unbekannt wegen Vielfalt; Industrieller Durchsatz: Störstoffabhängig; Output: Inputabhängig ohne Erfahrungswerte.

DSD-Abfälle

Die Standard-Maschinen zur Behandlung von DSD-Abfällen sind bekannt nach Stand der Technik.

Ihr industrieller Durchsatz ist bekannt für die jeweilige Maschinen- und Anlagengröße.

Der Output ist aufgrund der Ergebnisse der Postconsumer-Kunststoffsammlungen seit den 1990er Jahren statistisch ausgewertet und so vorhersehbar.

Fluss- und Meeresplastik

Bekannte Standard-Maschinen sind nicht einsetzbar. Je nach Herkunft und Zusammensetzung müssen geeignete Siebmaschinen und Sortiertechniken gefunden werden.

Der industrielle Durchsatz hängt von den jeweiligen Störstoffen ab. Weil diese Störstoffe wiederum von den Fundstellen des Fluss- und Meeresplastiks abhängen, muss eine neue Expertise hier erst erarbeitet werden.

Der Output ist sehr stark von der Qualität des Inputs abhängig. Es gibt keine industriellen Erfahrungswerte.

8.5 Vorzerkleinern, Shreddern, Schneiden, Mahlen

	DSD-Abfälle ("Gelbe Tonne")	Fluss- und Meeresplastik
Vorzerkleinern, Shreddern, Schneiden, Mahlen	Vorzerkleinern nicht nötig. Trockenprozess (ohne Waschen) reicht bei geringem Verschmutzungsgrad aus.	Vorzerkleinern nötig. Trockenprozess bei Fluss- bzw. Meeresverschmutzung unrealistisch.

DSD-Abfälle

Ein Vorzerkleinern ist nicht nötig. Zu Beginn müssen bei DSD-Abfällen Ballen geöffnet bzw. Müllsäcke aufgerissen werden. Bei geringem Verschmutzungsgrad reicht ein Trockenprozess aus.

Fluss- und Meeresplastik

Ein Vorzerkleinern erscheint nötig, damit alle Inputmaterialien eine ähnliche Partikelgröße bekommen. Bei mittlerem bis starkem Verschmutzungsgrad erscheint ein Trockenprozess unrealistisch.

8.6 Waschen, Trocknen

	DSD-Abfälle ("Gelbe Tonne")	Fluss- und Meeresplastik
Waschen, Trocknen	Waschprozess angepasst an Verschmutzungsgrad.	Genaue Verschmutzungsklassen unbekannt: Waschprozesse zu erweitern.

DSD-Abfälle

Schwach verschmutzte Plastikabfälle aus den „gelben Tonnen" der Wertstoffsammlung können mit einer einfachen Kaltwäsche gereinigt werden. Bei stärker verschmutzten Kunststoffen dieser Art bietet sich eine Vorwäsche zusätzlich an. Bei stark verschmutzten Plastikabfällen muss eine Heißwäsche oder eine Wiederholung der Kaltwäsche vorgenommen werden, z. B. für

Plastikfolie. Die verschiedenen Verschmutzungsgrade der DSD-Abfälle führen also zum programmierten Einsatz von Kaltwäsche mit und ohne Vorwäsche sowie der Heißwäsche.

Fluss- und Meeresplastik
Diese Verschmutzungsklassen bei DSD-Abfälle gibt es nicht bei Fluss- und Meeresplastik bzw. sie müssen erst definiert werden. Ähnlich wie bei den Plastikabfällen der Wertstoffsammlung wird eine Steigerung des Waschaufwands nach Verschmutzungsgrad notwendig werden. Bestehende Waschprozesse müssen anhand neuer Erkenntnisse und Definitionen von Verschmutzungsklassen ergänzt und innoviert werden.

8.7 Erzeugen von Zwischenprodukten

	DSD-Abfälle ("Gelbe Tonne")	Fluss- und Meeresplastik
Erzeugen von Zwischen-produkten	Zwischen- und Endprodukte: bekannt. Recycling: ohne Probleme möglich.	Zwischen- und Endprodukte: Mischen von Input. Downcycling: z. T. notwendig.

DSD-Abfälle
Stabilisierte Zwischen- und Endprodukte sind nach Stand der Technik bekannt. Recycling ist theoretisch möglich, hängt in Realität aber von Möglichkeiten des Weiterverkaufs ab.

Fluss- und Meeresplastik
Zwischen- und Endprodukte sind zurzeit oft nur zu erreichen, indem besseres Inputmaterial dazu gemischt wird, um von verschiedenen Qualitäten von Inputmaterial verschiedener Herkunft zu einem akzeptablen Durchschnittswert anzuheben.
Downcycling erscheint z. T. notwendig, um werkstoffliche Weiterbenutzung zu ermöglichen. Eine systematische Darstellung dazu findet sich in Kapitel 9.

8.8 Zusammenfassung

Die folgende Tabelle 86 nimmt die Teiltabellen des Vergleichs der
Anlagenkonzepte in den vorhergehenden Kapiteln auf:

Tabelle 86 Vergleich: Fluss- und Meeresplastik mit DSD-Abfällen

	DSD-Abfälle ("Gelbe Tonne")	Fluss- und Meeresplastik
Inputmaterial-Eigenschaften	Partikelgröße bestimmt; Feuchtegrad bekannt; Zusammensetzung: bekannt; Input nicht mit Organik vermischt.	Partikelgröße unbestimmt; Feuchtegrad unbekannt; Zusammensetzung: unbekannt; Input mit organischen Abfällen vermischt.
Erfassen und Sammeln	DSD-Abfälle: bekannt; "Gelbe Tonnen": Baugrößen bekannt; Transport: vollständig mechanisch.	Je nach Sammelort: Abfälle unterschiedlich; Sammlung: Ortsangepasst; Transport: händisch, teilmechanisch.
Fördern, Vorzerkleinern, Trocknen	Vereinzelung möglich; Dosierung: möglich; Vorzerkleinerung: ohne Trocknen möglich.	Vereinzelung nicht möglich; Dosierung: nicht möglich; Vorzerkleinerung: erst nach Trocknung möglich.
Sieben, Sichten, Sortieren	Standard-Maschinen: bekannt. Industrieller Durchsatz: bekannt; Output: vorhersehbar.	Standard-Maschinen: unbekannt wegen Vielfalt; Industrieller Durchsatz: Störstoffabhängig; Output: Inputabhängig ohne Erfahrungswerte.
Vorzerkleinern, Shreddern, Schneiden, Mahlen	Vorzerkleinern nicht nötig. Trockenprozess (ohne Waschen) reicht bei geringem Verschmutzungsgrad aus.	Vorzerkleinern nötig. Trockenprozess bei Fluss- bzw. Meeresverschmutzung unrealistisch.
Waschen, Trocknen	Waschprozess angepasst an Verschmutzungsgrad.	Genaue Verschmutzungsklassen unbekannt: Waschprozesse zu erweitern.
Erzeugen von Zwischen-produkten	Zwischen- und Endprodukte: bekannt. Recycling: ohne Probleme möglich.	Zwischen- und Endprodukte: Mischen von Input. Downcycling: z. T. notwendig.

Einzelne Operationen sind bekannt:

- Nach Monsunregen wird durch Filterstaudämme, Sammelboote und Baggern verhindert, dass Flussabfälle ins Meer treiben.
- Zu Beginn oder am Ende einer Badesaison wird ein Strand von Hand gesäubert.
- Schwimmender Meeresmüll wird mit Filterdämmen und Netzen von der Meeresoberfläche abgeschöpft.

Diese Aktivitäten werden oft medienwirksam dargestellt. Oft sind diese Aktivitäten punktuell angelegt und sind nicht Teil einer fest installierten Infrastruktur. Jedoch ist die Beschreibung einer vollständigen Verfahrenstechnik, das heißt das Beschreiben mehrerer, miteinander kombinierter Einzeloperationen, bisher nicht vollständig bzw. nicht allgemein gültig als Stand der Technik bekannt. Mit anderen Worten: Es ist nicht bekannt, wie das Fluss- und Meeresmüll-Problem weltweit technisch hinreichend gelöst werden kann.

Die Kosten der Fluss- und Meeresverschmutzung werden von den Verursachern auf die Gesellschaft abgewälzt. Die Kosten dieses Umweltproblems sind ebenfalls nicht geklärt. Deshalb gibt es auch keine klare Kostenstruktur, mit der auf dem Markt technische Lösungen, die einer wirtschaftlichen Effizienz gehorchen, entwickelt werden könnten.

Aus diesem Grund gibt es für verschiedene Abfallstoffe und die verschiedenen Herkunftsorte dieser Abfallarten kein geschlossenes Konzept. Es gibt Insellösungen, die für einen Fluss, einen Strand oder eine Meeresküste funktionieren, weil ein Verein oder die regionale Regierung Lösungen finanziell oder infrastrukturell unterstützt haben. Aber diese Lösungen werden nicht global übertragen.

9 Upcycling, Recycling, Downcycling

Die Qualität eines Recyclingverfahrens kann ja nach Endprodukt-qualität als hoch (Upcycling), gleichwertig (Recycling) oder niedriger (Downcycling) im Vergleich zur ursprünglichen Materialnutzung eingestuft werden.

9.1 Upcycling (Hochwertige Rezyklate)

	Upcycling
Anwendungen	Wenige Anwendungen: Anzahl der Endprodukte klein
Materialverlust	Viele Verluste zur Erstellung eines gezielten Endprodukts
Marktpreis des Endprodukts	Sehr viel höher als beim Primärprodukt.
Kosten des Verfahrens	Produktionskosten viel höher als Erstherstellung
Beispiele	• Schuhe aus Strand- und Küstenplastik • Kunstwerke aus Flip-Flops • Schmuck aus Fischernetzen • Skateboards aus Fischernetzen

© Der/die Autor(en), exklusiv lizenziert an
Springer Fachmedien Wiesbaden GmbH, ein Teil von Springer Nature 2024
W. Rauch et al., *Mechanische Recyclingtechnik für Fluss- und Meeresplastik*,
https://doi.org/10.1007/978-3-658-40778-0_9

Der ursprünglich aus der Kleidungs- und Modebranche stammende Begriff beschreibt Werkstoffe (hier: Plastik), die in einem zweiten Gebrauch höherwertig benutzt werden als im Erstgebrauch. Oft sind die Mengen, der upgecycelten Produkte jedoch verschwindend klein im Vergleich zu den Mengen der Abfallprodukte des Erstgebrauchs. Auch fallen zusätzliche Material-verluste bei der Erstellung des speziellen, neuen Endprodukts an, die bei einem gewöhnlichen Recyclingprozess nicht anfallen würden. Durch diese spezielle Aufbereitung wird aus einem herkömmlichen Primärprodukt ein teures, oft sogar sehr teures, neues Endprodukt.

Dafür sind die Produktions-kosten auch höher als bei einem gewöhnlichen Recyclingprozess.

9.1.1 Kunstgegenstände aus Flip-Flops

Prozess nach Abb. 182
Ocean Sole (193) verwendet Flip-Flops, die am Strand gesammelt werden. Siehe Abb. 177.

Abb. 177 Strandsammlung (192)

Lokal werden diese Abfälle zu Kunstgegenständen verarbeitet. Die gesammelten Flip-Flops werden zunächst gewaschen (siehe Abb. 178) und sortiert.
Dabei werden z. B. die Träger der Flip-Flops aussortiert. Dieser Ausschuss betrifft ca. 20 % des Eingangsprodukts (194).

Abb. 178 Waschen von Flip-Flops (193)

Dann werden sie an der Sonne getrocknet (195). Die Behandlung wird mit wenigen Maschinen ausgeführt. Zunächst werden verschiedene Schichten an Flip-Flop-Material zusammengeklebt, bevor sie in einer Formpresse grob zum Kunstwerk-Volumen zusammengesetzt werden.

Am Ende des Prozesses (siehe Abb. 179-181) werden Messer und Schleifmaschinen benutzt (196), um dem Kunstwerk, meist Tierskulpturen, den letzten Schliff zu geben.

Dabei werden nochmals ca. 30 % des Eingangsmaterials entfernt (194).

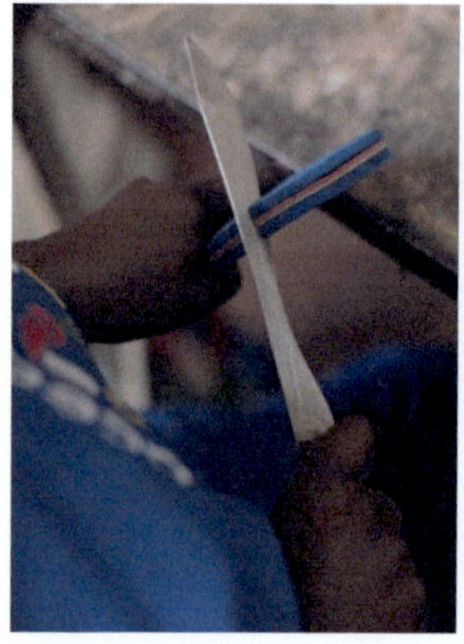

Abb. 179 Zuschneiden von Skulpturen (195)

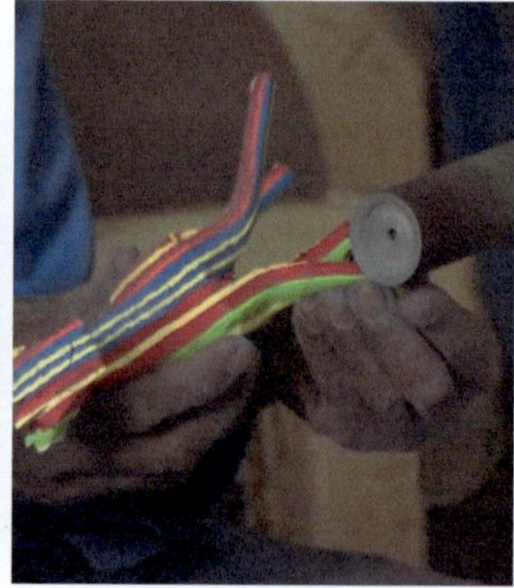

Abb. 180 Abschleifen der Figur (194)

Abb. 181 Zuschneiden von Skulpturen (195)

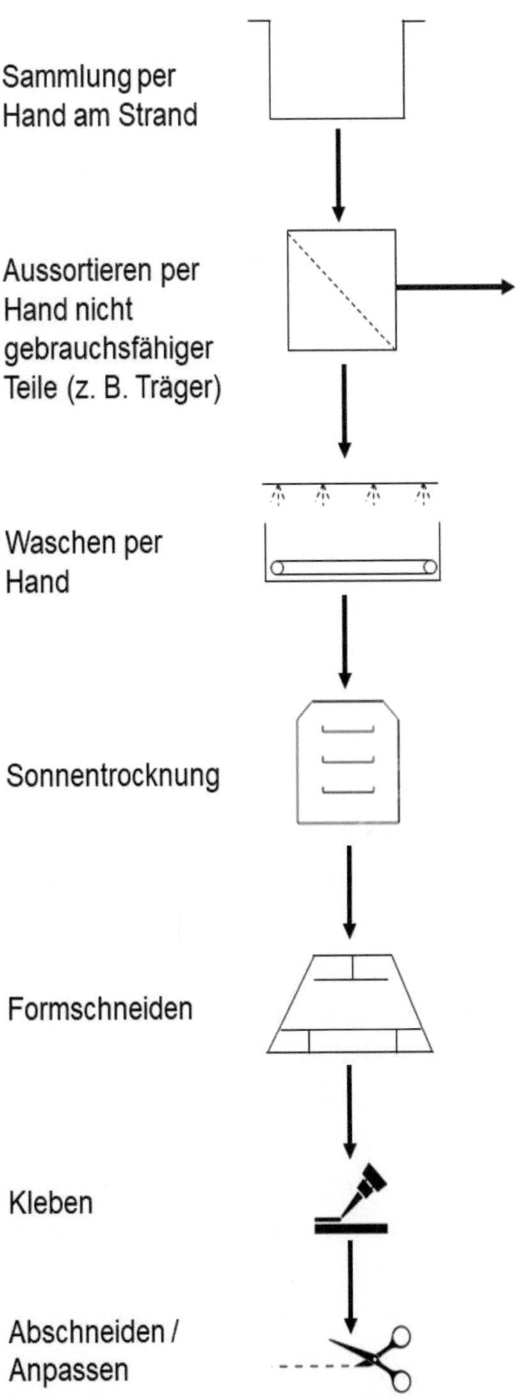

Abb. 182 Blockdiagramm: Kunstgegenstände aus Flip-Flops

9.1.2 Rucksäcke aus Meeres- und Küstenplastik

Die Fa. Got Bag hat mehrfach dargestellt, dass die von ihr produzierten Rücksäcke z. T. aus Meeresplastik stammen würden. Dazu hat sie den Begriff des „Ocean Impact Plastics" benutzt. Dieser Begriff hat ihr den Vorwurf des „Greenwashings" eingebracht, weil nicht definiert ist, wie hoch der wirkliche Anteil an Meeresplastik im Endprodukt ist (197) (198).
Ziel dieser Veröffentlichung ist es, ein technisches Verständnis dessen zu schaffen, was der Hersteller macht. Deshalb seien hier die Herstellerangaben zur Verfahrensbeschreibung zu Grunde gelegt.

Prozessbeschreibung: Sammlung und Sortierung
Nach Herstellerangaben (199) wird folgendermaßen gesammelt:
„Die Menge des Plastiks, das ein Netzwerk von inzwischen über 2.000 Fischer:innen an der Nordküste Javas als Beifang aus dem Meer sammelt, konnten wir seit Beginn unserer Clean-up-Aktivität im Jahr 2016 immer weiter steigern."
Dieses Inputmaterial wird hier Meeresplastik genannt und im Kapitel 1.1.8 beschrieben.
„Zusätzlich haben wir damit begonnen, auch an Land Plastik zu sammeln, das auf Grund fehlender oder mangelhafter Abfallbewirtschaftung-Systeme in der Natur landet. Ausgehend von der Küste können wir immer größere Gebiete mit unseren Sammelstellen erschließen. Damit bieten wir eine direkte Möglichkeit zum Recycling, sorgen für weniger unsachgemäß bewirtschafteten Abfall und damit auch präventiv für weniger Plastik im Meer..." (199)
Dieses Inputmaterial wird hier Landplastik genannt und im Kapitel 1.1.2 beschrieben.
„Das dabei gesammelte Material nennen wir Ocean Impact Plastic – als Symbol dafür, dass es von nun an nie wieder eine

Bedrohung für den Ozean darstellen wird und für den Impact, den wir gemeinsam mit der GOT BAG Community schaffen." (199) Dieses „Ocean Impact Plastic" wird hier im Kapitel 1.1.10 beschrieben. Nach der Definition der Fa. GOT BAG würde jeder regulär eingesammeltes Plastikabfall, also alle Postconsumer-Abfälle u. Ä., „Ocean Impact Plastic" darstellen.

„Es setzt sich aus Plastik zusammen, das wir aktiv aus dem Meer und in unmittelbarer Nähe unserer Sammelstellen sammeln – beispielsweise aus Mangrovengebieten, aus Flüssen oder auch direkt nachdem es verwendet wurde. So verhindern wir, dass es aufgrund mangelnder Entsorgungsstrukturen im Meer landet..." (199)

Aus diesem Zitat heraus kann logisch geschlossen werden, dass das Augenmerk auf den mangelnden Entsorgungsstrukturen liegen sollte.

„Ocean Impact Plastic besteht aus

1. Plastik aus dem Meer und den Mangrovengebieten
2. Plastik aus Flüssen und küstennahen Gebieten, das durch Strömungen und Winde ins Meer getragen werden würde." (199)

Es erscheint sinnvoll, hier einem Leseeindruck entgegenzutreten: Nicht alles Postproduction- oder Postconsumer-Plastik in küstennahen Gebieten wird automatisch durch Strömungen und Wind ins Meer getragen.

Zusammensetzung des Inputmaterials

Nach Herstellerangaben (199) repräsentiert die PET-Fraktion im Gesamtaufkommen der gesammelten „Ocean Impact Plastics" nur 15 %. Eine weitere Fraktion von 15 % bilden HDPE und PP zusammen. Die restlichen 70 % werden ebenfalls vom PET-Strom getrennt. Ein Großteil des eingesammelten Inputmaterials wird also nicht als PET-Inputmaterial in den Produkten der Fa. GOT BAG benutzt.

Prozessbeschreibung: Waschen, Trocknen, Extrusion
„Der PET-Anteil des Ocean Impact Plastics wird gesäubert, sortiert und zu Pellets gepresst. - er bildet den Rohstoff der GOT BAG Produkte. Auch die anderen hierfür bislang nicht verwertbaren Kunststoffsorten werden passenden Recycling-Lösungen zugeführt." (199)
Die Säuberung wird nicht spezifiziert.
Meeres-, Mangroven- und Flussplastik benötigen jedoch i. A. einen kompletten Waschprozess, in dem Shredder, Vorwäsche, Entwässerung bzw. Trocknung, Schneidmühle, Kaltwäsche und abschließende Trocknung angeordnet sind. Ein solcher Waschprozess ist in Abb. 180 dargestellt.

„Die Pellets werden zur Produktion nach China verschifft, wo sie als robustes Garn aufbereitet werden." (199)
Diese Darstellung lässt darauf schließen, dass z. B. in einem Extrusionsprozess das PET zunächst zu Granulat und dann zu Garn extrudiert wird.

Die Abb. 183 folgt dieser Prozessbeschreibung durch den Hersteller und wird ergänzt mit dem vermuteten Waschprozess:

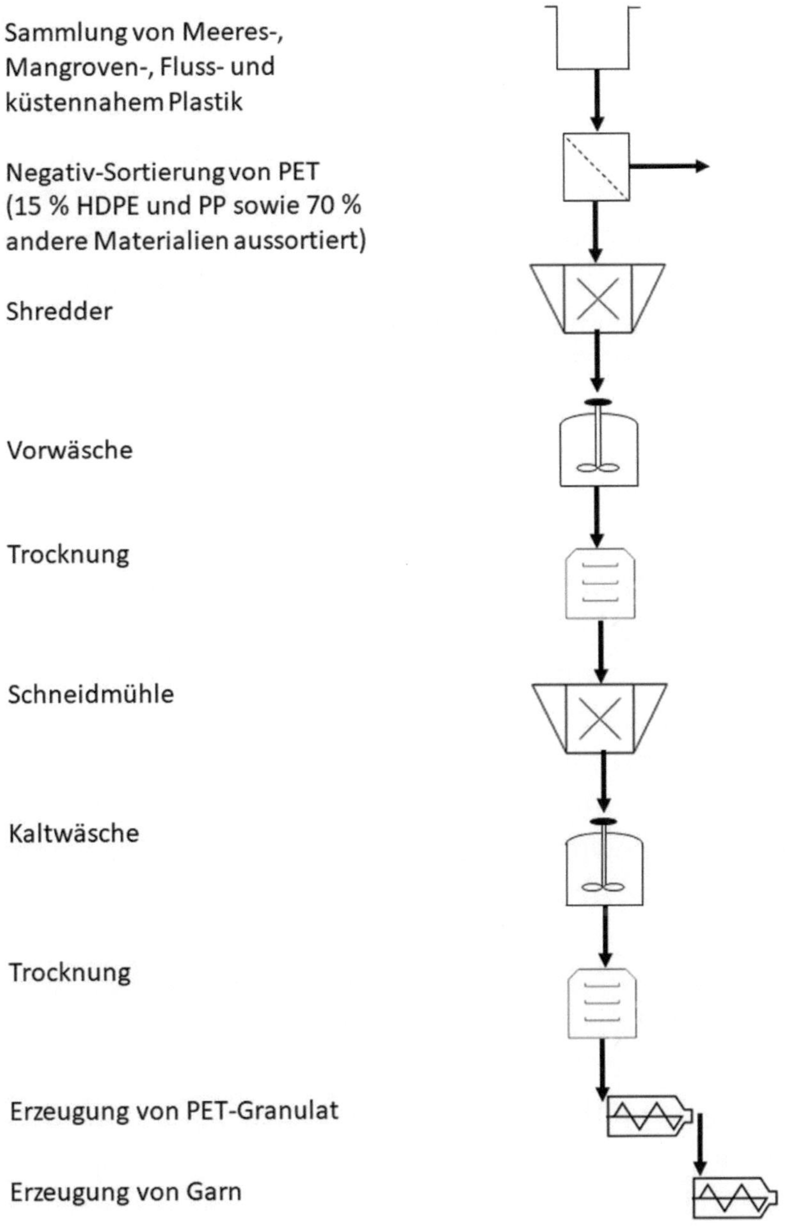

Abb. 183 Vereinfachtes Blockdiagramm: Erzeugung von rPET-Garn (für Rucksäcke) mit vermutetem Waschprozess

9.1.3 Schuhe aus Strand- und Küstenplastik

Die Fa. adidas® AG hat mit der Umweltorganisation „Parley for the Oceans" (200) eine Partnerschaft geschlossen, um Plastikabfälle in den adidas®-Artikeln zu recyceln (201). Diese Zusammenarbeit hatte der Fa. adidas® AG den Vorwurf des „Greenwashings" eingebracht, weil der wirkliche Anteil an Meeresplastik in adidas®-Produkten nicht klar war (202) (203) (204).

Ziel dieser Veröffentlichung ist es, ein technisches Verständnis dessen zu schaffen, was der Hersteller macht. Deshalb seien hier die Herstellerangaben der Verfahrensbeschreibung zu Grunde gelegt.

Prozessbeschreibung: Sammlung und Sortierung
Nach Herstellerangaben (205) „wird Plastikmüll von Parleys Global Cleanup Network auf entlegenen Inseln und an Stränden sowie in den Küstenregionen der Malediven gesammelt."
Nicht dargestellt wird der Grund, warum der Plastikmüll anfällt. Handelt es sich um durch das Meer angeschwemmtes Material oder durch Bewohner der Inseln an den Stränden und Küsten weggeworfene Abfälle?

„Das Plastik wird gereinigt und von Hand sortiert, um etwaige Fremdkörper zu entfernen." (205)
Diese Sortierart heißt Negativsortierung, bei der das gesuchte Endprodukt im Hauptstrom bleibt und alle Störstoffe aussortiert werden.

Der Hersteller macht folgende Angaben zu den aussortierten Plastikabfällen: „PET-Flaschen werden von HDPE-Material getrennt (Plastikringe und Verschlüsse) und zu Garn verarbeitet. Das HDPE-Material, aus dem kein Garn gewonnen werden kann, wird dem regulären Recycling zugeführt" (201).

Der Hersteller macht keine Aussagen zu anderen Kunststoffsorten, die schwimmen (LDPE, PP, EPS etc.) oder im Wasser sinken (PS, PA, PVC usw.), oder zu anderen Abfallsorten, die z. B. bei einer Strandsammlung anfallen würden (Zigarettenstummel, Holz, Metalle etc.).

Prozessbeschreibung (Abb. 181): Waschen, Trocknen, Extrusion
„Danach wird es zu einem Verarbeitungsbetrieb transportiert, wo das Plastik zerkleinert, gewaschen und entfeuchtet wird." (205)

Dieser Waschprozess wird hier im Kapitel 6.5 beschrieben.
Leider gibt der Hersteller nicht an, welche Waschprozesse genau benutzt werden.
Die Angaben des Herstellers wird mit dem vermuteten Waschprozess ergänzt.

„Die Plastikteilchen werden erhitzt, sorgfältig überprüft, gereinigt und getrocknet, bevor sie schließlich gepresst, gekühlt und zu kleinen Pellets zerkleinert werden."
Diese Darstellung lässt darauf schließen, dass z. B. in einem Extrusionsprozess das PET zunächst zu Granulat und dann zu Garn extrudiert wird:
„Diese Pellets werden dann zu Fasern verschmolzen und zu Ocean Plastic® Garn versponnen, einem Polyester-Funktionsmaterial, das exakt die gleichen Eigenschaften aufweist wie neu hergestellte Kunststoffmaterialien."
Das hier dargestellte Polyester-Funktionsmaterial soll exakt die gleichen Eigenschaften aufweisen wie neu hergestellte Kunststoffmaterialien.
Die Forderung, dass ein Rezyklat mechanisch und chemisch exakt die gleichen Eigenschaften wie ein Primärwerkstoff aufweisen soll, ist aus Erfahrung in anderen Anwendungen schwer zu erfüllen.

„Das Material wird dann für die Herstellung von Schuhen, T-Shirts und Tights verwendet." (205)
Im Sinne der hier formulierten Definition von Upcycling handelt sich also um Produkte, deren Qualität und Nutzen höher sind als die der ursprünglichen PET-Flaschen (siehe Kapitel 9).

Zusammensetzung
Nach Hersteller wird definiert: „Jedes Stück der Kollektion besteht aus mindestens 75 % recyceltem Plastikmüll." (205)
Nach Aussage des Herstellers können in anderen Produktreihen andere Zusammensetzungen herrschen: „Die adidas Primeblue Kollektion für Männer umfasst stylishe Outfits, Schuhe und Accessoires aus einem High-Performance-Material mit 50 % Parley Ocean Plastic – recycelter Plastikmüll, der in Küstenregionen gesammelt wird, bevor er die Ozeane verschmutzen kann" (206).

Die Effizienz der Schuhproduktion aus Stand- und Küstenplastik beschreibt der Hersteller so: „Mit der Herstellung von einem Paar Parley Schuhen sorgen wir dafür, dass circa 11 Plastikflaschen nicht im Meer landen" (201).
Nach dieser Aussage ist es nicht möglich, zuzuordnen, ob die Plastikabfälle zuvor - im Sinne der hier formulierten Definitionen - Land-, Fluss- oder Strandplastik waren. (Siehe auch Kapitel 1.1)

Der Hersteller gibt an: „Und dies sind für adidas nur die ersten Schritte. adidas hat sich das Ziel gesetzt, bis 2024 auch neu hergestellten Polyester durch 100 % recycelten Polyester zu ersetzen." (205)
Natürlich wäre es hilfreich zu wissen, ob dann der Recyclingprozess auf Postproduction- und Postconsumer-Abfällen, also auf Landplastik, oder auf Meeresplastik fußt, wie hier in Kapitel 1.1.8 definiert.

Die Abb. 184 folgt dieser Prozessbeschreibung durch den Hersteller und wird ergänzt mit dem vermuteten Waschprozess:

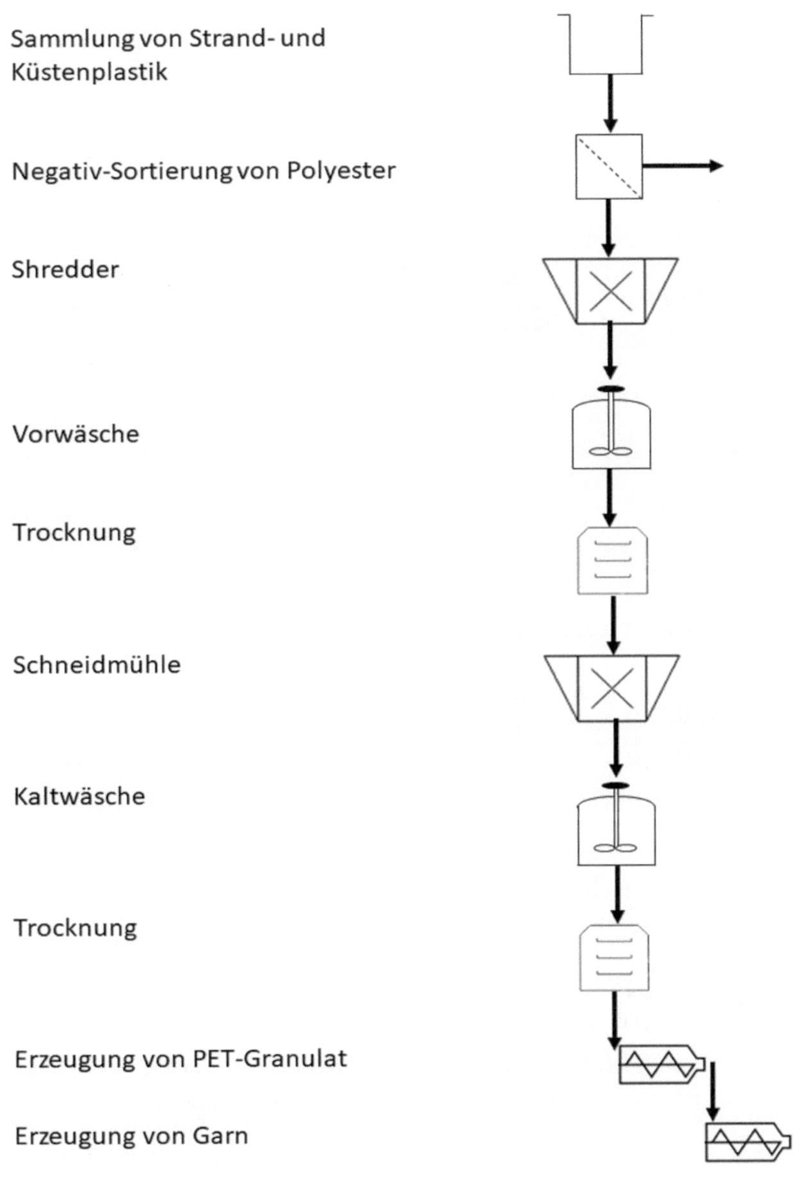

Abb. 184 Vereinfachtes Blockdiagramm: Erzeugung von rPET-Garn (für Sportschuhe) mit vermutetem Waschprozess

9.1.4 Skateboards aus Fischernetzen

Fischernetze und -seile (siehe Abb. 185 und 186) stellen eine Bedrohung der Umwelt dar und sollten eingesammelt und recycelt werden. Das stellt genau die Initiative der Fa. Bureo, die ausrangierte Fischernetze zur Herstellung von Skateboards benutzt (207).

Abb. 185 Fischerseile (23)

Abb. 186 Fischernetze (23)

Prozessbeschreibung: Sammlung, Sortierung, Extrusion
Der Hersteller beschreibt den Prozess folgendermaßen: „Ausrangierte Fischernetze werden von den Küstengemeinden in Südamerika gesammelt.
Die Netze werden auseinandergenommen und geformt in 100% recyclten NetPlus Pellets.
Die Pellets werden extrudiert und in NetPlus Garn gesponnen.
Das Garn wird verwebt und in Kleidungsstücken benutzt" (208).
Fischernetze bestehen hauptsächlich aus Polyamid (PA).
Andere Plastiksorten müssen entfernt werden.

Für die Herstellung von Pellets in einem Extrusionsprozess müsste das Material auch gewaschen, geschnitten und getrocknet werden.

Diese technischen Annahmen sind Grundlage des folgenden vereinfachten, auf diesen Vermutungen basierten und ergänzten Blockdiagramms:

Sammlung in Küstengemeinden Südamerikas

Negativ-Sortierung von ausrangierten Fischernetzen

Schneidmühle

Kaltwäsche

Trocknung

Erzeugung von PA-Granulat

Erzeugung von Garn

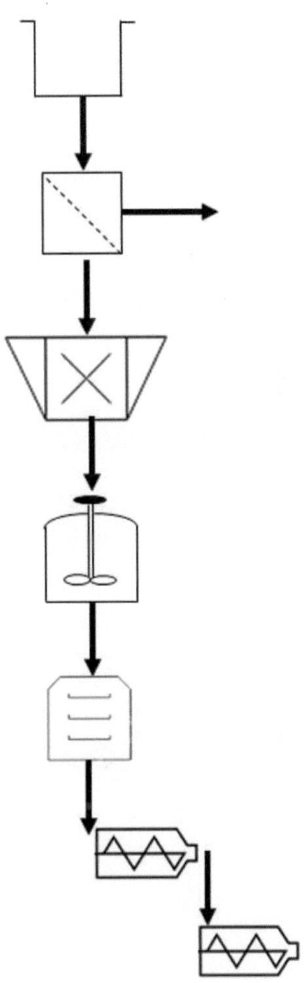

Abb. 187 Vereinfachtes Blockdiagramm: Erzeugung von Garn aus Fischernetzen mit vermutetem Waschprozess

9.2 Recycling (Gleichwertige Rezyklate)

	Recycling
Anwendungen	Gleiche Anwendungen: So viele Endprodukte wie Anzahl der Inputmaterialien.
Materialverlust	Verluste hauptsächlich nur durch notwendige Sortierung in sortenreine Fraktionen und durch den Waschprozess.
Marktpreis des Endprodukts	Rezyklat hat einen ähnlichen Marktpreis wie das Primärprodukt.
Kosten des Verfahrens	Rezyklaterzeugung verursacht weniger Kosten als Erstherstellung, z. B. weniger Energieeinsatz.
Beispiele	Vorbereitung von Verpackungsplastik u. Ä. mit Rezyklat: • Sortieranlage für Flussplastik zur Erstellung von sortenreinen Fraktionen • Waschanlage für PET-Landplastik zur Erstellung von Granulat

In diesem Kapitel wird der Begriff „Recycling" – abweichend zum üblichen Gebrauch – als Angabe der Verfahrensqualität in Vergleich zu Upcycling und Downcycling verwendet.

Der Zweitgebrauch ist identisch oder gleichwertig dem Erstgebrauch des Materials.

Wenn ein recycelter Kunststoff den Platz des Primärplastiks (Engl. Virgin plastic) einnimmt, spricht man vom Rezyklat.

In Europa wird z. B. diskutiert, einen Rezyklatanteil von 30 % in Kunststoff-verpackungen bis 2030 zu erreichen (209).

Die Materialverluste kommen meist durch den notwendigen Sortier- und Waschprozess.

Der Marktpreis ist ähnlich hoch wie beim Produkt des Ersteinsatzes. Deshalb ist es das marktwirtschaftliche Interesse, dass das Recycling preiswerter sein sollte als das Erstprodukt, z. B. durch weniger Energieeinsatz.

Jedoch sind noch heute die Erzeugungskosten von Virgin Plastic so niedrig, dass die Energieeinsparung beim Recycling nicht ins Gewicht fällt. Es ist also betriebswirtschaftlich immer noch einfacher und preiswerter mit Virgin Plastic zu arbeiten statt mit Rezyklat.

9.2.1   Flussabfälle werden recycelbare Kunststoffe

Am Beispiel der Arbeit der Organisation River Cleanup (210) soll diese Arbeit illustriert werden.

Sammlung
Die Sammlung von Flussabfällen kann per Hand am Flussufer (92) und dank mechanischen Einrichtungen wie einem schwimmenden Filterstaudamm und dem Sammelboot (92) durchgeführt werden.

Entwässerung
Nach der Sammlung wird das Sammelgut in einem Schleudertrommel-Trockner entwässert. Das Trommelvolumen fasst 1500 Liter. Zum Entwässern muss keine zusätzliche Wärme eingebracht werden. Allein die Zentrifugalkraft reicht aus, das Wasser durch die Sieblöcher (ø = 3 mm) der Schleudertrommel zu pressen. Dazu wird eine Motorleistung von 3 kW gebraucht. Ein Aufenthalt von 20 min reicht aus, damit das Material von 50 % auf <10 % relativer Restfeuchte entwässert wird.

Sortierung und Verpressung
Die Materialien werden sortiert nach Zusammensetzung: Die Kunststoffe werden zu Ballen gepresst und weiterbearbeitet. Organische Abfälle werden aussortiert und können auf den Feldern als Kompost bzw. Dünger benutzt werden.
Der Prozessablauf kann folgendermaßen in Abb. 188 zusammengefasst werden:

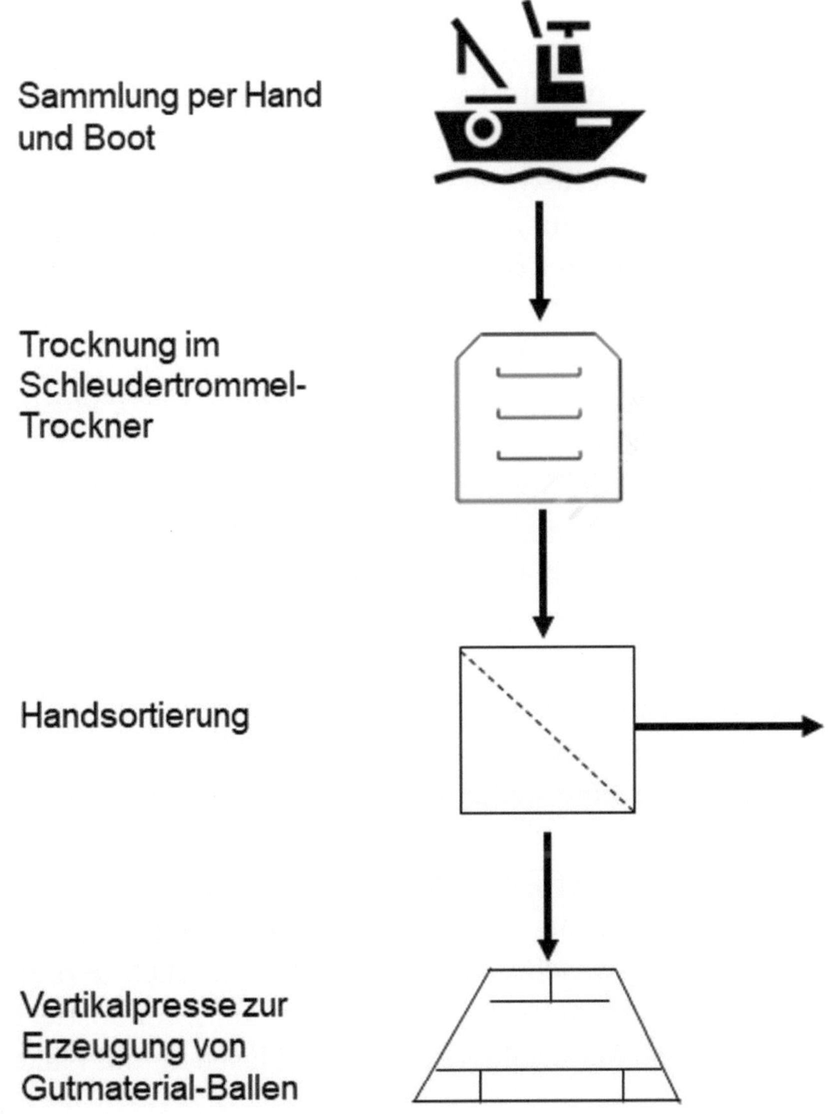

Abb. 188 Vereinfachtes Blockdiagramm: Vorsortierung von Fluss-abfällen zur Vorbereitung eines gleichwertigen Recyclings

9.2.2   PET-Waschanlage von Landplastik

Am Beispiel einer Waschanlage für PET-Flakes in Kinshasa (Kongo) (211) soll erläutert werden, warum Recyclingstrukturen, wie wir sie aus Europa kennen, hilfreich sein können, eine Standardqualität von Rezyklat herzustellen. Dazu hatte der Anlagenbauer Fa. Sorema einen lokalen Kunden, die Fa. OK Plast.
Das Endprodukt ist ein Granulat aus der Extrusionslinie der Fa. Starlinger (212).

Prozessbeschreibung durch den Hersteller (211) (213), *illustriert in Abb. 189*
Die Fa. Sorema „hat die Sortier-, Mahl- und Waschschritte durchgeführt, während Starlinger die Pelletierungslinie für rPET-Pellets in Flaschenqualität geliefert hat. OK Plast verarbeitet rund 50 Tonnen Kunststoffabfälle aus Kinshasa, der größten Stadt Afrikas mit 17 Millionen Einwohnern. Die Anlage in Kinshasa stellt rPET-Flakes für Lebensmittelverpackungs-anwendungen her. Die Anlage kann 1,1 t/h gewaschene rPET-Flakes aus PET-Flaschen produzieren, die über eine Reihe von Sammelstellen bezogen werden.
Die Bottle-to-Bottle-rPET-Waschlinie umfasst die automatische Beschickung, Vorwäsche und Etiketten-Entfernung, gefolgt von Nassmahlung, Heißwäsche, Flotation und schließlich den Spül- und Trocknungsschritten. Die Linie verfügt auf zwei Sortierstufen über Farb- und Materialdetektoren für Flaschen und Flakes."

Mit diesen Herstellerangaben ist das vereinfachte Blockdiagramm wie folgt entstanden:

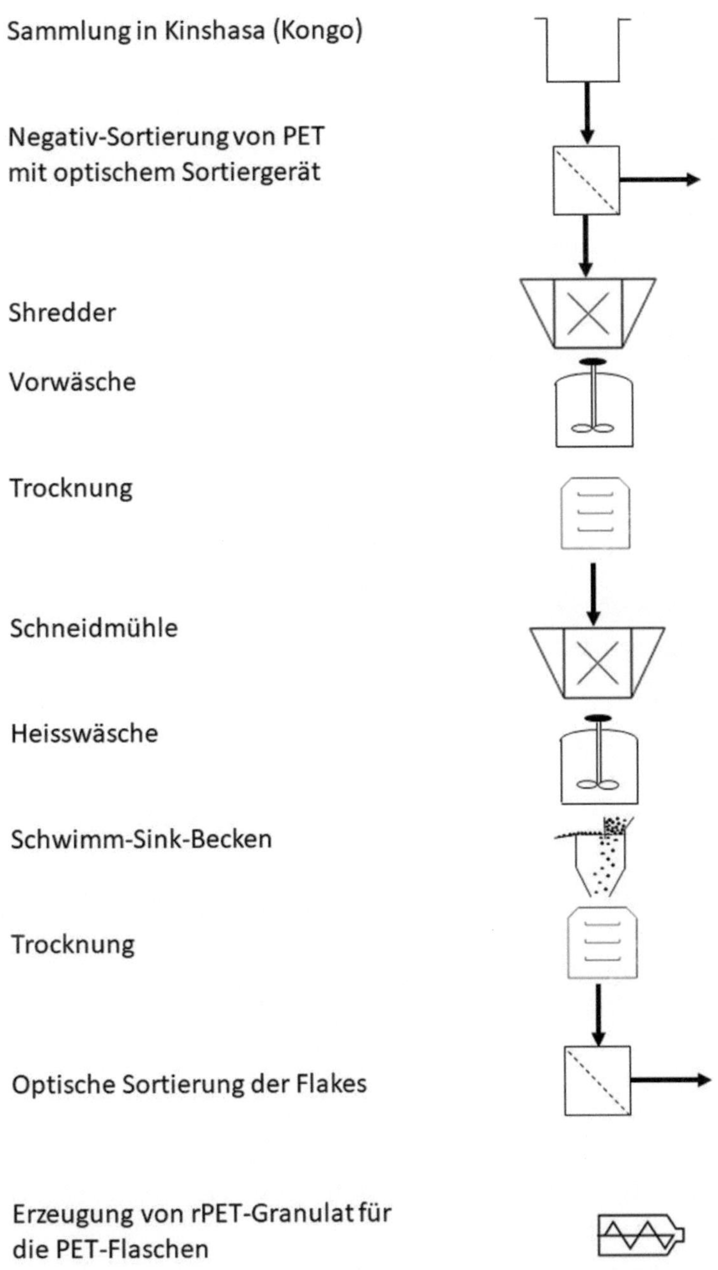

Abb. 189 Vereinfachtes Blockdiagramm: rPET-Flaschen-Produktion in Kinshasa

9.3 Downcycling (Niederwertige Rezyklate)

	Downcycling
Anwendungen	Mehr Anwendungen: Anzahl der Endprodukte groß
Materialverlust	Geringe Verluste: Auch unterschiedliche Kunststoffe können u. U. in derselben Anwendung genutzt werden
Marktpreis des Endprodukts	Sehr viel niedriger als bei der Erstnutzung
Kosten des Verfahrens	Die Wiederbenutzungskosten sind sehr viel niedriger als die Herstellungskosten des Rezyklats.
Beispiele	• Platten aus Flussplastik • Mauer- und Pflastersteine aus Flussplastik (und Sand) • Asphalt aus Landplastik (Sand und Bitumen)

Durch Downcycling ergeben sich mehr Anwendungsmöglichkeiten als im Erstgebrauch.
Der Zweitgebrauch ist dem Erstgebrauch des Materials nicht gleichwertig.
Die Materialverluste sind jedoch meist deutlich niedriger, weil z. T. auch Kunststoff-Mischungen akzeptabel sind.
Der Marktpreis ist niedriger als für das Erstprodukt.

9.3.1 Kunststoffplatten aus Plastiksäcken (Flussplastik)

Am Beispiel des Sammelzentrums Tabanan auf Bali (Indonesien) des Vereins Sungai Watch (214) soll dargestellt werden, wie aus Flussplastik verwertbare Kunststofffraktionen hergestellt werden. Gesammelte Abfälle von 32 schwimmenden Flussdämmen (siehe Kapitel 2.8 „Schwimmender Filterstaudamm") werden hier angeliefert.

Prozessbeschreibung nach Abb. 190
Dazu wird das Flussplastik von Helfern mit der Hand eingesammelt und zur Sortieranlage gebracht (215).
In der Sortieranlage wird zunächst das Material getrocknet, bevor es sortiert werden kann. Die händische Sortierung funktioniert dank eines Sortiertisches, um den herum die Sortierer stehen und einzelne Fraktionen aus dem gesammelten Material heraussuchen.

Nach Angabe des Vereins werden 15 Einzelfraktionen sortiert. Dazu zählen:
- Plastiksäcke: Trotz des lokalen Verbots sind sie immer die größte, eingesammelte Abfallfraktion der schwimmenden Flussdämme.
- Flipflops
- PP-Plastikkappen und -verschlüsse
- PEHD-Flaschen
- Multilayer-Tüten mit zwei Schichten aus Plastik und einer inneren Aluminiumschicht
- Glas
- Metalldosen
- Organische Abfälle usw.

Um die Fraktionen von Dreck zu befreien, werden sie getrennt in einem großen Sammelbehälter mit Rührwerk gewaschen.
Danach werden einzelne Fraktionen einer Shredderung unterworfen. Alle Fraktionen erhalten eine natürliche Trocknung, bevor sie verpackt werden, um zum jeweiligen Bestimmungsort geschickt zu werden.
Ziel des Vereins ist es, die getrennten Fraktionen nicht der Mülldeponie bzw. der Müllverbrennung zu übergeben, sondern eine werkstofftechnische Wiederverwendung der gesammelten Fraktionen zu finden.

Das ist auch der Grund, warum der Verein versucht, durch eine interne Produktion, Plastiksäcke in Kunststoff-Platten zu überführen (215).

Dieser Prozess besteht aus den folgenden Schritten (216):
- solare Trocknung,
- händische Sortierung nach Farben,
- Kalt-Verpressen in einer händisch betätigten Presse mit ca. 15 kg pro Plastikplatte.

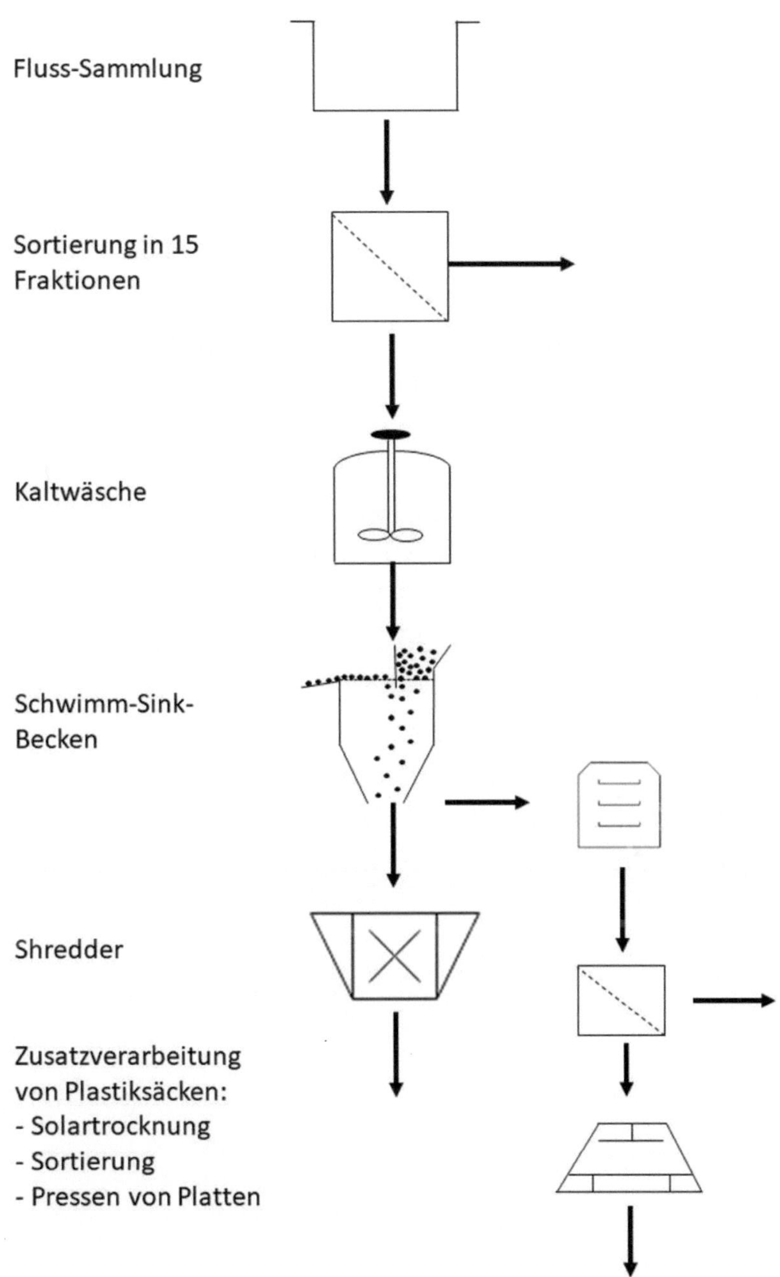

Abb. 190 Vereinfachtes Blockdiagramm: Herstellung von Kunststoffplatten aus Plastiksäcken

9.3.2 Straßenteer aus Plastikabfällen

Wirkweise

Zur Verminderung des Ersteinsatzes von Teer und zur Verbesserung der Strasseneigenschaften mischt R. Vasudevan dem Straßenteer Kunststoffabfall-Flakes unter (217), (218).

Dabei können entweder die Flakes nachträglich auf eine Bitumenschicht aufgesprüht werden, auf der diese schmelzen und so eine wasserdichte Deckschicht ausbilden, oder die Flakes werden schon beim Straßenneubau eingesetzt.

Prozessbeschreibung nach Abb. 191

Bei der Sortierung werden PE, PP und PS weiterverarbeitet, während PVC aussortiert wird. (219). Die Kunststoff-Abfälle werden geshreddert und auf 2,36-6,75 mm geschnitten. Füllstoffe wie Sand werden auf ca. 160 °C erhitzt (219).

Die Flakes werden dazugegeben.

Danach wird die Sand-Flakes-Masse mit dem Bitumen gemischt, der ebenfalls auf 160°C gebracht worden ist.

Dabei beträgt das Verhältnis des Bitumens zu Plastik-Flakes 9 zu 1 (220).

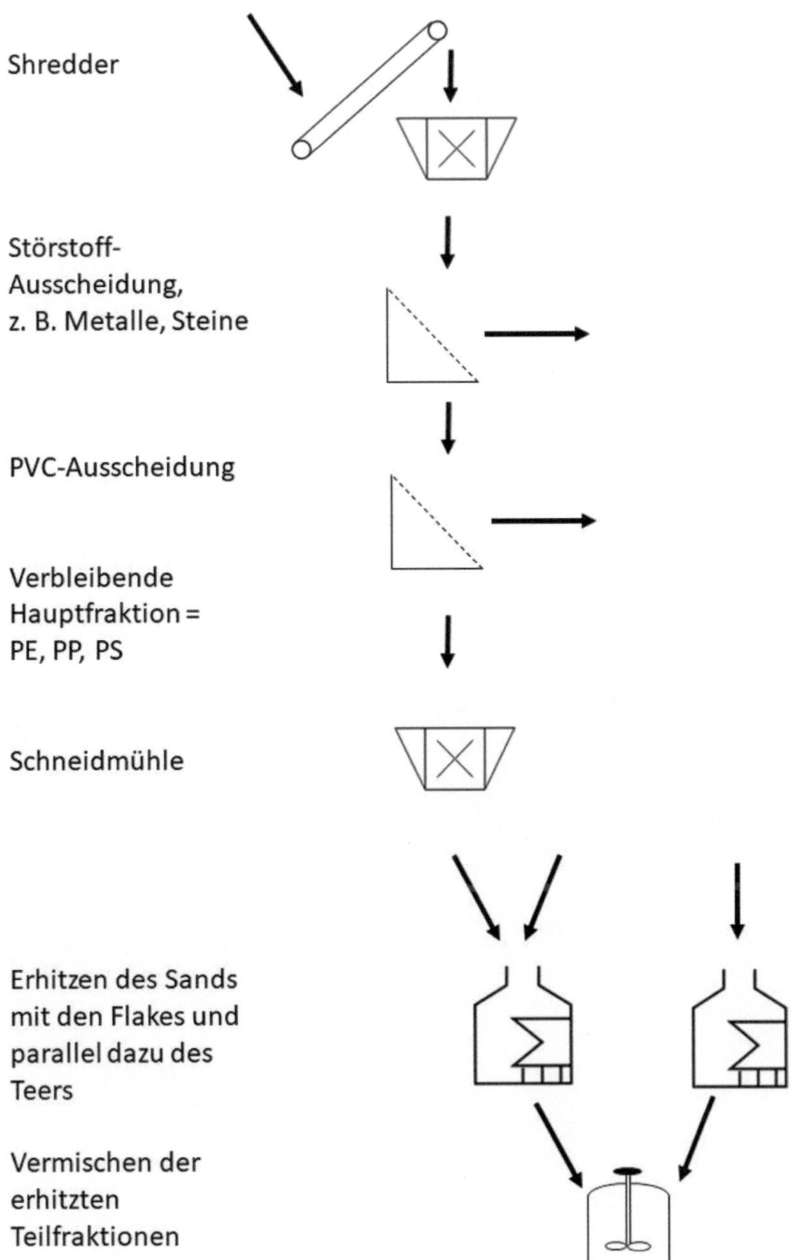

Abb. 191 Vereinfachtes Blockdiagramm: Herstellung von Straßenteer aus Plastikabfällen

9.3.3   Hauswand- & Pflastersteine aus Meeresplastik & Sand

Am Beispiel der Arbeit des Yicaped (221) soll das Herstellen von Hauswand- und Pflastersteinen beleuchtet werden.

Prozessbeschreibung
Es ist besonders hervorzuheben, dass es der lokalen Wirtschaft zugutekommt, wenn die Sammlung von Meeresplastik, die Verarbeitung, der Recyclingprozess und Wiedereinsatz des recycelten Produkts vor Ort passieren. Das ist der Fall von Pflaster- und Hauswandsteinen, die in verschiedenen Ländern lokal hergestellt werden. Angefangen bei der Sammlung an Straßen, in Flüssen und am Strand geht es hier um kurze Transportwege. Die Kunststoffe werden in der Sonne getrocknet, geschnitten und von Hand die Etiketten heraussortiert.

Abb. 192 Geschnittene Flaschen ohne Etiketten

Abb. 193 Dosierte Zumischung von Sand

Danach werden sie zerkleinert und mit Sand vermischt (siehe Abb. 192 und 193). Bei einigen Herstellern wird das Gemisch extrudiert, bei anderen nur erhitzt und homogen verflüssigt.

Das Gemisch wird in Formpressen gefüllt. Nach dem Pressvorgang werden die Steine gekühlt (Abb. 194 und 195) und Nacharbeiten ausgeführt, wie z. B. das Abfeilen oder Abschneiden von Gussbärten.

Abb. 194 Formpressen

Abb. 195 Abkühlen

Das gesamte Verfahren kann wie folgt zusammengefasst worden:

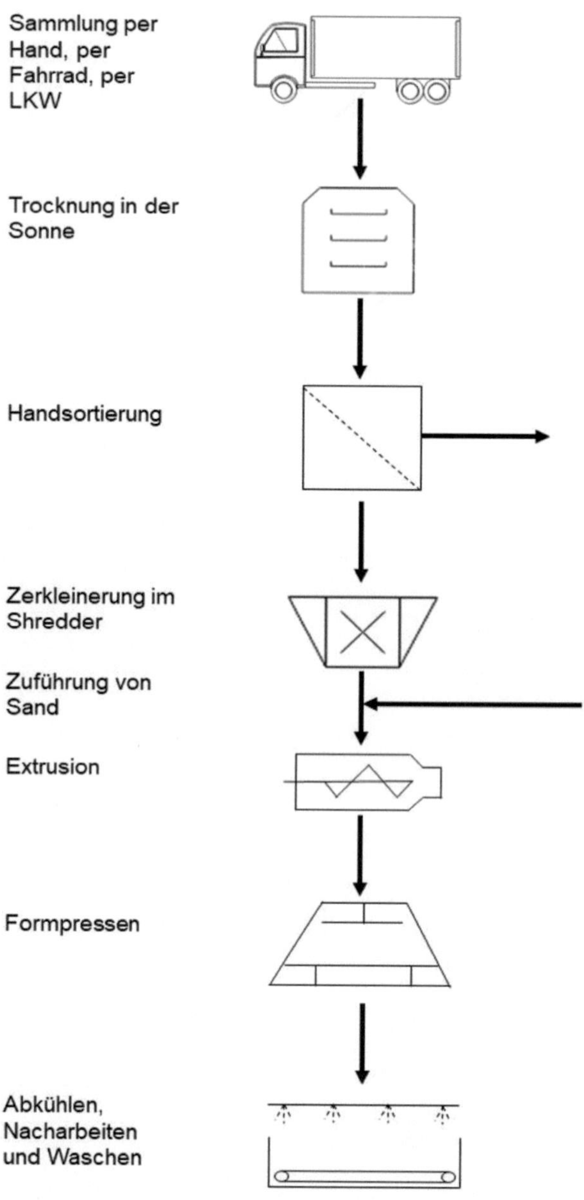

Abb. 196 Blockdiagramm: Produktion von Pflaster- und Mauersteinen

9.4 Zusammenfassung: Upcycling, Recycling, Downcycling

Die in diesem Kapitel erklärten Beispiele von Fluss- und Meeresplastik-Nutzung sind weder vollständig noch repräsentativ für alle Formen des Up-, Re- und Downcyclings.

Es gibt natürlich noch andere Beispiele und Verfahrenswege. Jedoch können die hier dargestellten Beispiele strukturell anzeigen, welche drei Ebenen der Aufbereitung es gibt.

Die folgende Tabelle gibt die Unterscheidungsmerkmale der benannten Teiltabellen der vorhergehenden Kapitel wieder:

Tabelle 87 Unterscheidung zwischen Up-, Re- und Downcycling

	Upcycling	Recycling	Downcycling
Anwendungen	Wenige Anwendungen: Anzahl der Endprodukte klein	Gleiche Anwendungen: So viele Endprodukte wie Anzahl der Inputmaterialien.	Mehr Anwendungen: Anzahl der Endprodukte groß
Materialverlust	Viele Verluste zur Erstellung eines gezielten Endprodukts.	Verluste hauptsächlich nur durch notwendige Sortierung in sortenreine Fraktionen und durch den Waschprozess.	Geringe Verluste: Auch unterschiedliche Kunststoffe können u. U. in derselben Anwendung genutzt werden.
Marktpreis des Endprodukts	Sehr viel höher als beim Primärprodukt.	Rezyklat hat einen ähnlichen Marktpreis wie das Primärprodukt.	Sehr viel niedriger als bei der Erstnutzung.
Kosten des Verfahrens	Produktionskosten viel höher als Erstherstellung.	Rezyklaterzeugung verursacht i. A. weniger Kosten als Erstherstellung, z. B. weniger Energieeinsatz.	Die Wiederbenutzungskosten sind sehr viel niedriger als die Herstellungskosten des Rezyklats.
Beispiele	Schuhe aus Strand- und Küstenplastik, Kunstwerke aus Flip-Flops, Skateboards aus Fischernetzen.	Vorbereitung von Verpackungsplastik u. Ä. mit Rezyklat. Sortieranlage für Flussplastik zur Erstellung von sortenreinen Fraktionen, Waschanlage für PET-Landplastik zur Erstellung von Granulat.	Platten aus Flussplastik, Mauer- und Pflastersteine aus Flussplastik (und Sand), Asphalt aus Landplastik (Sand und Bitumen).

10 Recycling von Fluss- und Meeresplastik als Ökobilanz

Ein Verfahren zum Recycling von Fluss- und Meeresplastik kann nach DIN EN ISO 14040 im Rahmen einer Ökobilanz analysiert und interpretiert werden.

In der Norm werden folgende standardisierte Bereiche genannt:

- Festlegung des Ziels und des Untersuchungsrahmens,
- Sachbilanz,
- Wirkungsabschätzung und
- Schlussfolgerungen.

Diese Herangehensweise ist der vereinfachten Ökobilanz in diesem Kapitel zugrunde gelegt worden.

10.1 Festlegung des Ziels und des Untersuchungsrahmens

Die hier vorgeschlagene Ökobilanz soll stark vereinfacht vor allen Dingen die Ströme von Roh- und Betriebsstoffen, Energie, Produkte, Abfälle, Emissionen sowie Einleitungen ins Abwasser beschreiben. (222)

Als Untersuchungsrahmen soll das gesamte Verfahren vom Einsammeln des Fluss- und Meeresplastiks bis zum Trocknen des Endprodukts am Ende der Kaltwäsche festgelegt werden.

10.2 Sachbilanz

Die hier untersuchten Ströme sind die folgenden:

1. **Inputmaterial:** Vergleich zwischen Fluss- und Meeresplastik und Postconsumer-Plastikabfällen.
2. Zum **Transport** notwendige Energie: hier vereinfacht als Distanzen angegeben. Alternative: Lokale Produktion und Recycling vor Ort.
3. **Mechanische Energie** zum Betreiben der Maschinen des Verfahrens: hier vereinfacht als Anzahl der Maschinen und ihre angeschlossene Leistung. Vergleich Low Tech zu High Tech.
4. **Chemikalien**. Alternative: Andere Waschparameter.
5. **Wasserverbrauch**. Alternative: Einsatz von Salzwasser
6. **Andere Betriebsmittel** wie Druckluft, Kühlwasser / Glykol, Abgesaugte Hallenluft für Staubabsaugung sowie Klimaanlage von Arbeitsplätzen.
7. **Heizenergie** für das Erwärmen von Wasser und Trocknen des Produkts. Alternative: Solarwärme.
8. **Outputmaterial** und entstandene Prozessabfälle, das heißt aus dem Prozess ausgeschiedene Störstoffe.

In der Abbildung 197 werden die vereinfachten Elemente des Verfahrens zum Sortieren und Waschen von Fluss- und Meeresplastik angegeben:

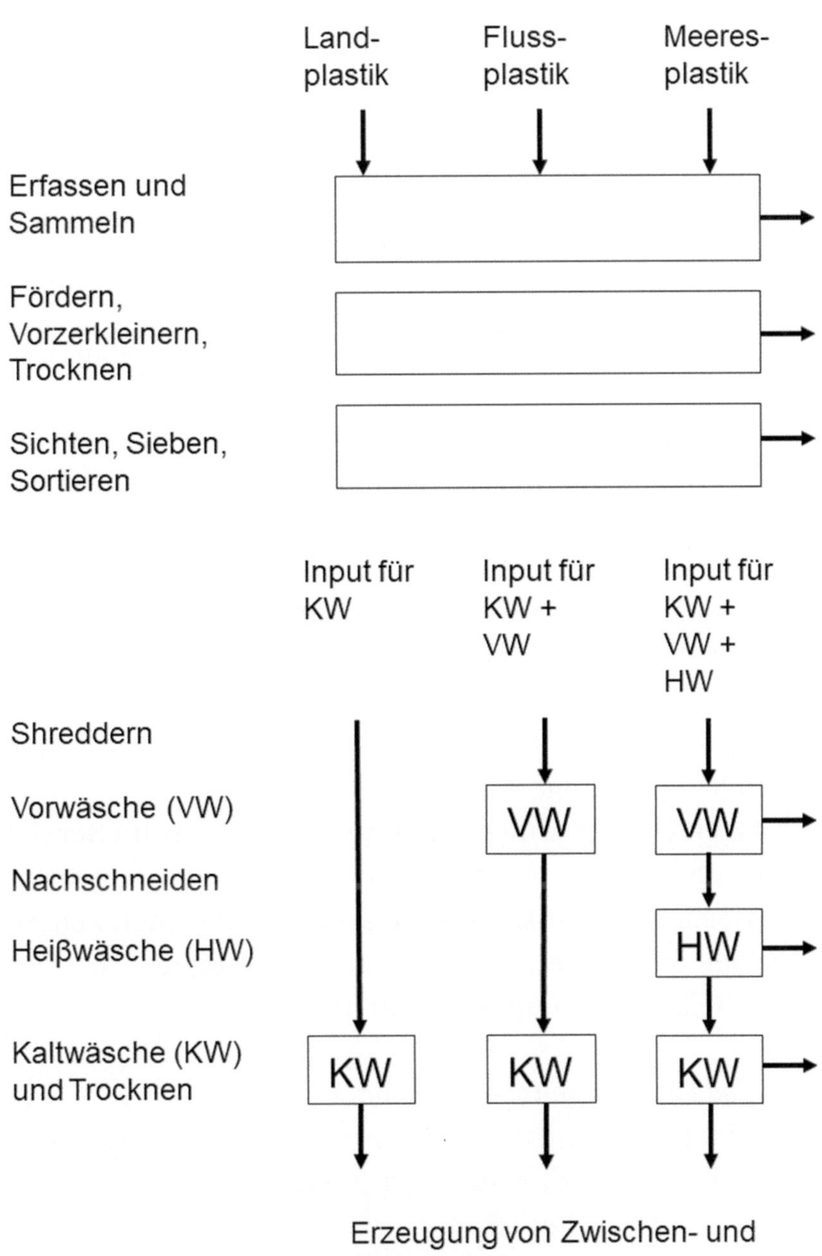

Abb. 197 Vereinfachte Darstellung einer Ökobilanz

10.2.1 Input: Fluss- & Meeresplastik vs. Postconsumer-Plastik

Die Inputmaterial-Unterschiede zwischen Fluss- und Meeresplastik auf der einen und typische Postconsumer-Plastikabfällen in der „Gelben Tonne" der Wertstoffsammlung auf der anderen Seite sind sehr ernst zu nehmen.

Nach der Ellen McArthur Stiftung (3) braucht es technologische Innovation, um die bisherige Plastikrecycling-Industrie in eine veritable Kreislaufwirtschaft zu überführen. Deshalb seien hier nochmals zwei Eigenschaften genannt, die berücksichtigt werden müssen, um dieses Ziel zu erreichen.

Sortieren wie Plastikabfälle aus Wertstoffsammlung
In der Darstellung von TheSeaCleaners (223) kann das Meeresplastik, das über angestellte Förderbänder in ein Sammelboot gebracht wird, sofort behandelt und von Sortierern per Hand in Wertstoffgruppen aufgeteilt werden.
Jedoch sagen alle Verbände und Unternehmen, die im Bereich der Wertstoffsammlung, z. B. mit der „Gelben Tonne" tätig sind, dass eine Sortierung *nur für trockene Wertstoffe*, die von feuchten und organischen Stoffen getrennt worden sind, möglich ist.
Siehe die Beispiele in den Abb. 198 und 199.

Unterschiede zur Getrenntsammlung
Aber das ist gerade nicht der Fall in der Verarbeitung von Fluss- oder Meeresplastik, das kurz vor seiner Behandlung aus dem Wasser gefischt worden ist.
Es ist nass oder feucht und mit organischen Resten wie Schilf und Algen befrachtet. Beide Eigenschaften erschweren die Sortierung.

Abb. 198 Ausleerung von Flüssigkeiten aus Fastfood in der Schweiz

Abb. 199 Trennung zwi-
schen feuchten und tro-
ckenen Abfällen in Italien

Deshalb ist die Vor-Ort-Behandlung von mit organischen Resten vermischten Plastikabfällen ein Tätigkeitsfeld, das in der Recyclingindustrie aus Kostengründen immer vermieden worden ist.

„Cradle-to-Cradle"-Prinzip
Es gibt auch Stimmen, die besagen, dass die Vermischung von organischen und technischen Produkten grundsätzlich schon vom Design her vermieden werden sollte (224).
Wenn Fluss- und Meeresplastik sortiert werden sollen, sollten die organischen Wertstoffe in ihren biologischen Kreislauf zurückgebracht werden durch Kompostieren, Vergären oder z. B. als Dünger genutzt und nicht nur deponiert oder verbrannt werden.
Ziel einer systematischen Sortierung von Fluss- und Meeresplastik ist es, die technischen Wertstoffe in eine effiziente Kreislaufwirtschaft zurückzubringen (225).

Dieses Verfahrensprinzip heißt „Cradle-to-Cradle" (224).

10.2.2 Transportenergie - Alternative: Produktion vor Ort

Die Transporte finden zwischen den verschiedenen Teilprozessen statt und hängen natürlich von den jeweiligen Stationen ab wie z. B. der Sortieranlage und der Waschstation.
Wichtig für die Ökobilanz ist natürlich, dass keine interkontinentalen Distanzen überwunden werden müssen, um die Zwischenprodukte weiterverarbeiten zu können.

Logistische Aufgabe des Sammelns von Fluss- und Meeresplastik nach Abb. 200
Der Unterschied zwischen typischen Postconsumer-Plastikabfällen und Fluss- und Meeresplastik liegt darin, dass Postconsumer-Plastikabfälle in den einzelnen Haushalten gesammelt werden und dieser Sammelschritt für Fluss- und Meeresplastik nicht vorliegt.
Der Sammelaufwand für in der Natur verstreute Abfälle ist kaum zu messen.

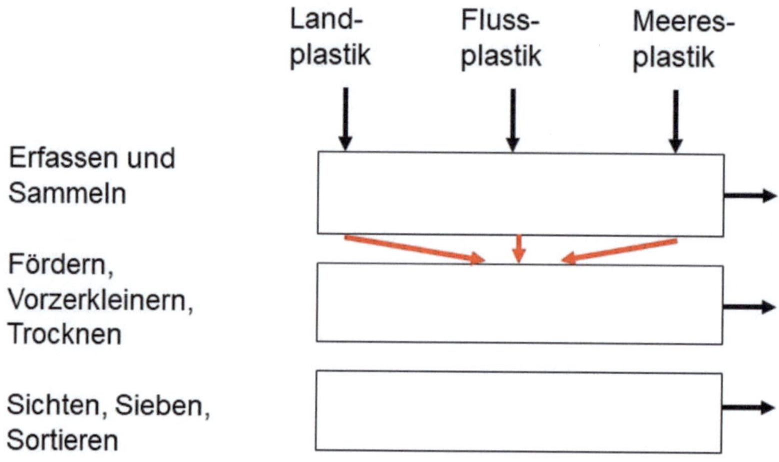

Abb. 200 Logistische Aufgabe bei Fluss- und Meeresplastik

Auch das Einsammeln der Haushaltsabfälle einer Siedlung oder eines Stadtteils ist viel einfacher, weil die Haushalte geographisch bekannt sind und so logistisch Sammeldienste eingerichtet werden können.

Fluss und Meeresplastik muss an den Fundorten eingesammelt werden, die je nach Jahreszeit und Verbraucherverhalten sehr unterschiedlich sein können.

Nach der Sortieranlage: Export nach Afrika & Asien
Es sollte an den Skandal erinnert werden, bei dem die europäischen Postconsumer-Plastikabfälle zwar in Sortieranlagen in Europa sortiert wurden, aber danach in verschiedene afrikanische und asiatische Staaten exportiert wurden, bis diese schließlich den Import verboten haben.

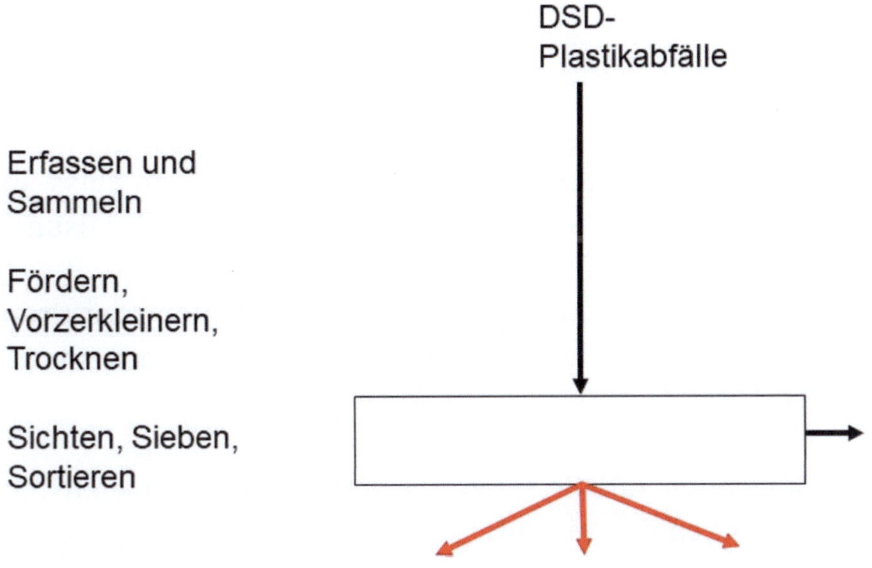

Abb. 201 Export sortierter Postconsumer-Verpackungsabfälle

Um den Transport von Fluss- und Meeresplastik kurz zu halten, ist es vorstellbar, dass Bearbeitungs- und Sortieranlagen direkt im Hafen, am Flussufer oder am Strand installiert werden.
Immer öfter befinden sich die Sortieranlage und der nachfolgende Waschprozess am selben Standort. Dies ist der Standard für viele Neubauten in der westlichen Welt. So wird der Transport zwischen Sortier-Anlage und Waschprozess minimiert.
Eine ähnliche Situation sollte heutzutage zwischen der Beendigung des Waschprozesses und der Erzeugung der Zwischenprodukte wie Plastik-Flakes oder Granulat auf der einen Seite und der Erzeugung neuer Konsumartikel auf der anderen Seite hergestellt werden, die dann idealerweise auf demselben Kontinent stattfinden sollte.
Auch diese Transportdistanzen haben ein großes Gewicht in der Ökobilanz.

10.2.3 Anzahl nötiger Maschinen - Low-Tech vs. High-Tech

Low Tech im Vergleich zu High Tech
Im Bereich des Recyclings und der Waschtechnik von Fluss- und Meeresplastik stehen sich heute Low- und High-Tech-Lösungen gegenüber.
Natürlich ist die privatwirtschaftliche Wertschöpfung der Grund, warum sehr unterschiedliche Lösungen parallel nebeneinander weiterbestehen.

In der folgenden Tabelle seien Beispiele dieser parallelen Technikwelten gegenübergestellt:

Tabelle 88 Gegenüberstellung von Low- und High-Tech-Lösungen

Angestrebte Funktion	Low-Tech-Lösung	High-Tech-Lösung
Sammeln von Makroplastik am Strand	Handsammlung	Bagger- und Sieblösung
Aussieben von Mikroplastik am Strand	Handsiebung	Gerät zum Abtrag und zur Absiebung von Strandsand
Abtragen von schwimmenden Flussabfällen	Von Hand	Mit schwimmenden Flussdämmen und Auffangeinrichtungen
Vereinzelung	Von Hand	Durch Vorzerkleinerer
Trocknung	Durch Sonne	Mit Abwärme oder industriell erzeugter Wärme
Siebung	Von Hand	Vollautomatisch in Maschinen
Sortierung	Von Hand	Mit optischer Sortierung
Kaltwäsche	Von Hand	Mit Pumpe und Rührwerk
Heißwäsche	Von Hand	Mit Pumpe und Rührwerk
Erzeugen von Endprodukten	Handpresse für Kunststoff-platten, händischer Formguss von Pflaster- und Mauersteinen	Vollautomatische Extruder und Presswerke

Anzahl der Maschinen pro Verfahrensschritt

Die Anzahl der Maschinen hängt von der gewählten Technikebene ab. Es ist sinnvoll, die Mindestanzahl pro Verfahrensschritt darzustellen und zu vergleichen.

Das soll am Beispiel des Recyclings stark durch Schlamm und Sand verschmutzter PET-Flaschen erfolgen. Dadurch wird die Heißwäsche empfehlenswert.

Zur Low-Tech-Variante werden Techniken gezählt, die z. B. in den Kapiteln 1.4.2, 2.13, 2.15, 3.3.1 oder 4.3.1 genannt werden.

Für die High-Tech-Variante werden Techniken zu Rate gezogen, die z. B. in den Kapiteln 3.2.5, 4.1, 4.2, 4.3.2, 4.3.6, 4.3.7, 4.3.8, 5 und 6 beschrieben werden. In der folgenden Tabelle werden Low- und High-Tech-Lösungen anhand der Maschinenanzahl gegenübergestellt:

Tabelle 89 Low- & High-Tech: Anzahl der notwendigen Maschinen pro Verfahrensschritt

Anzahl der Maschinen pro Verfahrensschritt	Low-Tech-Lösung	High-Tech-Lösung
Erfassen, Sammeln und Transportieren	1	Ca. 1-5
Vorzerkleinern und Vereinzeln	0	Ca. 1-5
Sichten, Sieben und Sortieren	0	Ca. 10-30
Shreddern und Vorwäsche	0	Ca. 6-10
Schneidmühle und Heißwäsche	0	Ca. 6-10
Kaltwäsche und Trocknen	0	Ca. 6-10

10.2.4 Mechanische Energie - Alternative: Energieeffizienz?

Mechanische Energie
Die mechanische Energie soll hier zur Vereinfachung nur als angeschlossene Maschinenleistung dargestellt werden. Dabei stellen sich folgende Hauptverbraucher heraus: Vorzerkleinerer, Shredder, Schneidmühle, mechanischer Trockner, optische Sortierung und Ballenpresse.

In der folgenden Tabelle werden die Hauptverbraucher dargestellt:

Tabelle 90 Hauptverbraucher in High-Tech-Lösung

Verfahrensschritt	Hauptverbraucher	Angeschl. Leistung, mind. [kW]
Erfassen, Sammeln und Transportieren	LKW	200
Vorzerkleinern und Vereinzeln	Vorzerkleinerer	100
Sichten, Sieben und Sortieren	Optische Sortierung Ballenpresse	50 50
Shreddern und Vorwäsche	Shredder	100
Schneidmühle und Heißwäsche	Schneidmühle	100
Kaltwäsche und Trocknen	Mechanischer Trockner	20

Diese notwendige, angeschlossene Stromleistung ist sehr wichtig für die Wirtschaftlichkeitsrechnung der Verarbeitung von Fluss- und Meeresplastik. Wenn einzelne Maschinen so viel Energie verbrauchen, dann ist die Bearbeitung eines Inputmaterials, das oft einen sehr geringen Marktwert hat, betriebswirtschaftlich schwierig.

Daher ist es sinnvoll, über alternative Maschinentechnik nachzudenken, deren angeschlossene Leistung viel geringer sein sollte.

Energieeffiziente Vorzerkleinerung?
Eine solche Technik wäre zum Beispiel eine Vereinzelung und Vorzerkleinerung ohne die bekannten Shredder. Dazu könnte man handbetriebene Guillotinen oder hydraulische Wasserschneider einsetzen, bei denen die Schneidkräfte und damit der Energieverbrauch sehr viel geringer wären als bei derzeitigen Shreddertechnik.

Energieeffizienter Austrag nach optischer Sortierung?
Ähnliches gilt für die optische Sortierung, deren Hauptverbraucher der angeschlossene Kompressor ist. In der Tat ist der Druckluftverbrauch von optischen Sortiereinrichtungen sehr hoch.
Für eine wirtschaftliche Fluss- und Meeresplastik-Aufbereitung sollte dieser Faktor minimiert werden.

In der Tat ist der pneumatische Austrag von Plastikstücken oder Plastik-Flakes keine effiziente Lösung, weil ein Teil der pneumatischen Kraft ungenutzt in die Umgebungsluft verpufft und auch der pneumatische Kraftvektor nicht vollständig zum Austrag zur Verfügung steht aufgrund der Kompressibilität der Luft.

Deshalb sind mechanische oder hydraulische Systeme oder Roboterarme zum Austrag von optisch erkannten Plastikabfällen technische Alternativen, deren Entwicklung vorangetrieben werden sollte.

10.2.5 Chemikalien - Alternative: Andere Waschparameter

Der Chemikalienverbrauch spielt ebenfalls eine wichtige Rolle im Rahmen der Ökobilanz und auch in der betriebswirtschaftlichen Betrachtung.

Er findet an drei Stellen im vorgestellten Verfahren statt:

Tabelle 91 Chemikalieneinsatz

Verfahrens-schritt	Eingesetzte Chemikalien und Zweck	Konzen-tration z. B.
Kaltwäsche	Entschäumer zur Neutralisierung der mit den Postconsumer-Verpackungen eingebrachten Seifen und Schäume (die größtenteils in Fluss- und Meeresplastik schon entfernt sind)	2,5 %
Heißwäsche	Reinigungsmittel Lauge Säure	2,5 % 2,5 % 2,5 %
Flotations-stufe zur Wasser- aufbereitung	Entschäumer zur Neutralisierung der mit den Postconsumer-Verpackungen eingebrachten Seifen und Schäume Koagulationsmittel zur Ausflockung in der Flotationsstufe Reinigungsmittel Polymer zur Erleichterung der Schlammabsonderung	2,5 % 2,5 % 2,5 % 2,5 %

Der Einsatz von Chemikalien kann nur bedingt vermieden werden.

Jedoch gibt es Verfahrensparameter, die eventuell weniger belastende Alternativen für die Umwelt eröffnen:

Tabelle 92 Alternativen zum Chemikalieneinsatz

Verfahrens-schritt	Eingesetzte Chemikalien	Alternativen
Kaltwäsche	Entschäumer	Das Aufschäumen von Waschwasser behindert Maschinenfunktionen und wird durch die Wiederbenutzung des Abwassers im Kreislauf verstärkt. Je höher der <u>Frischwasseranteil</u> ist, desto schwächer fällt das Aufschäumen ins Gewicht. Idealerweise könnte das Abwasser nach Aufbereitung zum Teil abgelassen werden, um das verstärkte Aufschäumen zu vermeiden. Interessant wäre die Nutzung von Meerwasser. Eine Umweltstudie über die teilwcisc Unterbrechung des Abwasserkreislaufs unter <u>Nutzung von Salzwasser</u>, aus dem das Meeresplastik stammt, könnte zusätzliche Umweltrisiken beleuchten.
Heißwäsche	Lauge	Die Wiederholung der Kaltwäsche kann zum Teil die Heißwäsche ersetzen. Eine <u>Heißwäsche ohne Chemikalien</u> bringt ebenfalls interessante Wascherfolge. Eine <u>Verlängerung der Verweildauer</u> während der Heiß- und Kaltwäsche (Einweichen) kann den Wascherfolg ebenfalls erhöhen.
Flotations-stufe zur Wasser-aufbereitung	Koagulations-mittel	Das <u>Wiederholen der mechanischen Aufbereitung (Sieben)</u> kann die Notwendigkeit einer Flotationsstufe verringern. Die <u>biologische Aufbereitung</u> kann eine Alternative sein.

10.2.6 Wasserverbrauch - Alternative: Salzwasser

Standard: Süßwassereinsatz
Der Klarwasserverbrauch spielt bereits eine wichtige Rolle bei der betriebs- wirtschaftlichen Bilanz der Waschanlagenbetreiber. Dabei ist der Brunnen- oder Trinkwasserverbrauch in Europa schon heute regelmäßig verwaltungstechnischen Beschränkungen unterworfen, um Dürren nicht zu verschärfen (226) (227) (228).

Beispiele nach Waschprozessschritt
Der Wassereinsatz kann an den drei Waschprozessschritten festgehalten werden. Der genannte Mindestwasserdurchsatz entspricht nicht dem Klarwassereinsatz, sondern dem Gesamtwasserdurchsatz im jeweiligen Prozessschritt und setzt sich zusammen aus der rezirkulierenden, gereinigten Prozesswassermenge und dem zugesetzten Klarwasser:

Tabelle 93 Wassereinsatz im Waschprozess

Verfahrens-schritt	Wassereinsatz	Frischwasser-einsatz pro 1000 kg Input /h
Vorwäsche	Nass-Shredder, Vorwascheinheit.	z. B. 1 m³/h z. B. 1 m³/h
Heißwäsche	Heißwasch-Einheit, Entwässerungsschnecke/Abreinigung.	z. B. 2-4 m³/h z. B. 2-4 m³/h
Kaltwäsche	Friktionswäscher, Schwimm-Sink-Becken.	z. B. 1 m³/h z. B. 1-2 m³/h

Rare Ressource Süßwasser nach Abb. 202
Im Betrieb einer Waschanlage stellt das Süßwasser, das nach Stand der Technik benutzt wird, einen erheblichen Kostenfaktor dar.

Um das Wasser im geschlossenen Kreislauf als effizientes Betriebsmittel zu erhalten, werden erhebliche technische Mittel aufgewendet. Die zu konservierenden technischen Eigenschaften sind z. B. pH-Wert, schwebende Feststoffe, Wasserhärte, chemischer Sauerstoffbedarf und Leitfähigkeit.

Wenn die drei Waschprozessschritte Vor-, Heiß- und Kaltwäsche durchgeführt werden, ist es empfehlenswert, auch drei getrennte Wasseraufbereitungen vorzusehen, die jeweils aus einem Kanalsystem um die Waschstufe herum, einer Sammelgrube, einer Grubenpumpe und einer Siebmaschine zum Absieben der Schwebstoffe bestehen.

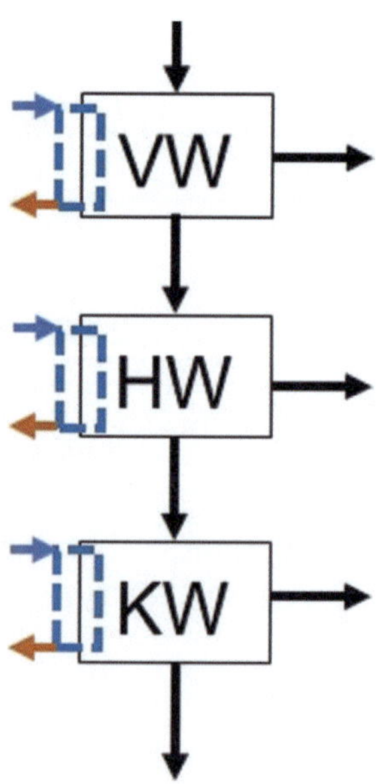

Abb. 202 Drei getrennte Wasseraufbereitungen

Alternative: Salzwasser

Eine Alternative zum Süßwasser, das in vielen Küstenregionen eine rare Ressource ist, wäre Brackwasser oder Meereswasser. Dies müsste vor der Benutzung eine Behandlung durchlaufen. Neben Messung der oben genannten Eigenschaften wäre vor allem eine Siebung mit einer Maschenweite von 300-700 Mikrometer hilfreich. So würde vermieden werden, dass Sand, Steine, Muschelreste, feine organische Verunreinigungen u. Ä. in den Prozess eingetragen werden.

97 % des auf der Welt verfügbaren Wassers sind Salzwasser (229). Salzwasser wird zunächst wegen seiner Korrosivität nicht in Waschprozessen eingesetzt. Wenn die Maschinen mit Edelstahl oder anderen korrosionsbeständigen Materialien ausgelegt wären, könnte auch Salzwasser benutzt werden.

Vorwäsche

Speziell für die Vorwäsche muss man sich von der Vorstellung trennen, dass das Wasser sauber oder ohne Schwebstoffe vorliegen muss. In der Tat ist das im Kreislauf geführte Wasser hier oft sehr schnell mit einem hohen Anteil an Schwebstoffen belastet und hat deshalb eine braune oder schwarze Färbung. Das Wasser der Vorwäsche ist vor allem ein Trägermedium, um schwere Störstoffe und Dreck auszuwaschen und herauszutragen. Typischerweise wird dieses Wasser in einem Sandklassierer und danach in einer Siebmaschine aufbereitet. Die Frage wäre hier, ob das Salzwasser dieselben Trägermediumkapazitäten haben könnte wie Süßwasser.

Heißwäsche

In der Heißwäsche ist das Wasser ebenfalls Trägermedium für den Austrag von Verschmutzungen, aber auch Trägermedium der Chemikalien. Hier muss analysiert werden, ob Salzwasser die Chemikalien ähnlich gut aufnimmt wie Süßwasser.

Kaltwäsche
Für die abschließende Kaltwäsche kann ebenfalls Salzwasser eingesetzt werden, auch wenn das Verbleiben von Salzkristallen auf den gewaschenen Plastik-Flakes sicher eine Qualitätsminderung darstellt.

Beispiel: Eastman Chemicals in Tennessee
Die Fa. Eastman Chemicals setzt ihren eigenen patentierten Waschprozess zur Wäsche von Postconsumer-Abfällen ein (230). Kaliumsalz erhöht die Dichte des Wassers so sehr, dass selbst schwerere Kunststoffe leichter als das Salzwasser sind und aufschwimmen.

Wasseraufbereitung von Salzwasser?
Der Auslass des Prozesswassers kann auf zwei Wegen erfolgen:

- Das Brackwasser oder Meerwasser wird durch eine gezielte Wasseraufbereitung genau wie Süßwasser behandelt, so dass es im geschlossenen Kreislauf verwendet werden kann.
- Das Salzwasser wird nach Gebrauch nur noch einmal gesiebt, bevor es den Kreislauf wieder verlässt. Wenn der wassertechnische Beweis geführt wird, dass das Salzwasser den Prozess sauberer verlässt, als es ihm zugeführt wurde, ist es möglich, dass die zuständige Umweltbehörde die stetige Abgabe des behandelten Salzwassers akzeptiert. Die Betriebskosten der Waschanlage wären dann niedriger.

10.2.7 Andere Betriebsmittel

Im Bereich der Sortierung und der Wäsche werden sehr unterschiedliche Betriebsmittel eingesetzt, die in der folgenden Tabelle gelistet sind:

Tabelle 94 Wichtige Betriebsmittel in Beispielen

Verfahrensschritt	Maschinenanwendung	Betriebsmitteleinsatz
Erfassen, Sammeln und Transportieren	LKW	Treibstoff
Vorzerkleinern und Vereinzeln	Vorzerkleinerer	Hydrauliköl für Shredderfunktionen, Entstaubung beim Zerkleinern
Sichten, Sieben und Sortieren	Sichter und Siebe, Fördereinrichtungen, Optische Sortiermaschine	Pneumatische Abreinigung von Sicht- und Siebmaschinen, Pneumatische Förderung, Pneumatischer Austrag, Glykol als Kühlmittel der Kamera
Shreddern und Vorwäsche	Shredder Vorwäsche	Hydrauliköl für Shredderfunktionen, Entstaubung beim Zerkleinern, Prozesswasser
Schneidmühle und Heißwäsche	Schneidmühle Heißwäsche Kühlstrecke	Hydrauliköl für Mühlenfunktionen, Entstaubung beim Zerkleinern, Prozesswasser Glykol als Kühlmittel
Kaltwäsche und Trocknen	Kaltwäsche Friktionswäscher Trockner Fördereinrichtungen	Prozesswasser Wasser zur Siebabreinigung, Luft/Wasser zur Siebabreinigung, Pneumatische Förderung

Diese Zusammenstellung zeigt, dass die notwendige, industrielle Infrastruktur allein einen hohen Kostenfaktor für die Aufbereitung von Fluss- und Meeresplastik darstellt.

10.2.8 Heizenergie - Alternative: Solarwärme

Waschanlagen brauchen an zwei Stellen Heizenergie (Abb. 203):

- In der Heißwäsche ist eine Waschtemperatur bis zu 85 °C (Schmelzgrenze von Polyolefinen) möglich. Die Erzeugung dieser Temperatur geschieht durch das Aufheizen, das mehrere Stunden dauert, und das Warmhalten des Waschwassers im Betrieb.
  Je nach Inputmaterial kann z. B. mit einem Rezirkulationswassereinsatz von 10-20 m³ /1.000 kg Inputmaterial gerechnet werden.

- Bei der Trocknung zur Übergabe des Endprodukts an den Folgeprozess muss eine Restfeuchte von ca. 2-3 % erreicht werden, damit es nicht zu Materialanlagerungen kommt.

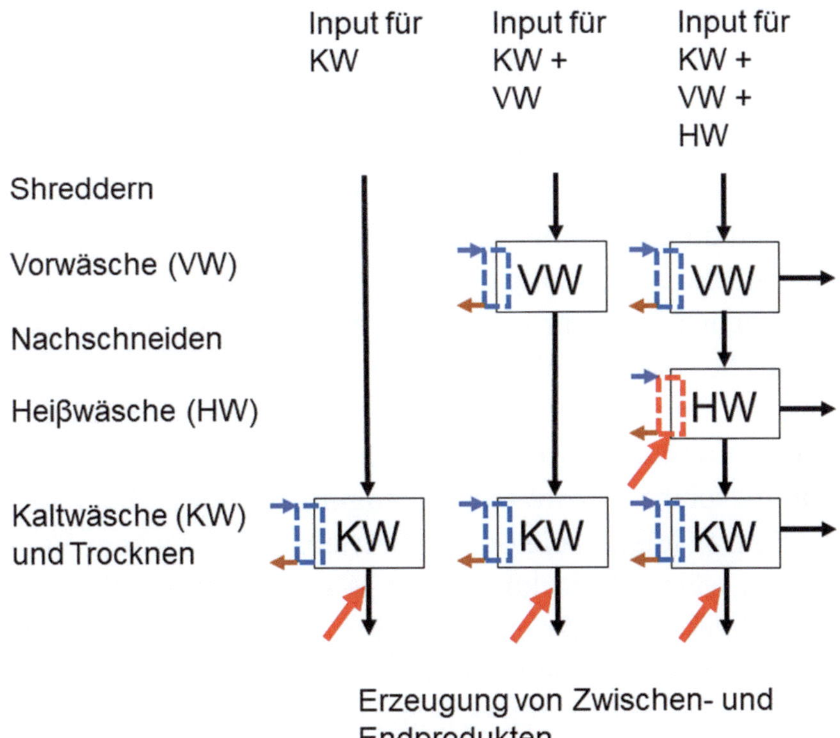

Abb. 203 Wärmenutzung im Waschprozess

Betriebskosten
Der Betriebskostenanteil für die Wärmeerzeugung stellt in den Gesamtbetriebskosten einen sehr großen Betrag dar. Dabei spielen z. B. die Betriebskosten für die Chemikalien eine geringere Rolle als die energieintensive Erzeugung von Heißwasser.

Alternative: Solarwärme für Trocknung
Für beide Anwendungsfälle ist die solare Wärmeerzeugung eine sinnvolle Alternative.
Herkömmliche Warmwasser-Solarpaneele ermöglichen es, Brauchwasser von einer Umgebungstemperatur von 5-20 °C auf 60-80 °C zu erhitzen.

Dieses Warmwasser stünde dann nach einem Wasser-Luft-Wärmetauscher für Trocknungsaufgaben zur Verfügung.

Alternative: Solarwärme für Heißwäsche
Die Heißwäsche wird nur dann eingesetzt, wenn der Verschmutzungsgrad dem Betreiber keine andere Wahl lässt.
Auch die solare Erhitzung des Warmwassers für die Heißwäsche wäre möglich. Man bräuchte für eine typische PET-Flaschen-Heißwäsche, die ca. 50 Kubikmeter Heißwasser benötigt, eine Fläche von mehr als 1000 Quadratmeter an Solarpaneelen[17].
Die Erhitzungszeit für dieses Wasservolumen wäre dann ein Tag.
So könnte solare Warmwassererzeugung nach Stand der Technik einen Beitrag leisten, die Gesamtbetriebskosten zu senken.
Zu klären wäre, ob herkömmliche Warmwasserkollektoren, die ca. 80 °C heißes Wasser erzeugen müssen, eine ausreichende Lösung darstellen oder ob fokussierende Solarkollektoren sinnvoll sind, um kontinuierlich 80 °C heißes Wasser zu erzeugen.

10.2.9 Outputmaterial und Abfallstoffe

Die Outputmaterialien hängen von der Erzeugung der Zwischen- und Endprodukte ab, die hier nicht dargestellt sind.
Jedoch werden in der Sortierung und der Wäsche verschiedene Störstoffe abgeschieden, die für die Stoffbilanz in Betracht kommen.

Je nach Inputmaterialverschmutzung sind das Metalle, Holz und andere Störstoffe sowie die Schwebstoffe im Abwasser, die als Schlamm abgesiebt werden.

---

[17] Eine vereinfachte Rechnung zur notwendigen Solarpaneelfläche findet sich im Anhang A3.

10.3 Wirkungsabschätzung (techn. Schlussfolgerungen)

Die Wirkung der verschiedenen Ressourcennutzungen kann hier nur ansatzweise dargestellt werden, weil das System nicht vollständig bestimmt ist:

1. **Inputmaterial:** Die Eigenschaften von Fluss- und Meeresplastik können sehr stark von Postconsumer-Plastikabfällen abweichen. Diese Abweichungen sind aber nicht im Allgemeinen quantifizierbar, sondern können nur lokal im direkten Vergleich ermittelt werden.

2. Zum **Transport** notwendige Energie: Mehrere Transportdistanzen haben eine unzweifelhaft große Wirkung auf die Ökobilanz:
   - Einsammeldistanzen und Techniken: siehe auch Kapitel 2.
   - Unterbrechung der Aufbereitung zwischen Sortierung an einem Ort und weiterer Behandlung an einem zweiten Ort.
   - Einsatz des Rezyklats in einem neuen Produkt, leider oft erst auf einem anderen Kontinent.

3. **Mechanische Energie**: Der Vergleich der Low-Tech- mit High-Tech-Maschinen zeigt:
   - eine sehr große Anzahl an Maschinen und
   - sehr hohe, angeschlossene Motorleistungen bei High-Tech-Lösungen.

4. **Chemikalien**: Der Einsatz von Chemikalien könnte gesenkt werden:
   - Beim Vermeiden einer Heißwäsche,
   - Beim Vermeiden einer vollständigen Kreislaufwirtschaft des Abwassers, wenn z. B. Meerwasser mehrfach gefiltert

wird und vor Ablassen in einem besseren Zustand ist als beim Ansaugen.

5. **Wasserverbrauch**: Der hohe Süßwasserverbrauch kann ein ökologischer Grund sein, Fluss- und Meeresplastik nicht in einem Waschprozess zu bearbeiten.

6. **Andere Betriebsmittel**: Eine industrielle Aufbereitung erfordert eine Infrastruktur mit Druckluft, Staubabsaugung etc.

7. **Heizenergie**: Die Heizenergie nach Stand der Technik erfordert sehr viel Wärme.

8. **Outputmaterial**: Die Outputmaterialien und abgesonderten Störstoffe hängen sehr stark vom Inputmaterial ab.

10.4 Schlussfolgerungen (jurist. & wirtschaftliche Abwägungen)

Die hier vorgestellte, „embryonale" Ökobilanz bleibt begrenzt, unvollständig und unbefriedigend. Warum gibt es keine vollständige Ökobilanz in diesem Bereich?

Der in diesem Kapitel gemachte Versuch, eine Ökobilanz zu ziehen, zeigt Schwierigkeiten auf der gesetzlichen, volks- und betriebswirtschaftlichen Ebene auf, die hinter den vordergründigen technischen und ökologischen Fragen stehen:

1. **Inputmaterial:** Fluss- und Meeresplastik entsteht aus Landplastik, weil die Sammel- und Sortier-Infrastruktur von den jeweiligen Verwaltungen oder Regierungen vernachlässigt bzw. unterfinanziert ist. So entstehen die Stoffströme der verschiedenen Fluss- und Meeresplastikarten, die je nach Fundort, Verweildauer, Verschmutzung, Verwitterung und Beschädigung nur bedingt recycelbar sind.

   Das Werkstoff-Recycling kostet so viel Geld und Mühe, dass Downcycling, Deponien und Müllverbrennungsanlagen immer noch die preiswerteren Verwertungsvarianten für die Verwaltungen oder Regierungen darstellen.

2. **Transport:** Dass Flussplastik schnell und kosteneffizient aus den Wasserwegen herausgeholt werden muss, ist offenkundig. Verschiedene NGOs sind sehr aktiv, dieses Problem anzugehen. Jedoch verschleiern sie damit unabsichtlich und indirekt das Versagen der verantwortlichen Behörden.

   Das Meeresplastik sollte auch aus den Meeren eingesammelt werden, um z. B. die Bildung von Mikroplastik zu vermindern. Doch wer soll für diese Transportwege und Dienstleistungen bezahlen?

Zwischenprodukte werden zu weiteren Produktionsstandorten versandt und verschifft, oft auf andere Kontinente. So wird die Ökobilanz durch diese unnötigen Transporte verschlechtert. Lokale Produktion von Endprodukten fehlt oft aufgrund fehlender Gesetze und fehlendem wirtschaftlichen Anreiz.

3. **Mechanische Energie:** Der Vergleich der Low-Tech- mit High-Tech-Maschinen zeigt ein Phänomen, das schon allgemein beim Sammeln und Sortieren von Postconsumer-Abfällen bekannt ist. In der westlichen Welt kommen industrielle und rein maschinelle Lösungen zum Zuge, während in Entwicklungsländern Handarbeit vorherrschend ist.

Low-Tech-Lösungen: Die Sammlung und die Sortierung findet hier unter hohem Arbeitseinsatz statt. Jedoch werden ergonomische Richtlinien und Normen, die für Sortieranlagen in westlichen Ländern gelten, selten im informellen Sektor der Entwicklungsländer angewendet. Die Unfall- und Hygienerisiken beim Sammeln und Sortieren von Fluss- und Meeresplastik sind offenkundig. Auch ist die fehlende Krankenversicherung der Werker ohne festes Anstellungsverhältnis als prekär zu bezeichnen. Die zu erwartenden Gesundheitsbelastungen der Werker sollten deshalb wenigstens in einer volkswirtschaftlichen Bilanz abgebildet werden.

High-Tech-Lösungen: Es ist widersinnig, den hohen Leistungsbedarf durch fossile Energieträger zu decken, um Fluss- und Meeresplastik zu recyceln. Der Einsatz von nichtfossilen Energieträgern und von Maschinen mit geringerem Energiebedarf sollte hier die Ökobilanz stark verbessern.

4. **Chemikalien:** Deren Einsatz sollte schon aus Kostengründen minimiert werden.

5. **Wasserverbrauch:** Der hohe Süßwasserverbrauch kann speziell in Regionen, in denen Dürre und Süßwassermangel herrschen, zu einem ökologischen und volkswirtschaftlichen Ausschlussargument für Waschprozesse von Fluss- und Meeresplastik werden.

   Brack- oder Salzwasser könnten hier eine langfristige Lösung sein.

6. **Andere Betriebsmittel:** Eine industrielle Aufbereitung sollte auf notwendige Betriebsmittel beschränkt werden, um die Ökobilanz nicht weiter zu belasten.

7. **Heizenergie:** Die Heizenergie sollte mit nicht-fossilen Energieträgern gedeckt werden, um die Ökobilanz zu entlasten.

Anhänge A1-A3

A1 Liste der Proben-Entnahmestellen

Tabelle 95 Liste der Fundorte

Ort, GPS-Daten	Datum, Charakterisierung
Bali (Indonesien) Strandplastik https://goo.gl/maps/YJRn7Uk8so28nxBC8	15.04.2023 Strandplastik in schwarzem Sand
Bandjarangkan (Indonesien) Flussplastik https://goo.gl/maps/pvVkdqbgWhsha9n89	15.04.2023 Ansammlung weggeworfener Abfälle in Bach

Baleendah (Indonesien) Flussplastik https://goo.gl/maps/5HM4hg4FDdJwAfC97	15.04.2023 Flussabfälle werden vom schwimmenden Filterstau-damm zurückgehalten [18]
Casal Borsetti (Italien) Strandplastik https://goo.gl/maps/UTXckLXRceBvaR4W8	21.05.2023 Einzelne Plastikabfälle im Sand mit z. T. lange Auftenthaltszeiten
Douala (Kamerun) Flussplastik https://goo.gl/maps/rANBWkAaZct2tHBs5	07.05.2023 Ansammlung weggeworfener und angeschwemmter Plasti-kabfälle

---

[18] Die Flussabfälle werden vor Ort beobachtet, aber nicht als Probenentnahme im Labor untersucht

Douala (Kamerun) Landplastik https://goo.gl/maps/yxHZ8aHr6PpT4K7f9 	05.06.2023 UV-verwitterte, im Stadtgebiet weggeworfene Plastikflaschen
Essonne-Fluss bei Mennecy (Frankreich) Flussplastik https://goo.gl/maps/fELaBoM16bqy9MrA7 	05.06.2023 Am historischen Waschhaus auf Flussebene weggeworfene, stark verschmutzte Plastikab-fälle
Faenza (Italien) Überschwemmungsplastik https://goo.gl/maps/J4g2bH5JrWAxSRmG7 	20.05.2023 Durch Flussschlamm von aus-sen verschmutzte und durch Wasser beschädigte Materia-lien
Fort Patrick Henry Dam, Tennessee (USA) Flussplastik https://goo.gl/maps/8Q6s1ZrtV3akgekG7 	15.08.2023 An der Staumauer angesam-melte Touristenplastikabfälle

Giannyar (Indonesien) Flussplastik https://goo.gl/maps/y5prLPPBszW89dLu6 	16.04.2023 Flussplastik, z. T. verhakt in Schilf
Kanawha River Power Plant, West Virginia (USA) Flussabfälle https://goo.gl/maps/WCoriSfqgEb5wdTu8 	07.05.2023 Am schwimmenden Filterstaudamm angesammelte Flussabfälle[19]
Kribi-Strand (Kamerun) Strandplastik https://goo.gl/maps/BCUe4d1c2MiREKmDA 	07.05.2023 Strandabfälle verschiedener Herkunft in Kies-Sand-Gemisch

---

[19] Die Flussabfälle werden vor Ort beobachtet, aber nicht als Probenentnahme im Labor untersucht

Pénestin (Frankreich) Strandplastik https://goo.gl/maps/Ko8jvkEUNrfN4csB8 	27.07.2023 Strand- und Meeresplastik z. T. verhakt in den Felsen
Seine - Port fluvial Le Havre (Frankreich) Flussplastik https://goo.gl/maps/zDtqCaxzvTo7kxDL6 	24.07.2023 Flussplastik angeschwemmt auf Kiesstrand
Seine - Port fluvial Limay (Frankreich) Flussplastik https://goo.gl/maps/QLHkjWxgRQFT94p87 	19.07.2023 Plastikflaschen z. T. in Seerosen und Schilf schwimmend

A2 Wärme- und Trocknungsberechnungen

A2.1 Notwendige Solarflächen für Erzeugung von Warmwasser

Für Deutschland gibt es folgende, maximale Sonneneinstrahlungswerte nach (231):

Tabelle 96 Maximale Sonneneinstrahlung in Deutschland nach (231)

Wetterverhältnisse	Sommer	Winter
größtenteils klarer Himmel	bis 1000 W/m²	bis 500 W/m²
leichte bis mittlere Bewölkung	bis 600 W/m²	bis 300 W/m²
starke Bewölkung bis trüber Nebel	bis 300 W/m²	bis 150 W/m²

Wenn die Neigungswinkel zur Sonne, die am Morgen und am Nachmittag zu einem zusätzlichen Strahlungsverlust führen, miteinberechnet werden sollen, sollten ein mittlerer Jahreswert von ca. 250 W/m² realistisch sein.

Notwendige Wärmemenge $\qquad Q_{Aufwärm} = \Delta T * m_{Wasser} * c_{Wasser}$

$Q_{Aufwärm} = (80°C - 20°C) * 50.000\ kg/h * 4{,}18\ kJ/kg$

Mit Aufheiztemperatur (80°C), Umgebungstemperatur (20°C), notwendige Wassermenge (50 m³) und der Wärmekapazität (4,18 kJ/K/kg):

$Q_{Aufwärm} = 60 * 50.000 / 3.600 * 4{,}18\ kW$

$Q_{Aufwärm} = 3483\ kW$

Tägliche Solarwärme $\qquad Q_{Paneel,\ Tag} = Q_{mittel} * t_{Tag}$

Mit jährlichem Durchschnittswert der Sonneneinstrahlung (250 W/m²) und einer durchschnittlichen Sonnenscheindauer (12 h/Tag):

$Q_{Paneel, Tag} = 0,250 \text{ W/h/m}^2 * 12 \text{ h/Tag} = 3 \text{ kW/Tag/m}^2$

Notwendige Fläche $Fläche = Q_{Aufwärm} / Q_{Paneel, Tag}$

$Fläche = 1.161 \text{ m}^2$

A 2.2 Berechnung von Sandtemperatur an der Nordseeküste

Diese vereinfachte Berechnung beinhaltet Vereinfachungen zur Absorbtion von Sonnenstrahlung am Strand und im Meer, vereinfachte Sonnenstrahl-Werte und zum natürlichem Wärmegradienten im Sand und Wasser.

Die Sonnenstrahlung wird durch jede Oberfläche zum Teil reflektiert und zum Teil absorbiert. In dieser vereinfachten Berechnung nähern wir die Meeresoberfläche einer dunkelblau lackierten Fläche und den Sandstrand einer strohgelb lackierten Oberfläche an, wie in der folgende Tabelle angegeben:

Tabelle 97 Absorbtionsfaktoren nach Oberflächenfarbe

	Strandsand	**Meeresoberfläche**
Vereinfachende An-nahme	Strohgelbe Lackierung	Dunkelblaue Lackie-rung
Absorptionsfaktor	0,45 (232)	0,91 (232)

Die Wärmekapazität und die Dichte von Sand und Wasser sind bekannt:

Tabelle 98 Wärmekapazitäten und Dichten

	Strandsand	**Meeresoberfläche**
Wärmekapazität c [kJ/(kg x K)]	Sand nach (238): 0,835	Wasser: 4,190
Dichte ρ [kg/m³]	Sandstein nach (238): 2150-2300	Meerwasser nach (234): 1020-1030

Der Sand wirkt am Strand wie sein eigener thermischer Isolationsstoff. Deshalb soll der <u>Wärmegradient abhängig von der Tiefe des Sands</u> hier nicht beachtet und vereinfacht als fester Wert angegeben werden. Die vereinfachende Annahme ist hier: Bis 100 mm Tiefe erwärmt sich der Sand gleichmässig und vollständig. Darunter wirkt er wie ein Isolationsstoff und erwärmt sich nicht.

Eine ähnliche Situation ist im Wasser feststellbar. Durch die <u>Wasserbewegung</u>, insbesondere die Wellen, kann sich auch tiefer liegendes Wasser durch die Sonnenstrahlen erwärmen; Der Wärmegradient soll auch hier vereinfacht als fester Wert angegeben werden: Das Wasser erwarmt sich vollständig und gleichmässig bis ein Meter Meerestiefe. Darunter erwärmt sich das Wasser nicht.

Die Sonneneinstrahlung ist abhängig von der Neigung der Erde zur Sonne. Deshalb sind die Messwerte jahreszeitenabhängig.

Für Deutschland ergeben sich folgende Werte nach (231):

Wetterverhältnisse	**Sommer**	**Winter**
größtenteils klarer Himmel	bis 1000 W/m²	bis 500 W/m²
leichte bis mittlere Bewölkung	bis 600 W/m²	bis 300 W/m²
starke Bewölkung bis trüber Nebel	bis 300 W/m²	bis 150 W/m²

Insofern kann eine Berechnung durchgeführt werden:

Im Sommer mit klarem Himmel, z. B. 800 W/m^2 für eine Sonnenscheindauer z. B. von 15 Stunden:

$$Q_{Sonnentag} = 12 \times 0,8 \text{ kW/m}^2 = 9,6 \text{ kW/Tag/m}^2$$

Die <u>Erwärmung am Strand</u> erfolgt mit der absorbierten Wärme:

$$Q_{Sand, Absorb} = Q_{Sonnentag} \times \lambda = 9,6 \text{ kW/Tag/m}^2 \times 0,45 = 4,32 \text{ kW/Tag/m}^2$$

Die Masse, die erwärmt werden muss, ist:

$$m_{Sand} = \rho * V = 2300 \text{ kg/m}^3 * (1 \text{ m}^2 \times 0,1 \text{ m}) = 230 \text{ kg}$$

Am Abend kann demnach der Sand um folgende Temperatur höher sein als am Morgen:

$$\Delta T_{Sand} = Q_{Sand, Absorb} / (c_{Sand} \times m_{Sand}) = 4,32 * 3600 / (0,835 \times 230) \text{ K} = 81 \text{ K}$$

Der Strandsand hat sich (theoretisch und bei absoluter Windstille) also um 81°C erhitzt.

Die <u>Erwärmung im Meer</u> erfolgt mit der absorbierten Wärme:

$$Q_{Wasser, Absorb} = Q_{Sonnentag} \times \lambda = 9,6 \text{ kW/Tag/m}^2 \times 0,91 = 8,74 \text{ kW/Tag/m}^2$$

Die Masse, die erwärmt werden muss, ist:

$$m_{Wasser} = \rho * V = 1020 \text{ kg/m}^3 * 1 \text{ m}^3 = 1020 \text{ kg}$$

Am Abend kann demnach das Wasser um folgende Temperatur höher sein als am Morgen:

$$\Delta T_{Wasser} = Q_{Wasser,\,Absorb} / (c_{Wasser} \times m_{Wasser}) = 8{,}74 * 3600 / (4{,}18 \times 1020)\ K = 7\ K$$

Das Wasser hat sich am Abend trotz starkem Sonnenscheins weniger als 10°C erwärmt.

A2.3 Berechnung von Trocknungssituationen

Diese vereinfachten Berechnungen sollen zwei Trocknungssituation exemplarisch gegenüber stellen. Zunächst soll in der folgenden Abbildung ein Trockner mit einer Wärme von 1 MW ein feuchtes Organik-Produkt von 50 % relativer Feuchte im Imput auf 10 % relativer Feuchte im Output trocknen:

Tabelle 99 Trocknerauslegung für Restfeuchte von 50 % auf 10 %

Trocknerauslegung für 50 % zu 10 %

1	Daten 1	**Energie:**				
		zur Verfügung		1000	kWh	
		Temperaturunterschied zur Umgebungsluft		50	°C	
	Ergebnis 1	**Luft-Durchsatz**				
				71 994	m3/h	

2	Daten 2	**Wassergehalt**				
		in der Umgebungsluft		80	%	
		Luft-Durchsatz				
				71 994	m3/h	
	Ergebnis 2	**Wasserausscheidung**				
			bei 20°C	606	kg Wasser/h	
			bei 10 °C	535	kg Wasser/h	
			bei 0 °C	440	kg Wasser/h	
			bei -10°C	356	kg Wasser/h	

3	Daten 3	**Produkteigenschaften**						
		Eingangsfeuchte				50%		
		Ausgangsfeuchte				10%		
		Materialart				Organische Reste		
	Ergebnis 3	**Ausgangs-Durchsatz**			**Eingangsdurchsatz**			
		757	kg/h		bei 20°C	1 363	kg/h	
		668	kg/h		bei 10 °C	1 203	kg/h	
		549	kg/h		bei 0 °C	989	kg/h	
		445	kg/h		bei -10°C	802	kg/h	

Zum Vergleich soll in der nächsten Abbildung mit dem der gleichen Wärmemenge derselbe Input auf nur 25 % relativer Feuchte im Output getrocknet werden:

Tabelle 100 Trocknerauslegung für Restfeuchte von 50 % auf 25 %

Trocknerauslegung für 50 % zu 25 %

1 — Daten 1

Energie:
zur Verfügung — 1000 kWh
Temperaturunterschied zur Umgebungsluft — 50 °C

Luft-Durchsatz

Ergebnis 1 — 71 994 m3/h

2 — Daten 2

Wassergehalt
in der Umgebungsluft — 80 %

Luft-Durchsatz — 71 994 m3/h

Wasserausscheidung

Ergebnis 2

bei 20°C	606	kg Wasser/h
bei 10 °C	535	kg Wasser/h
bei 0 °C	440	kg Wasser/h
bei -10°C	356	kg Wasser/h

3 — Daten 3

Produkteigenschaften
Eingangsfeuchte — 50%
Ausgangsfeuchte — 25%
Materialart — Organische Reste

Ergebnis 3

Ausgangs-Durchsatz		Eingangsdurchsatz		
1 212	kg/h	bei 20°C	1 817	kg/h
1 069	kg/h	bei 10 °C	1 604	kg/h
879	kg/h	bei 0 °C	1 319	kg/h
713	kg/h	bei -10°C	1 069	kg/h

A3 Testmethoden: Bestimmung des Verschmutzungsgrads

A3.1 Bestimmung des Nettogewichts eines Kunststoff-Abfalls

Bei <u>Plastikfolien und Plastikflaschen</u> werden die Stoffe zunächst gewogen.
Dieses ursprüngliche Gewicht soll im Folgenden als Bruttogewicht genannt werden.

Nach einer Trocknung ist das Gewicht des Produkts um die Feuchte verringert.
Danach wird das Produkt gewaschen.
Das Produkt, das zurückbleibt, besitzt das Nettogewicht.
Die Fremdstoffe, die sich gelöst haben, machen die Differenz zwischen Brutto- und Nettogewicht aus.

Bei <u>Fischernetzen</u> wird ebenfalls ein Bruttogewicht ermittelt.
Dann wird das Fischernetz in Stücke von 60 mm x 60 mm zerschnitten.
Dabei lösen sich einige der verhakten und festgeklebten Störstoffe.
Dieses Zerschneiden ahmt die Wirkweise eines Shredders und seines Siebs nach.

Dann wird das Fischernetz in Stücke von 20 mm x 20 mm zerschnitten.
Dabei lösen sich wiederum einige der verhakten und festgeklebten Störstoffe.
Dieses Zerschneiden ahmt die Wirkweise einer Schneidmühle und seines Siebs nach. Das Produkt, das zurückbleibt, besitzt das Nettogewicht. Die Fremdstoffe, die sich gelöst haben, machen die Differenz zwischen Brutto- und Nettogewicht aus.

A3.2 Reibarbeitvergleich

Ein vereinfachtes Verfahren, den Verschmutzungsgrad von transparenten Kunststoff-produkten zu ermitteln, liegt in der Ermittlung des notwendigen Reibaufwands, um die Lichtdurchlässigkeit zu verbessern.

In der Tat kann ein Reinigungsaufwand dadurch dargestellt werden, welche Reibkraft oder Reibarbeit gebraucht wird, um zu einem standardisierten Ursprungszustand zurückzukehren. In diesem vereinfachten Verfahren wird die Waschwirkung von Wasser, Reinigungsmittel oder Lauge vernachlässigt. Das Verfahren basiert auf der Erkenntnis, dass durch Reibung jede Verschmutzung wenigstens ansatzweise zu lösen ist.

Ziel dieses Testverfahrens ist es nicht, eine genau quantifizierte Verschmutzung zu analysieren, sondern verschiedene Ebenen von Verschmutzungsgraden voneinander durch eine einfache Verfahrensmethode zu ermitteln. Schmirgelpapier der Klassen P40, P80, P120 und P180 wird dazu benutzt, Reibarbeit zu leisten. Dazu wird das Schmirgelpapier mit einer bekannten Geometrie auf einer glatten Kunststoff-Oberfläche mit leichtem Druck gerieben.

In der Tat taucht ein Sekundäreffekt durch das Schmirgelpapier auf. Die bearbeitete Oberfläche verkratzt. Der Lichtdurchlässigkeitsverlust ist bei einem vollkommen transparenten Kunststoff relativ hoch, wird aber bei zunehmend opaken Oberflächen vernachlässigbar.

A3.3 Messung der Lichtdurchlässigkeit

Danach wird die Lichtdurchlässigkeit (in Lux) jedes einzelnen Messpunkts gemessen (235):
- Originalzustand ohne Bearbeitung
- Bearbeitung mit Schmirgelpapier P40 5 Sekunden lang
- P40 5 sec lang + P80 5 sec lang

- P40 5 sec lang + P80 5 sec lang + P120 5 sec lang
- P40 5 sec lang + P80 5 sec lang + P120 5 sec lang + P180 5 sec lang

So kann für einzelne Materialproben der Unterschied zwischen leicht lösbaren, adhäsiven Ablagerungen und festklebenden, schwer zu lösenden Stoffen dargestellt werden. Intrusive Stoffe können nicht charakterisiert werden, weil trotz Reibaufwand (Schmirgelpapier) keine substantielle Veränderung der Lichtdurchlässigkeit entsteht.

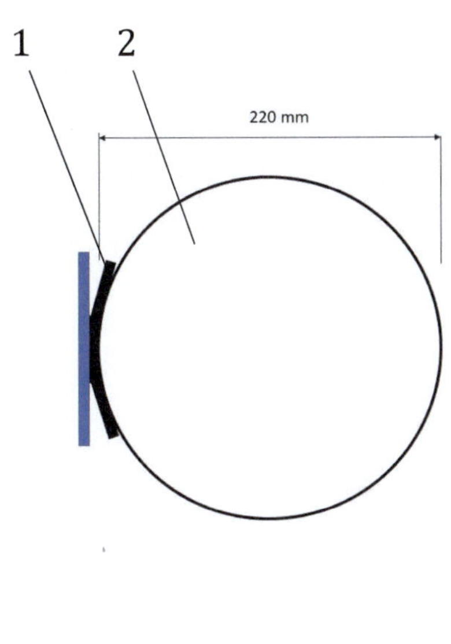

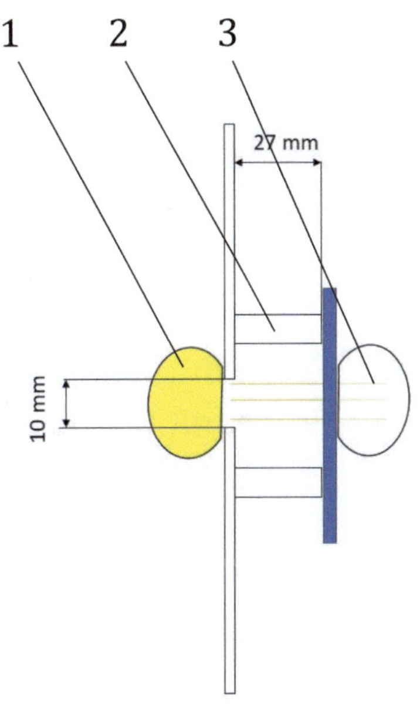

Abb. 204 Reibversuch

Aufbringen einer Standard– Reibkraft durch Schmirgelpapier (1) und Kugelform (2)

Abb. 205 Messung der Lichtdurchlässigkeit

Messen der Lichtdurchlässigkeit durch Lichtquelle (1) Abstandshalter (2) und Sonde (3)

A3.4 Eintauchvergleich

Ein vereinfachtes Verfahren, den Verschmutzungsgrad von transparenten Kunststoffprodukten zu ermitteln, liegt in der Ermittlung des notwendigen Aufwands, durch Eintauchen und Tunken in Klarwasser verbunden mit leichtem Reiben per Finger einer Probenoberfläche, um die Lichtdurchlässigkeit zu verbessern.

Der vereinfachte Waschtest soll ermöglichen, die Verschmutzungsart zu erkennen und zu beschreiben.
Dazu wird ein Prüfling in ein Wasserbad getunkt und eine Zeitlang auf der verschmutzten Seite mit einem Finger leicht gerieben.
Danach wird die Transparenz des Prüflings als Lichtdurchlässigkeit (in Lux) gemessen:
- Probe ohne Waschbehandlung,
- Probe mit 6 sec leichten Reibens unter Wasser,
- Probe mit 12 sec leichten Reibens unter Wasser,
- Probe mit 60 sec leichten Reibens unter Wasser,
- Probe mit 72 sec leichten Reibens unter Wasser.

In der Tat stellen sich drei Verschmutzungsarten heraus: adhäsive, kohäsive und intrusive Fremdstoffe.

Quellenverzeichnis

1. **Feigl, Clemens.** *Everwave.* [interv.] Winfrid Rauch. January 31, 2023.

2. **OECD.** Plastics lifecycle is far from circular. *OECD.* [Online] 2023, Retrieved on June 28, 2023. https://www.oecd.org/environment/plastics/plastics-lifecycle-is-far-from-circular.htm.

3. **EMF.** It's time for a circular economy. *Elle McArthur Foundation.* [Online] 2023, Retrieved on June 18, 2023. https://ellenmacarthurfoundation.org/.

4. **Ritchie.** Where does the plastic in our oceans come from? *Our world in data.* [Online] May Retrived on June 28, 2023, 2021. https://ourworldindata.org/ocean-plastics.

5. **WWF.** Putting an End to Plastic Pollution. *WWF.* [Online] 2023. https://www.wwf.de/fileadmin/fm-wwf/Publikationen-PDF/Plastik/WWF-Putting-an-End-to-Plastic-Pollution.pdf.

6. **Wikipedia.** Plastic bag bans in the United States. *Wikipedia.* [Online] 2023. https://en.wikipedia.org/wiki/Plastic_bag_bans_in_the_United_States.

7. **gouv.fr.** Baignades. *gouv.fr.* [En ligne] gouv.fr, 24 7 2023. [Citation : 24 7 2023.] https://baignades.sante.gouv.fr/baignades/consultSite.do?dptddass=056&site=056000998&annee=2023&image.x=14&image.y=11.

8. **UNEP.** Second Session of the Intergovernmental Negotiating Committee on Plastic Pollution. *UNEP.* [Online] 2023, Retrieved on June 18, 2023. https://www.unep.org/events/conference/second-session-intergovernmental-negotiating-committee-develop-international#:~:text=The%20second%20session%20of%20the%20Intergovernmental%20Negotiating%20Committee,and%20Cultural%20Organization%20%28UNESCO%29%20Head.

9. **NOAA.** NOAA announces $28 million across 2 funding opportunities to tackle marine debris. *NOAA.* [Online] NOAA, 2023. [Cited: 8 31, 2023.]

https://www.noaa.gov/news-release/noaa-announces-28-million-across-2-funding-opportunities-to-tackle-marine-debris.

10. **Kumi-Larbi.** Recycling waste plastics in developing countries: Use of low-density polyethylene water sachets to form plastic bonded sand blocks. *Waste management.* Epub 2018 Sep 7., 2018, Vol. October, https://pubmed.ncbi.nlm.nih.gov/30454990/.

11. **Imperial College London.** Recycling waste plastics in developing countries: Use of low-density polyethylene water . 2018, Vols. Retrieved on July 11, 2023, https://spiral.imperial.ac.uk/bitstream/10044/1/63226/2/Sympletic%20Spiral%20version%20260918.pdf.

12. **Circular.** Making Waves: Turning Plastic Into Paving. *Circular.* February, 2019, Vols. Retrieved on July 11, 2023, https://www.circularonline.co.uk/features/making-waves-turning-plastic-into-paving/.

13. **Cameroon News Agency.** Tubah Council sets the pace for eco-construction in the North West region. *Cameroon News Agency.* July 7, 2023, Vols. Retrieved on July 11, 2023, https://cameroonnewsagency.com/tubah-council-sets-the-pace-for-eco-construction-in-the-north-west-region/.

14. **ACP.** Fabrication et pose des pavés : 75 jeunes inscrits au programme de formation Himo-Minhdu. *ACP.* July, 2019, Vol. Retrieved on July 11, 2023, https://agencepressecamertest.com/international-3/tag/d%C3%A9chets%20plastiques.html.

15. **Rauch, Winfried.** *Schubbodentechnik.* Wiesbaden : Springer Vieweg Verlag, 2020. ISSN 978-3-658-31503-0.

16. **Rauch, Winfrid.** *Verfahrenstechnische Modellierung der trockenen Altpapiersortierung ausgehend von der Betriebspraxis.* Darmstadt : Shaker, 2016.

17. **BMUV.** Kreislaufwirtschaftsgesetz. *BMUV.* [Online] Retrieved on June 28, 2023. September 2022. https://www.bmuv.de/gesetz/kreislaufwirtschaftsgesetz/.

18. **UBA.** Glas und Altglas. *Umweltbundesamt.* [Online] 2021. https://www.umweltbundesamt.de/daten/ressourcen-abfall/verwertung-

entsorgung-ausgewaehlter-abfallarten/glas-altglas#altglassammlung-mit-tradition.

19. **WorldEconomicForum.** Foundation_New-Plastics-Economy_5.jpg. *Ellen McArthur Foundation.* [Online] 2016. https://emf.thirdlight.com/link/cmy2sfpast1d-bid6vx/@/preview/5.

20. **PlasticsForChange.** The 7 different types of plastic. *Plastics for Change.* [Online] April Retrieved on June 28, 2023, 2021. https://www.plasticsforchange.org/blog/different-types-of-plastic.

21. **Wikipedia.** Inondations en Émilie-Romagne en 2023. *Wikipedia.* [En ligne] 2023. https://fr.wikipedia.org/wiki/Inondations_en_%C3%89milie-Romagne_en_2023.

22. **DeutscheWelle.** Why recycled ocean plastic is (often) a lie. *Youtube.* [Online] March 26 Retrieved on 2023-01-29, 2021. https://www.youtube.com/watch?v=4o9-FkSHGWA.

23. **IDDRI.** Combatting marine plastic litter: state of play and perspectives. *IDDRI.* [En ligne] Retrieved on June 28,2023 June 2020. https://www.iddri.org/en/publications-and-events/study/combatting-marine-plastic-litter-state-play-and-perspectives.

24. **Kamsouloum.** *Welche Rücknahmepreise werden in Kamerun praktiziert?* [interv.] Winfrid Rauch. 23 5 2023.

25. **BankSampah.** *UPT PENGELOLAAN SAMPAH Jl. Babakansari 1 No. 64 Kota Bandung 40281. Telephon 0812106353561 banksampahresikbdg@gmail.com.* Bandung : Retrieved for validity date/ March 1, 2023, 2023.

26. **OceanConservancy.** ICC report. *Ocean Conservancy.* [Online] June Retrieved on June 28, 2023, 2018. https://oceanconservancy.org/wp-content/uploads/2018/06/FINAL-2018-ICC-REPORT.pdf.

27. **Stolte, Andrea.** *Meeresplastik, Ghost Gears, Ocean Bound Plastic, Flussplastik.* [interv.] Winfrid Rauch. March 6, 2023.

28. **Grüner Punkt.** WEN GEHT DER MÜLL IN DER TONNE ETWAS AN? UNS ALLE! *Grüner Punkt.* [Online] 2023. https://www.gruener-punkt.de/de/politik-gesellschaft/verbraucher.

29. **ARD.** Greenwashing mit "Ocean Plastic" | REPORT MAINZ. *Youtube.* [Online] Retrieved 2023-01-29. July 31 2019. https://www.youtube.com/watch?v=kny_XT5EZvM.

30. **Fairlier.** Kleidung aus Meeresmüll. *Fairlier.* [Online] 2022. https://fairlier.de/wissen/kleidung-aus-meeresmuell/.

31. **Gruener Punkt.** Specifications. *Downloads.* [Online] Gruener Punkt, 2023. [Zitat vom: 8. 8 2023.] https://www.gruener-punkt.de/en/downloads.

32. **BMBF.** Kunststoffe in der Umwelt: Mikro- und Makroplastik. *BMBF.* [Online] Retrieved on June 30, 2023. Studie des Fraunhofer-Instituts für Umwelt-, Sicherheits- und Energietechnik UMSICHT 2018. https://bmbf-plastik.de/de/publikation/kunststoffe-der-umwelt-mikro-und-makroplastik.

33. *Was ist Mikro- und Nanoplastik?* **BFR.** Berlin : Quoted from: https://www.bfr.bund.de/cm/343/was-ist-mikro-und-nanoplastik.pdf, 2019. BfR-Forum Mikroplastik. S. 26.

34. **Chamas.** Degradation Rates of Plastics in the Environment. *ACS Sustainable Chem. Eng. 2020, 8, 9.* 2 3, 2020, pp. 3494-3511.

35. **Zeenat.** Plastics degradation by microbes: A sustainable approach. *Journal of King Saud University - Science.* 7 Quoted from: https://www.sciencedirect.com/science/article/pii/S1018364721001993, 2021, pp. Volume 33, Issue 6.

36. **ESKP.** Wie verwittert Plastik überhaupt im Meer? [Online] Retrieved on June 18, 2023. September 2018. https://themenspezial.eskp.de/plastik-in-gewaessern/giftigkeit-und-verwitterung-im-meer/verwitterung-93727/.

37. **Wikipedia.** Polymer degradation. *Wikipedia.* [Online] 2023. https://en.wikipedia.org/wiki/Polymer_degradation.

38. **Raquez.** Oxidative degradations of oxodegradable LDPE enhanced with thermoplastic pea starch: Thermo-mechanical properties, morphology, and UV-ageing studies. *Journal of Applied Polymer Science.* QUoted from: https://researchportal.unamur.be/en/publications/oxidative-degradations-of-oxodegradable-ldpe-enhanced-with-thermo October 2011, pp. 489-496.

39. **Andrady.** Microplastics in the marine environment. *Science Direct.* August https://www.sciencedirect.com/science/article/pii/S0025326X11003055, 2011, pp. 1596-1605.

40. **Webb.** Plastic Degradation and Its Environmental Implications with Special Reference to Poly(ethylene terephthalate). *Polymers.* December Quoted from: https://www.mdpi.com/2073-4360/5/1/1, 2012, pp. 1-18.

41. **Chamas.** Degradation Rates of Plastics in the Environment. *ACS Sustainable Chem. Eng.* https://pubs.acs.org/doi/10.1021/acssuschemeng.9b06635. 2 2020, S. 3494-3511.

42. **Yamada-Onodera.** Degradation of polyethylene by a fungus, Penicillium simplicissimum YK. *Polymer Degradation and Stability.* May Quoted from: https://www.sciencedirect.com/science/article/abs/pii/S01413910010002 71?via%3Dihub, 2001, pp. 323-327.

43. **Arkatkar.** Degradation of unpretreated and thermally pretreated polypropylene by soil consortia. *International Biodeterioration & Biodegradation.* January Quoted from: https://www.sciencedirect.com/science/article/abs/pii/S09648305080011 33, 2009, pp. 106-111.

44. **Wikipedia.** Polymer degradation. *Wikipedia.* [Online] 2023. https://en.wikipedia.org/wiki/Polymer_degradation.

45. **ESKP.** Wie verwittert Plastik überhaupt im Meer? *ESKP.* [Online] ESKP, 4. 9 2018. [Zitat vom: 27. 7 2023.] https://themenspezial.eskp.de/plastik-in-gewaessern/giftigkeit-und-verwitterung-im-meer/verwitterung-93727/.

46. **Gieseke.** *Verschmutzung des Meeresmülls.* 2020.

47. **DLF.** Odyssee der Quietscheentchen. *Deutschlandfunk Radio.* Köln, Retrieved on July 2, 2023 : https://www.deutschlandfunk.de/odyssee-der-quietscheentchen-100.html, 22. 7 2003.

48. **Kern.** Polyamid PA6. *Kern.* [Online] Kern, 2023. [Zitat vom: 27. 7 2023.] https://www.kern.de/de/technisches-datenblatt/polyamid-pa-6?n=1102_1.

49. **RCT.** Polyamid 6.6. *RCT.* [Online] RCT, 2023. [Zitat vom: 27. 7 2023.] https://www.rct-online.de/de/RctGlossar/detail/id/7.

50. **Chemie.de.** Meerwasser. *Chemie.de.* [Online] Chemie.de. https://www.chemie.de/lexikon/Meerwasser.html#:~:text=Die%20Dichte%20des%20Meerwassers%20liegt,%E2%80%9EVersauerung%20der%20Meere%E2%80%9C)..

51. **BVSE.** Bemessung der Recyclingfähigkeit nach dem Prüfschema des Institutes cyclos-HTP . *Thmen_Ereignisse .* [Online] 2017. [Zitat vom: 8. 8 2017.] https://www.bvse.de/images/pdf/Themen__Ereignisse/2017/7-L%C3%B6hle_Bemessung_der_Recyclingf%C3%A4higkeit_nach_dem_Pr%C3%BCfschema_des_Institutes_cyclos-HTP.pdf.

52. **Watzelt, Holger.** Waschaufwand bei Postconsumer-Verpackungen. [interv.] W. Rauch. s.l. : Winfrid Rauch, June 10, 2023.

53. **Marelitt baltic.** Documentation. *.eu.* [Online] .eu, 2023. [Cited: 28 7 2023.] https://www.marelittbaltic.eu/documentation.

54. **VITO.** World First For BELGIUM:Civilians Using Drones to find on the banks of the river Scheldt. *VITO.* [Online] VITO, 2023. [Cited: 12 7 2023.] https://vito.be/en/news/world-first-belgium-civilians-using-drones-find-litter-banks-river-scheldt.

55. **YICAPED.** *Conditions de collecte et de tri.* [interv.] Winfrid Rauch. 12 6 2023.

56. **MacDermid.** Enthone. *MacDermid.* [Online] 2023. https://industrial.macdermidenthone.com/products-and-applications/Light-Metal-Finishes/inter-operational-cleaners.

57. **Trivalis.** Les emballages perdent du poids. *Trivalis.* [En ligne] 2017. Retrieved on July 2, 2023.

58. **MSN.** Finance. *MSN.* [Online] 2023. https://www.msn.com/fr-fr/finance/.

59. **Muller.** *Waste bank.* [interv.] Winfrid Rauch. June 25, 2023.

60. **CNA.** Saving Citarum: Indonesia's Fight To Clean 'Dirtiest River In The World' | Once Upon A River. *CNA Insider.* [Online] February Retrieved on July 2, 2023, 2021. https://www.youtube.com/watch?v=WqOyR603WPE.

61. **Dauffenbach, Jane.** *Where do the river debris removal tools come from?* [interv.] Winfrid Rauch. June 28, 2023.

62. **Reuters.** Guatemalans fight plastic waste in polluted river. *Reuters.* [Online] Youtube, 6 9, 2022. [Cited: 7 12, 2023.] https://www.youtube.com/watch?v=8S7103AUKjI&t=9.

63. **TheOceanCleanup.** Interceptor 006 Has Tackled Over 850,000 KG of Trash in Guatemala So Far. *TheOceanCleanup.* [Online] Youtube, 14 6 2023. [Cited: 12 7 2023.] https://www.youtube.com/watch?v=_eHoibY4Rjw.

64. **4Ocean.** 4Ocean. *4Ocean.* [Online] Linkedin, 7 10, 2023. [Cited: 7 12, 2023.] https://www.linkedin.com/posts/4oceanpbc_by-the-looks-of-it-wed-say-our-boom-system-activity-7084255968741453824-KUkN/?utm_source=share&utm_medium=member_android.

65. *Bali's beaches buried in tide of plastic rubbish during monsoon season.* **The Guardian.** Retrieved on July 12, 2023, s.l. : The Guardian, 2021, Vol. January 2021. https://www.theguardian.com/world/2021/jan/04/balis-beaches-buried-in-tide-of-plastic-rubbish-as-monsoon.

66. *Sad photos reveal how a once pristine beach in Bali popular with tourists is now completely covered with rubbish.* **Dailymail.** https://www.dailymail.co.uk/news/article-11960511/Photos-Kuta-Beach-Bali-overrun-plastic-rubbish.html, 2023, Vols. April 11, 2023. REtrieved on July 12, 2023.

67. **River Cleanup.** Waste Watchers. *River Cleanup.* [Online] River Cleanup, 2023. [Cited: 12 7 2023.] https://www.river-cleanup.org/en/waste-watchers.

68. **Everwave.** New data for AI plastic detection! *Everwave.* [Online] Youtube, 4. 7 2023. [Zitat vom: 12. 7 2023.] https://www.youtube.com/watch?v=o5mt-aEIHL0.

69. —. Künstlich intelligent aufräumen: Plastic Obs+ startet erste Messung. *Everwave.* [Online] Everwave, 2023. [Zitat vom: 12. 7 2023.] https://everwave.de/blog/blog/.

70. **WWF Deutschland.** Ghostdiver App. *Geisternetze aufspüren mit Hilfe der GhostDiver App.* [Online] WWF, 2023. [Zitat vom: 12. 7 2023.]

https://www.wwf.de/themen-
projekte/projektregionen/ostsee/geisternetze/ghostdiver-app.

71. **WWF.** Projekt Geisternetze. *WWF Deutschland.* [Online] 2022.
www.wwf.de.

72. **MDPI.** Use of X-Band Radars to Monitor Small Garbage Islands.
Serafino / Bianco. [Online] MDPI, 7. 9 2021. [Zitat vom: 12. 7 2023.]
https://www.mdpi.com/2072-4292/13/18/3558. Retrieved on July, 2023.

73. **Ceglinski.** *AU2016905066A0* Australia, 2016.

74. **SerialCleaners.** Collec'Thor. *Searial Cleaners.* [Online] 2023.
https://searial-cleaners.com/wp-content/uploads/2023/05/Notice-Instal-
CollecThor-EN_v2.pdf.

75. **Vancouver, Swim Drink Fish.** How Seabins Work - Vancouver
Plastic Cleanup. *Youtube.* [Online] 2022.
https://www.youtube.com/watch?v=sW1Rd45GpGs.

76. **CNET.** Will Seabins save our oceans? The Seabin Project. *Youtube.*
[Online] 2018. https://www.youtube.com/watch?v=ySp7HKD7jaw&t=2s.

77. **TheOceanCleanup.** Interceptor Trashfence Stops a Plastic Tsunami
in the World's Most Polluting River (Then Fails). *Youtube.* [Online] 2022.
https://www.youtube.com/watch?v=4rVTWsQ23Pk.

78. **Tuffboom.** FLOATING DEBRIS BOOM & LITTER BOOM FOR
TRASH IN RIVERS. *WORTHINGTON® The Original Debris Control
Boom Experts.* [Online] 2023. https://tuffboom.com/debris-boom-litter-
boom.

79. **WorthingtonWaterwaysBarriers.** ODINSeries Co-Extruded HDPE
Waterway Barriers. *Youtube.* [Online] 2022.
https://www.youtube.com/watch?v=TSyHJ2SpPF8&t=37s.

80. **Perham.** *Floating Debris Control; A literature review - Final report.*
Vicksburg : Structures Laboratory US Army Engineer Waterways
Experiment Station, PO Box 631, Vicksburg Missisippi, 1987.

81. **WorthingtonWaterwaysBarriers.** Introducing TUFFBOOM-XL.
Youtube. [Online] 2020.
https://www.youtube.com/watch?v=Z4igvlsKEDg.

82. **ABASCO.** Debris and trash barriers. *ABASCO.* [Online] 2023. https://www.abasco.com/debris-and-trash-barriers.html.

83. **Adortech.** Trash and Debris Booms: The Most Practical Tool to Control Floating Waste. *Adortech.* [Online] 2023. https://adortech.com/blog/trash-and-debris-booms-the-most-practical-tool-to-control-floating-waste.

84. **DESMI.** EnviRo-Care. *DESMI.* [Online] 2023. https://www.desmi.com/segments/enviro-clean/enviro-care-clean-waterways/.

85. **Elastec.** Floating boom barrier. *Trash debris boom.* [Online] 2023. https://www.elastec.com/products/floating-boom-barriers/trash-debris-boom/.

86. **MaviDeniz.** Trash Boom + Debris Boom. *MaviDeniz.* [Online] 2023. https://mavideniz.com.tr/our-production/oil-boom-barrier/trash-boom-debris-boom/.

87. **OceanCrusadors.** Automatic River Cleaner (ARC). *Ocean Crusadors.* [Online] 2023. https://oceancrusaders.org/.

88. **OneClarion.** Floating Trash Barrier. *One Clarion.* [Online] 2023. https://www.water-pollutionsolutions.com/floating-trash-barrier.html.

89. **PlasticFischer.** Plastic Fischer . *Impact.* [Online] 2023. https://plasticfischer.com/.

90. **SiltBarriers.** Debris Booms. *Silt Barriers.* [Online] 2023. https://www.silt-barriers.com/debrisbooms.html.

91. **TheOceanCleanup.** Rivers. *THE LARGEST CLEANUP IN HISTORY.* [Online] 2023. https://theoceancleanup.com/rivers/.

92. **RiverCleanupCitarum.** River-Cleanup.org. *Citarum.* [Online] 2023. https://www.river-cleanup.org/en/citarum#lg=1&slide=0.

93. **RiverCleanup.** *Techniques of Cleanup work.* [interv.] Ruben Muller. 4 10, 2023.

94. **TheOceanCleanup.** Interceptor 006 Has Tackled Over 850,000 KG of Trash in Guatemala So Far. *Youtube.* [Online] June Retrived on July 5, 2023, 2023. https://www.youtube.com/watch?v=_eHoibY4Rjw.

95. **TheSerialCleaners.** Invisible barrier. *Serial Cleaners.* [Online] 2023. https://searial-cleaners.com/our-cleaners/invisibubble-bubble-barrier/?.

96. **TheGreatBubbleBarrier.** Press. *The Great Bubble Barrier.* [Online] 2023. https://thegreatbubblebarrier.com/press/.

97. **RiverCleaning.** River Cleaning System. *RiverCleaning.* [Online] 2022. https://rivercleaning.com/it/river-cleaning-system/.

98. **Covolo.** *2022/029472 A1* WO, 2022.

99. **RiverCleaning.** *Patricia Mottola: Description of patented system.* [interv.] Winfrid Rauch. April 19, 2023.

100. **Everwave.** everwave: Cleanup Mission 2022 in Bosnien & Herzegowina. *everwave.* [Online] Youtube, March 9, 2022. [Cited: 10 27, 2023.] https://www.youtube.com/watch?v=oeVpLlYyCuk.

101. —. everwave: Cleanup Mission 2021 in Slovakia. *everwave.* [Online] Youtube, December 15, 2021. [Cited: 10 27, 2023.] https://www.youtube.com/watch?v=EoEvguaWchk.

102. **Dauffenbach.** *US5551900* USA, 1996.

103. **Aquarius.** Trash Skimmer. *Aquarius Systems.* [Online] 2023. https://aquarius-systems.com/.

104. **MrTrashWheel.** Download trash data. *Mr Trash Wheel.* [Online] 2023. https://docs.google.com/spreadsheets/d/1b8Lbe-z3PNb3H8nSsSjrwK2B0ReAblL2/edit#gid=1143432795.

105. **Vijaykumar.** Remote Operated Floating River Cleaning Machine. *International Research Journal of Engineering and Technology (IRJET).* April 2019, pp. 3344-3347.

106. **Khanpate.** Design & Construction of River Cleaning Mechanism. *International Journal of Innovative Science and Research Technology.* November 2018, S. 428-432.

107. **MukeshMane.** Design and Development of River Floating Cleaner. *International Journal of Advanced Research in Science, Communication and Technology (IJARSCT).* April 2021, pp. 110-116.

108. **UNEP.** Afroz Shah. *Laureats Champions of Earth.* [Online] UNEP, 2016. [Cited: 8 31, 2023.] https://www.unep.org/championsofearth/laureates/2016/afroz-shah.

109. **DLF.** Weltweite Algenblüte – Ursachen, Folgen, Entwicklungen. *DLF.* [Online] Deutschlandfunk, 2023. [Zitat vom: 31. 8 2023.] https://www.deutschlandfunk.de/weltweite-algenbluete-ursachen-folgen-entwicklungen-dlf-1c3f0579-100.html.

110. **Searial Cleaners.** BeBot. *Searial Cleaners.* [En ligne] Searial Cleaners, 2023. [Citation : 13 7 2023.] https://searial-cleaners.com/wp-content/uploads/2022/03/BeBot__Product_Sheet_GB.pdf.

111. **MEPA.** MEPA. *MEPA.* [Online] MEPA, 2023. [Zitat vom: 13. 7 MEPA.] https://mepa.gov.lk/.

112. **Alliance to End Plastic Waste.** Coming Together To Clean Sri Lanka's Beaches. *Alliance to End Plastic Waste.* [Online] Youtube, 21 9 2021. [Cited: 13 7 2023.] https://www.youtube.com/watch?v=iGnlyKAS-cg.

113. **BeachTech.** Sweepy. *Beachtech.* [Online] Kässbohrer, 2023. [Zitat vom: 13. 7 2023.] https://www.beach-tech.com/strandreiniger/beachtech-sweepy-hydro.

114. —. BeachTech Sweepy Hydro. *BeachTech.* [Online] BeachTech, 2023. [Zitat vom: 27. 8 2023.] https://www.beach-tech.com/_Resources/Persistent/8/0/3/7/80371fd56776429bd6e5c9e943a30ca2bdfd44bf/BeachTech_Sweepy_Hydro_2500_Datenblatt_DE.pdf.

115. **WWF Deutschland.** Broschüre Geisternetze. *WWF.* [Online] 2023. [Zitat vom: 28. 7 2023.] https://www.wwf.de/fileadmin/fm-wwf/Publikationen-PDF/WWF-Brosch%C3%BCre-Geisternetze-Gefahr-f%C3%BCr-Tier-und-Mensch.pdf.

116. —. Plastikmüll im Meer. *WWF.* [Online] WWF, 2023. [Zitat vom: 13. 7 2023.] https://www.wwf.de/themen-projekte/plastik/plastikmuell-im-meer.

117. **NewNaval.** New Naval. [Online] 2023. www.newnaval.gr.

118. **Frontiers.** Frontiers in Marine Science. *Frontiers.* [Online] Frontiers, 7 10 2022. [Cited: 28 7 2023.] https://www.frontiersin.org/articles/10.3389/fmars.2022.981840/full.

119. **Pierret.** Coupeuses. *Pierret since 1925.* [Online] 2023. https://www.pierret.com/en/coupeuses/n45/.

120. **Borema.** Perforator. *Borema.* [Online] Borema AG, 2023. [Zitat vom: 26. 8 2023.] https://www.borema.ch/html/perforator.html.

121. **BRT Hartner.** Broschüre. *BRT Hartner.* [Online] 2023. [Zitat vom: 26. 8 2023.] https://www.eggersmann-recyclingtechnology.com/fileadmin/media/Broschueren/20220803_Brosc huere_BRT_Hartner_A4_D.pdf?.

122. **M&J Recycling.** M&J Recycling. [Online] M&J Recycling, 2023. [Cited: 13 7 2023.] https://mjrecycling.com/.

123. **Allreco.** Ceron 256. *Allreco.* [Online] 2023. [Cited: 10 23, 2023.] https://www.allreco.de/products/ceron-type-256.

124. **M&J Recycling.** Application Types. *M&J Recycling.* [Online] M&J Recycling, 2023. [Cited: 13 7 2023.] https://mjrecycling.com/application-types/.

125. —. Staionary Pre Shredders. *M&J Recycling.* [Online] M&J Recycling, 2023. [Cited: 13 7 2023.] https://mjrecycling.com/shredders/m-j-stationary-pre-shredders/.

126. **Cross Wrap Oy.** CW Drahtschneider. [Online] Cross Wrap Oy, 2023. [Zitat vom: 26. 8 2023.] https://crosswrap.com/de/cw-drahtschneider/.

127. **Hartner, BRT.** Ballen-Entdrahter / Bale Dewiring. *BRT Technologies.* [Online] Youtube, 11 22, 2021. [Cited: 8 26, 2023.] https://www.youtube.com/watch?v=g77Z48plOCw.

128. **Hübl, Moritz.** *Removing or cutting binding material, e.g. straps or bands. WO2023062054A1* World, 10 12, 2022. WO Patent.

129. **Wrap, Cross.** Cross Wrap Dewiring rPET bales in North America. *Cross Wrap Ltd.* [Online] Youtube, 1 21, 2020. [Cited: 8 26, 2023.] https://www.youtube.com/watch?v=SjkW-XClc8U.

130. **FMW Kirchstetten.** Dewiring units. [Online] FMW, 2023. [Zitat vom: 26. 8 2023.] https://www.fmw.co.at/solutions.html#dewire.

131. **BRT Hartner.** Ballen-Entdrahter. [Online] Eggersmann Recycling, 2023. [Zitat vom: 26. 8 2023.] https://www.eggersmann-

recyclingtechnology.com/recyclingmaschinen/brt-hartner-oeffnungs-dosier-und-sortiersysteme/produkte/ballen-entdrahter-brt-hartner-bd/.

132. **Eggersmann Recyclingtechnology.** Broschüre BRT Hartner. [Online] Eggersmann , 2023. [Zitat vom: 26. 8 2023.] https://www.eggersmann-recyclingtechnology.com/fileadmin/media/Broschueren/20220803_Broschuere_BRT_Hartner_A4_D.pdf?.

133. **W. Stadler.** Label Remover. *Stadler Engineering at his best.* [Online] w-stadler, 2023. [Cited: 10 8 2023.] https://w-stadler.de/en/components/label-remover.

134. —. Brochure. *Download.* [Online] 2023. [Cited: 10 8 2023.] https://w-stadler.de/fileadmin/user_upload/download/Brochure_ProductDigital_20211206_EN.pdf.

135. **Aviteq.** Fördergeräte. [Online] Aviteq, 2023. [Cited: 8 18, 2023.] https://www.aviteq.com/fileadmin/user_upload/dokumente/downloads/Broschueren/AViTEQ_Foerdergeraete_2020_EN_web.pdf.

136. **Westeria.** Disc Spreader. *Westeria.* [Online] 2023. https://westeria.de/en/products/#spreading.

137. **PlasticFischer.** Plastic Fischer. *Impact.* [Online] 2023. https://plasticfischer.com/.

138. **Yicaped.** Yicaped. *Facebook.* [Online] 2022. https://www.facebook.com/yicaped/.

139. **Trennso Technik.** Downloads. *TST.de.* [Online] Trennso Technik, 2023. [Zitat vom: 18. 8 2023.] https://www.tst.de/download.

140. **Nihot.** Nihot Product Overview Brochure. [Online] 2023. [Zitat vom: 18. 8 2023.] https://nihot.nl/wp/wp-content/uploads/2017/01/Nihot-Product-Overview-brochure-DE.pdf.

141. **Vauché.** Rotary screen. *VAUCHE SA.* [Online] 2023. [Cited: 10 23, 2023.] https://www.vauche.com/en/annuaire/entry/trommel-type-rotary-screen-tro.html.

142. **Allreco.** SM 620 A. *Allreco.* [Online] 2023. [Zitat vom: 26. 8 2023.] https://www.allreco.de/produkte/sm-620-a#content-downloads.

143. **Doppstadt.** Biowaste and Sieve Residues Download. *Doppstadt.* [Online] 2023. [Cited: 8 26, 2023.] https://www.doppstadt.de/fileadmin/user_upload/04_News/Downloads/EN/application/Biowaste_and_Sieve_Residues_EN.pdf.

144. **Hottenstein.** Wie groß ist der Kompressorbedarf? Wovon hängt er ab? *Teleofongespräch mit Experten.* Nashville : Winfrid Rauch, 8 18, 2023.

145. **MSS Optical.** Plastic Max Brochure. [Online] MSS Optical Inc., 2023. [Cited: 8 18, 2023.] https://www.mssoptical.com/wp-content/uploads/2020/05/PlasticMax-Brochure_2020.pdf.

146. **Bollegraaf.** https://www.bollegraaf.com/technologies/robotics/. *Robotics.* [Online] 2023. [Cited: 10 22, 2023.] https://www.bollegraaf.com/technologies/robotics/.

147. **ZenRobotics.** Robots. *ZenRobotics.* [Online] 2023. [Cited: 10 22, 2023.] https://www.terex.com/zenrobotics/robots.

148. **Bowe.** Optisorter horizontal. [Online] Bowe Group, 2023. [Cited: 8 18, 2023.] https://bowe.com/intralogistics/en/p/sorters/optisorter-horizontal/.

149. **VéoliaFrance.** Veolia - Plateforme de tri de collectes sélectives/Amiens. *Youtube.* [En ligne] Retrieved on July 7, 2023 February 2017. https://www.youtube.com/watch?v=ksc2Z000F50.

150. **UsineNouvelle.** Le tri télé-opéré testé dans l'usine d'Amiens de Véolia. *L'Usine Nouvelle.* Retrieved on July 7, 2023 November 2014.

151. **Raoul Lenoir.** Magnetic systems. [Online] Raoul Lenoir, 2023. [Cited: 8 18, 2023.] https://www.raoul-lenoir.com/EN/.

152. **Bunting Magnetics.** Ctalogs. *Bunting.* [Online] Bunting, 2023. [Zitat vom: 18. 8 2023.] https://buntingmagnetics.com/catalogs/.

153. **IMRO.** Separation technologies. *IMRO.* [Online] IMRO, 2023. [Cited: 8 18, 2023.] https://www.imro-maschinenbau.de/en/products/separation-technology/permanent-overbelt-magnets/.

154. **Steinert.** Magnets Sesnor Sorting Units. *Steinert.* [Online] Steinert, 2023. [Cited: 8 18, 2023.] https://steinertglobal.com/us/magnets-sensor-sorting-units/magnetic-separation/.

155. **Grüner Punkt.** Grüner Punkt. *Grüner Punkt.* [Online] Grüner Punkt, 2023. [Zitat vom: 13. 7 2023.] https://www.gruener-punkt.de/de/.

156. **Gesetze im Internet.** AVV. *AVV.* [Online] Gesetze im Internet, 2023. [Zitat vom: 13. 7 2023.] https://www.gesetze-im-internet.de/avv/AVV.pdf.

157. **Previero.** Shredder 2800 S. *Previero.* [Online] 2023. https://previero.it/en/shredders-2800s/.

158. **Comberplast.** Comberplast. *Comberplast.* [Online] Comberplast, 2023. [Zitat vom: 10. 7 2023.] https://www.comberplast.cl/.

159. **Lindner.** Micromat. *Lindner.* [Online] Lindner, 2023. [Cited: 10 7 2023.] https://www.lindner.com/micromat.

160. **Previero.** Wet Grinders Series 508. *Previero.* [Online] Previero, 2023. [Cited: 10 7 2023.] https://previero.it/en/wet-grinders-series-508/.

161. —. Wet Grinders Series 610. *Previero.* [Online] Previero, 2023. [Cited: 7 10, 2023.] https://previero.it/en/wet-grinders-series-610/.

162. —. Wet Grinders Series 812. *Previero.* [Online] Previero, 2023. [Cited: 10 7 2023.] https://previero.it/en/wet-grinders-series-812/.

163. —. Wet Grinders Series 916. *Previero.* [Online] Previero, 2023. [Cited: 7 10, 2023.] https://previero.it/en/wet-grinders-series-916/.

164. —. Options. *Previero.* [Online] [Cited: 10 7 2023.] https://previero.it/en/options/.

165. **Zerma.** Schneidmühlen GSH kompakt. *Zerma Schneidmühlen.* [Online] 2023. [Zitat vom: 10. 7 2023.] https://www.zerma-schneidmuehlen.de/wp-content/uploads/2019/07/schneidmuehlen-gsh-kompakt_de.pdf.

166. **Herbold.** Pulverisierer PU. *Herbold Meckesheim GmbH.* [Online] 2023. https://www.herbold.com/wp-content/uploads/pdf/brochures/herbold-pu-de.pdf.

167. **Previero.** Disc Pulverizer: PD 900. *Previero.* [Online] 2023. https://previero.it/en/disk-pulverizer-pd-900/.

168. **Herbold.** Schneidmühle SMF für Feinmahlung. *Herbold.* [Online] Herbold, 2023. [Zitat vom: 10. 7 2023.]

https://www.herbold.com/maschinenuebersicht/zerkleinern/schneidmuehl
en/schneidmuehle-smf-fuer-feinmahlung/.

169. —. Pulverisierer. *Herbold.* [Online] Herbold, 2023. [Zitat vom: 10. 7
2023.]
https://www.herbold.com/maschinenuebersicht/feinmahlen/pulverisierer-
pu/.

170. —. Brochures Herbold PU DE. *Herbold.* [Online] 2023. [Zitat vom:
10. 7 2023.] https://www.herbold.com/wp-
content/uploads/pdf/brochures/herbold-pu-de.pdf.

171. **Flottweg.** So funktioniert der Flottweg Tricanter®. *Flottweg.* [Online]
2023. https://www.flottweg.com/de/produktlinien/tricanterr/.

172. **Andritz.** ANDRITZ decanter centrifuges for efficient sludge
thickening and dewatering. *Andritz.* [Online] 2023.
https://www.andritz.com/products-en/group/separation/decanter-
centrifuges/decanter-centrifuges.

173. **Herbold Meckesheim.** Waschen, Trennen, Trocknen. *Herbold
Meckesheim.* [Online] 24. 10 2022. [Zitat vom: 24. 10 2023.]
https://www.herbold.com/maschinenuebersicht/waschen-trennen-
trocknen-2/.

174. **Huber.** HUBER Coanda Sandklassierer RoSF3. *Huber Technology.*
[Online] Huber Waste Water Solutions, 2023. [Zitat vom: 26. 7 2023.]
https://www.huber.de/de/produkte/sandabscheidung-
behandlung/sandklassierer/huber-coanda-sandklassierer-rosf3.html.

175. **IWAT.** Flotationsanlage. [Online] IWAT, 2023. [Zitat vom: 21. 8
2023.] https://iwat.de/index.php/produkte/flotationsanlage-ccf.

176. **Colubris.** Dissolved air flotation. [Online] Colubris, 2023. [Cited: 8
23, 2023.] https://www.colubriscleantech.com/int/water-
solutions/products/dissolved-air-flotation-units.

177. **Nijhus Industries.** Flotation systems. [Online] Nijhus, 2023. [Cited:
8 21, 2023.] https://www.nijhuisindustries.com/solutions/flotation-
systems.

178. **Hydrodyn.** COMPACT UNITS FOR COMPLEX TASKS. *Hydrodyn.*
[Online] Hydrodyn, 2023. [Cited: 10 7 2023.]
https://www.hydrodyn.de/units.

179. **AMUT.** AMUT Recycling Catalogues. *AMUT.* [Online] 2023. [Cited: 10 7 2023.] https://www.amut.it/amutrecycling/en/catalogues.

180. **Herbold.** Verunreinigte Kunststoffabfälle. *Herbold meckesheim GmbH.* [Online] Herbold, 2023. [Zitat vom: 10. 7 2023.] https://www.herbold.com/kunststoff-recycling/verunreinigte-kunststoffabfaelle/.

181. **AMUT.** AMUT ECOTECH Catalogues. *2023.* [Online] [Cited: 10 7 2023.] https://www.amut.it/amutecotech/en/catalogues.

182. **ATEX.** Equipment for potentially explosive atmospheres (ATEX). *Europa.eu.* [Online] EU, 2023. [Cited: 10 7 2023.] https://single-market-economy.ec.europa.eu/sectors/mechanical-engineering/equipment-potentially-explosive-atmospheres-atex_en.

183. **INRS.** Centre de tri de déchets recyclables secs ménagers et assimilés issus des collectes séparées. *INRS.* [En ligne] INRS, October 2018. [Citation : 10 7 2023.] https://www.inrs.fr/media.html?refINRS=ED%206098.

184. **Herbold.** Plastcompactor. *Herbold.* [Online] 2023. https://www.herbold.com/en/machines/agglomeration-with-compactors/hv-plastcompactor/.

185. **Pallmann.** Agglomeration of Plastics. [Online] 2023. [Cited:] https://www.pallmann.eu/en/plastic-recycling-pallmann-size-reduction-technology/agglomeration-pallmann-size-reduction-technology/.

186. **NGR .** The NGR world of products. *NGR Plastic Recycling Technologies.* [Online] 2023. https://www.ngr-world.com/products/.

187. **EREMA.** Post consumer recycling. *EREMA.* [Online] 2023. https://www.erema.com/de/post-consumer-recycling/.

188. **AMUT.** Extruder lines Catalogues. *AMUT.* [Online] AMUT, 2023. [Zitat vom: 11. 07 2023.] https://www.amut.it/amut/en/catalogs.

189. **Coperion.** Extruder Compoundiermaschinen. *Coperion.* [Online] 2023. https://www.coperion.com/de/produkte-dienstleistungen/extruder-compoundiermaschinen/zsk-mc18-extruder.

190. **Bühler.** Zweiwellenextruder. *Bühler.* [Online] 2023. https://www.buhlergroup.com/content/buhlergroup/global/de/products/extruder.html.

191. **Beuth Verlag.** EN 15359 Ersatzbrennstoffe-Klassen. *15359:2012-01.* s.l. : Europäische Norm, 2012. Bd. EN 15359, Retrieved on July 12, 2023. https://www.beuth.de/en/standard/din-en-15359/134729762.

192. **HSM.** HSM Vertikalpressen. *HSM.* [Online] HSM, 2023. [Zitat vom: 12. 7 2023.] https://eu.hsm.eu/de/pressen/v-press/.

193. —. HSM Horizontalpressen. *HSM.* [Online] HSM, 2023. [Zitat vom: 12. 7 2023.] https://eu.hsm.eu/de/pressen/hl/.

194. **Muetek.** Brikettpressen für Holz, Kunststoffe, Aluminium, Miscanthus, Torf und andere Materialien. [Online] 2023. [Zitat vom: 26. 7 2023.] https://www.muetek.eu/de.

195. **Mütek.** Referenzanlagen. *Mütek Systemtechnik.* [Online] Mütek Systemtechnik, 2023. [Zitat vom: 12. 7 2023.] https://www.muetek.eu/de/referenzanlagen.

196. —. Brikettpresse MAP. *Mütek Systemtechnik.* [Online] [Zitat vom: 12. 7 2023.] https://www.muetek.eu/de/produkte/brikettpressen/brikettpresse-map.

197. **Lüdenscheid.** Alle Infos zur Gelben Tonne. *Stadt Lüdenscheid.* [Online] Retrieved on July 6, 2023. December 2022. https://www.luedenscheid.de/aktuelles/presse/2022/117120100000089908.php.

198. **OceanSole.** oceansole.com. *We turn pollution into flipflop artwork.* [Online] retrieved on 2023-01-19 2023. https://oceansole.com/.

199. **Bouloux.** *Lost material during upcycling at OceanSole.* [interv.] Rauch. January 30, 2023.

200. **Insider.** How Flip-Flop Art Helps Clean Kenya's Beaches | World Wide Waste | Business Insider. *Youtube / Insider Business.* [Online] August 22, 2022. https://www.youtube.com/watch?v=GK-BHZs7GxE.

201. **Smith, Erin.** *Production process at OceanSole.* [interv.] Winfrid Rauch. January 16, 2023.

202. **SWR.** Mainzer Rucksack-Hersteller Got Bag verspricht mehr Transparenz. *SWR.* [Online] SWR, 8. 7 2022. [Zitat vom: 18. 7 2023.] https://www.swr.de/swraktuell/rheinland-pfalz/mainz/greenwashing-vorwurf-gegen-mainzer-meeresplastik-rucksack-hersteller-got-bag-100.html.

203. **DieZeit.** 100 Prozent Meeresplastik, 59 Prozent Wahrheit. *DieZeit.* [Online] DieZeit, 3. 6 2022. [Zitat vom: 18. 7 2023.] https://www.zeit.de/green/2022-06/got-bag-greenwashing-plastikmuell-meer-recycling-nachhaltigkeit?utm_referrer=https%3A%2F%2Fwww.google.com%2F.

204. **Got-Bag.** Was wir in Indonesien machen. *MISSIONSREPORT.* [Online] Got-Bag, 2022. [Zitat vom: 18. 7 2023.] https://got-bag.com/pages/about-us#clean-up-program.

205. **Parley for the Oceans.** Parley. [Online] Parley, 2023. [Cited: 8 18, 2023.] https://parley.tv/.

206. **Adidas.** FRAGEN & ANTWORTEN ZUR ADIDAS x PARLEY PARTNERSCHAFT. *Adidas.* [Online] Adidas Group, 2023. [Zitat vom: 16. 7 2023.] https://www.adidas-group.com/media/filer_public/a7/93/a793905f-7ef0-4d84-9b6a-f0d89e4ba424/adidas_x_parley_qa_website_de.pdf.

207. **ARD.** Greenwashing mit "Ocean Plastic" | REPORT MAINZ. *ARD.* [Online] 31. 7 2019. [Zitat vom: 16. 7 2023.] https://www.youtube.com/watch?v=kny_XT5EZvM&t=328s.

208. **RTL.** Auf dem Grund des Marketing-Meeres: Warum Adidas für einen Schuh aus Ozeanmüll zu Unrecht abgefeiert wird. *RTL.* [Online] RTL, 3. 4 2017. [Zitat vom: 18. 7 2023.] https://www.rtl.de/cms/auf-dem-grund-des-marketing-meeres-warum-adidas-fuer-einen-schuh-aus-ozeanmuell-zu-unrecht-abgefeiert-wird-4105855.html.

209. **DW.** Mode aus Plastikmüll - nur Greenwashing? *DW.* [Online] DW, 29. 11 2022. [Zitat vom: 18. 7 2023.] https://www.dw.com/de/mode-aus-plastikm%C3%BCll-nur-greenwashing/a-63846102.

210. **Adidas.** Kreativer Umgang mit Plastik. *Adidas.* [Online] Adidas, January 2022. [Zitat vom: 16. 7 2023.] https://www.adidas.de/blog/361041-kreativer-umgang-mit-plastik.

211. —. Primeblue. *Adidas.* [Online] Adidas, 2023. [Zitat vom: 16. 7 2023.] https://www.adidas.de/manner-primeblue.

212. **AFP.** Fishing nets recycled into skateboards in Chile. *Youtube.* [Online] 2016. https://www.youtube.com/watch?v=E0DMk7zuNhs&t=28s.

213. **Bureo.** NetPlus. *Bureo.* [Online] Bureo, 2023. [Cited: 7 18, 2023.] https://bureo.co/.

214. **Plastics Europe.** Kunststofferzeuger für verbindliches EU-Ziel: 30 % Rezyklatanteil in Kunststoffverpackungen bis 2030. *Plastics Europe.* [Online] Plastics Europe, 2021. [Zitat vom: 12. 7 2023.] https://plasticseurope.org/de/2021/09/09/kunststofferzeuger-fuer-verbindliches-eu-ziel-30-rezyklatanteil-in-kunststoffverpackungen-bis-2030/.

215. **River Cleanup.** Technology. *River Cleanup.* [Online] River Cleanup, 2023. [Cited: 12 7 2023.] https://www.river-cleanup.org/en/technology.

216. **SOREMA.** IL RICICLO DI BOTTIGLIE IN PET SI ESPANDE ANCHE NEL CONTINENTE AFRICANO. *SOREMA.* [Online] PREVIERO, 7. 3 2023. [Zitat vom: 18. 7 2023.] https://sorema.it/en/news-events/news/il-riciclo-di-bottiglie-in-pet-si-espande-anche-nel-continente-africano.

217. **Starlinger.** Starlinger. *Starlinger.* [Online] Starlinger, 2023. [Zitat vom: 18. 7 2023.] https://www.starlinger.com/de/.

218. **Recycling International.** Kinshasa welcomes smart bottle-to-bottle line . *Recycling International.* [Online] Recycling International, 4 6, 2023. [Cited: 7 18, 2023.] https://recyclinginternational.com/plastics/kinshasa-welcomes-smart-bottle-to-bottle-line/52934/.

219. **Sungai Watch.** Rivers. *Sungai Watch.* [Online] Sungai Watch, 2023. [Cited: 7 12, 2023.] https://sungai.watch/pages/rivers.

220. **Handprint Tech.** Sungai Watch Station Tour | Plastic Cleanup | Bali, Indonesia | Handprint. *handprint Tech.* [Online] Youtube, December 22, 2022. [Cited: 7 12, 2023.] https://www.youtube.com/watch?v=OuTJMS6wQCc&t=52.

221. **Precious Plastic.** What they do with RIVER plastic is INSANE | SUNGAI WATCH. *Precious Plastic.* [Online] Youtube, 1 23, 2023. [Cited: 7 12, 2023.] https://www.youtube.com/watch?v=R4XBz7LJ_dk&t=99s.

222. **Nickoleit, Katharina.** Indien - Straßen aus Plastik als Müllverwertung? *Umwelt und Verbraucher.* Retrieved on July 12, 2023 : Deutschlandfunk, 2023. https://share.deutschlandradio.de/dlf-audiothek-audio-teilen.3265.de.html?mdm:audio_id=dira_DLF_a1ea20b0.

223. *The man who paves India's roads with old plastic.* **Thiagarajan, Kamala.** Madurai : The Guardian, 2018, Vols. July 9, 2018. https://www.theguardian.com/world/2018/jul/09/the-man-who-paves-indias-roads-with-old-plastic.

224. **DR.R.VASUDEVAN.** *A NEW MIX PROCESS OF WASTE PLASTICS-AGGREGATE-BITUMEN FOR FLEXIBLE PAVEMENT. 198254* India, 19 May 2006. https://www.allindianpatents.com/patents/198254-a-new-mix-process-of-waste-plastics-aggregate-bitumen-for-flexible-pavement.

225. *'Plastic is poor man's friend': Padma Shri winner Rajagopalan Vasudevan uses waste to build roads.* **Scroll.** Retrieved on July 12, 2023, 2018, Vols. January 27, 2018. https://scroll.in/article/866510/plastic-is-poor-mans-friend-padma-shri-winner-rajagopalan-vasudevan-uses-waste-to-build-roads.

226. **Yicaped.** Yicaped. *Yicaped.* [En ligne] Facebook, 2023. [Citation : 12 7 2023.] https://www.facebook.com/yicaped/.

227. **VDI.** Ökobilanz – DIN EN ISO 14040/44. *VDI.* [Online] VDI, 2023. [Zitat vom: 18. 7 2023.] https://www.ressource-deutschland.de/leitfaden-re/methoden/oekobilanz-din-en-iso-14040/44/.

228. **TheSeaCleaners.** The Manta : A giant sailboat on the attack of oceanic plastic pollution. *Youtube.* [Online] 2021. https://www.youtube.com/watch?v=v6w_niPEClU&t=149s.

229. **Braungart.** Craddle-to-Craddle. *MichaelBraungart.* [Online] MichaelBraungart, 2023. [Zitat vom: 23. 7 2023.] https://michaelbraungart.com/cradle-to-cradle/.

230. —. *Cradle to Cradle - Einfach intelligent produzieren.* Piper Sachbuch München : Piper Verlag GmbH, 2014. EAN 978-3-492-30467-2.

231. **Franz. Umweltministerium.** Sécheresse en France. *gouv.fr.* [En ligne] gouv.fr, 2023. [Citation : 21 7 2023.] https://www.ecologie.gouv.fr/secheresse-economiser-leau.

232. **UBA.** Niedrigwasser, Dürre und Grundwasserneubildung – Bestandsaufnahme zur gegenwärtigen Situation in Deutschland, den Klimaprojektionen und den existierenden Maßnahmen und Strategien. [Online] December 2021. [Zitat vom: 21. 7 2023.] https://www.umweltbundesamt.de/publikationen/niedrigwasser-duerre-grundwasserneubildung.

233. **Span. Umweltministerium.** La desertificación en España. *gob.es.* [Online] 2023. [Zitat vom: 21. 7 2023.] https://www.miteco.gob.es/es/biodiversidad/temas/desertificacion-restauracion/lucha-contra-la-desertificacion/lch_espana.aspx.

234. **Statista.com.** Anteil von Süß- und Salzwasser am Wasservorkommen auf der Erde. *Statista.com.* [Online] Statista.com, 2023. [Zitat vom: 24. 7 2023.] https://de.statista.com/statistik/daten/studie/1109850/umfrage/suess-und-salzwasservorkommen-auf-der-erde/.

235. **Debruin.** *WO 2021/163088* World, 2021.

236. **Wikipedia.de.** Solarkonstante. *Wikipedia.* [Online] Wikipedia, 2023. [Zitat vom: 26. 8 2023.] https://de.wikipedia.org/wiki/Solarkonstante.

237. **Isolation et Chauffage.** Coefficient d' absorbtion de chaleur des matériaux. *Isolation et Chauffage.* [En ligne] Isolation et Chauffage, 2023. [Citation : 26 8 2023.] http://www.isolation-et-chauffage.com/coefficient-d-absorbtion-de-chaleur-des-materiaux/.

238. **Schweizer FN.** Wärmekapazität Baustoff Erde. *Schweizer FN.* [Online] Schweizer FN, 2023. [Zitat vom: 26. 8 2023.] https://www.schweizer-fn.de/stoff/wkapazitaet/wkapazitaet_baustoff_erde.php.

239. **Wikipedia.de.** Meerwasser. *Wikipedia.* [Online] Wikipedia, 2023. [Zitat vom: 26. 8 2023.] https://de.wikipedia.org/wiki/Meerwasser.

240. **RGS.** *Test de ponçage et de trempage dans l'eau de bouteilles plastiques.* [Befragte Person] Winfrid Rauch. 13. 6 2023.

241. **NOAA.** NOAA Marine Debirs Program. *NOAA.* [Online] 2022. https://marinedebris.noaa.gov/discover-marine-debris.

242. **Peterlewis.** English Wikipedia, Public domain, via Wikimedia Commons. *Ozone cracking in natural rubber tubing.* [Online] 1970. [Zitat vom: 20. 10 2023.] https://commons.wikimedia.org/wiki/File:Ozone_cracks_in_tube1.jpg.

243. **Berky.** Mähboote und Mähsammelboote . *Berky.* [Online] [Zitat vom: 20. 10 2023.] https://www.berky.de/.

Abbildungsverzeichnis

Tabellenverzeichnis

© Der/die Herausgeber bzw. der/die Autor(en), exklusiv lizenziert an
Springer Fachmedien Wiesbaden GmbH, ein Teil von Springer Nature 2024
W. Rauch et al., *Mechanische Recyclingtechnik für Fluss- und Meeresplastik*,
https://doi.org/10.1007/978-3-658-40778-0

Stichwortverzeichnis

© Der/die Herausgeber bzw. der/die Autor(en), exklusiv lizenziert an
Springer Fachmedien Wiesbaden GmbH, ein Teil von Springer Nature 2024
W. Rauch et al., *Mechanische Recyclingtechnik für Fluss- und Meeresplastik*,
https://doi.org/10.1007/978-3-658-40778-0